AUTOPFLEGE Spezial

Schönheitsreparaturen

Kleine Schäden professionell beheben

Auto Bild

AKTUALISIERTE NEUAUFLAGE

HEEL

Impressum

HEEL Verlag GmbH
Gut Pottscheidt
53639 Königswinter
Telefon 0 22 23 / 92 30-0
Telefax 0 22 23 / 92 30 26

Verantwortlich für den Inhalt:
Mischa Berghoff/Siegfried Drescher

Fotonachweis:
Auto Bild, Hans-Joachim Mau, Olaf Schumacher, Mischa Berghoff, Poliboy, Cartec, Fa. Christian Petzoldt, ATG-Autozubehör-Teile-Gerl, SONAX GmbH & Co KG, ebitgroup - media & print service

Titelbild:
H. S. Industrieservice

Lektorat:
Christiane Höppner

Satz und Gestaltung:
Conny Schröder ebitgroup - media & print service, Güstrow

Lithografie:
ARTCOM, Königswinter

Druck:
Koelblin-Fortuna-Druck, Baden-Baden

Printed in Germany

ISBN-10: 3-89880-637-7
ISBN-13: 978-3-89880-637-7

Warum dieser Ratgeber geschrieben wurde

Der tägliche Umgang mit den unterschiedlichsten Anforderungen hat mich dazu bewogen diesen Ratgeber zu schreiben. Damit möchte ich die Anwendungen und Reparaturhilfen weitergeben, die über die eigentliche Reinigung und Pflege hinaus gehen. In meinem Buch Autopflege - Tipps und Tricks von Profis habe ich bereits einige Anleitungen zum Selbermachen bezüglich kleiner Reparaturen veröffentlicht. In diesem Buch möchte ich das Thema Spezialreparaturen vertiefen. Damit kann sich der Anwender kostengünstige Reparaturen sparen. Auch Stolz und Freude an einem schönen, gepflegten Fahrzeug sind in diesem Ratgeber ein großes Anliegen.

Im Laufe der Jahre praktischer Tätigkeit konnte so mancher, fast aussichtloser Schaden, erfolgreich behoben werden.

Was nützt ein perfekt sauberes und glänzendes Aussehen, wenn Kratzer und Schrammen auf der glänzenden Lackierung, Löcher in der Kunststoffausstattung, abgenutzte Lederoberflächen oder Brandlöcher in Polster und Teppich den Gesamteindruck eines perfekt gepflegten Autos ganz erheblich trüben. In dem Buch Autopflege Tipps und Tricks von Profis haben wir Ihnen Schritt für Schritt erklärt, wie Sie sich ein vierrädriges Wohlfühlklima durch Sauberkeit verschaffen können.

In diesem Ratgeber erfahren Sie alles, was zu einer perfekten Kleinreparatur oder Aufarbeitung im Innen- und Außenbereich nötig ist.

Dessen ungeachtet haben wir peinlichst darauf geachtet, dass die einzelnen Anweisungen auch für Laien leicht verständlich, nachvollziehbar und vor allem auch realisierbar sind.

Auch für den Hobbybastler ist gesorgt. Mit viel Geduld und Geschicklichkeit lässt sich so mancher Schaden beheben.

Der Inhalt dieses Buches beruht auf jahrzehntelanger Erfahrung in der Praxis.

Für die freundliche Unterstützung bei der Erstellung dieses Buches bedanken wir uns ganz herzlich bei folgenden Firmen:

ATG-Autoteile Gerl GmbH & Co. KG • Traunsteiner Str. 7 • 83313Siegsdorf • Tel. 0 86 62 / 6 60 80 • www.atggmbh.com oder www.atginfo.de
Cartec Profiline GmbH • Raiffeisenstr. 27 • 47506 Neukirchen-Vluyn • Tel.0 28 45 / 29 78 15 • www.cartec-profiline.de
Poliboy Brandt & Walther GmbH • Tornéestr. 5 • 28865 Lilienthal/Bremen • Tel. 0 42 98 / 10 36 • www.poliboy.de
CLEANOL CAR-PT • Hirschstr. 85 • 64653 Lorsch • Tel. 0 62 51 / 5 33 44
Fa. Christian Petzoldt • Lütkenheiderstr Str. 10 • 58099 Hagen • Tel. 0 23 31 / 6 13 59 • Fax 0 23 31 / 6 63 07 • www.petzoldts.de (Liquid Glass, Reinigungsknete, Schleifpapier, Schleifpad, Lexol, Schleifpasten)
Rot-Weiss Chemische Produkte • Sandgraben 8 • 88142 Wasserburg • Tel. 0 83 82 / 8 90 44 • www.rotweiss.com
Schweizer Effax GmbH • Westring 43 • 48356 Nordwalde • Tel. 0 25 73 / 9 37 30 • www.effax.de
Sonax GmbH & Co. KG • 86633 Neuburg a.d. Donau • Tel. 0800/8553201• www.sonax.de
Stockmeier Chemie GmbH & Co. KG • Eckendorfer Str. 10 • 33609 Bielefeld • Tel. 05 21 / 3 03 70 • www.stockmeier.de

Inhalt

So benutzen Sie diesen Ratgeber

In diesem Buch sind alle Schäden, die am häufigsten in und an Fahrzeugen auftreten, beschrieben. Am Anfang der einzelnen Kapitel möchten wir Ihnen einen kurzen Einblick in die Beschaffenheit der Materialien vermitteln.
Ein wenig Grundwissen ist nötig, damit Reparaturen an den einzelnen Werkstoffen einfach besser gelingen.
Bei besonders schwierigen Themen wie Lack und Leder haben wir das Basiswissen etwas ausgeweitet. Das ist notwendig, damit Sie unnötige Fehler vermeiden. Je mehr Sie darüber wissen, desto besser für das Ergebnis.
Wir haben für Sie alle erdenklichen Problemfälle behandelt. Wenn Sie sich nun mutig ans Werk machen, denken Sie bitte daran, dass alle Anweisungen mit akribischer Genauigkeit ausgeführt werden müssen. Jeder noch so kleine Fehler kann Ihnen das Erfolgserlebnis vermiesen. Schlimmstenfalls ist die defekte Stelle nicht mehr zu retten oder aber Sie müssen den Vorgang von Beginn an wiederholen. Halten Sie sich also genau an die Anweisungen! Warnhinweise, Sicherheitstipps und Anmerkungen sollten besonders bei Reparaturanweisungen mit erhöhter Aufmerksamkeit beachtet werden. Dadurch werden mögliche Schäden an den einzelnen Materialien erheblich gemindert oder sogar ganz ausgeschlossen. Lesen Sie zuerst die benötigte Arbeitsanweisung vollständig und genau durch. Legen Sie sich alle aufgezählten Utensilien in Ihrer unmittelbaren Nähe bereit. Sollte Ihr handwerkliches Geschick nicht ausreichen, überdenken Sie bitte genau, ob Sie die Reparatur wirklich selbst ausführen möchten. Im Zweifel ist es immer besser, sich fachlichen Rat zu holen.
Wie schon in unserem Ratgeber „Autopflege – Tipps und Tricks von Profis“ haben wir auch hier alle benötigten Reinigungsmittel, Arbeitsutensilien und Reparatursets abgebildet. Im Profibereich wird selbstverständlich mit Großgebinden und den entsprechenden Reparaturmaterialien gearbeitet. Die im Handel befindlichen Produkte können Sie getrost benutzen. Diese sind als Kleingebinde mit gleichem oder ähnlichen Inhalt für ein paar Euro erhältlich. Damit können wir auch hier eine uns immer wieder gestellte Frage beantworten: „Womit machen Sie das?“ Oder: „Können Sie mir davon etwas verkaufen?“ Einige dieser Spezialprodukte und Utensilien werden in der gleichen Packungsgröße von Profibetrieben erfolgreich verwendet. Wir haben die im Handel angebotenen Produkte für Sie genau unter die Lupe genommen und deren Anwendung getestet.
Vereinzelt werden Sie auf partielle Wiederholungen aus unserem ersten Buch stoßen. Nach reiflichem Abwägen aller Für und Wider sind wir zu dem Schluss gekommen, dass wir ganz besonders bei Lack und Leder einige Reinigungsanweisungen nochmals ausführlich behandeln mussten. Nur so lassen sich gravierende Fehler vermeiden. Letztendlich ist es das Ergebnis, das Sie überzeugen soll. Zu jeder Reparatur gehört selbstverständlich eine gründliche Reinigung. Wir konnten allerdings, bis auf wenige Ausnahmen, die einzelnen Reinigungsanweisungen auf ein Minimum beschränken. Ein bisschen Kreativität, Geschicklichkeit und Geduld sind die Grundvoraussetzungen für eine erfolgreiche Anwendung. Hinzu kommen die optimalen Arbeitsmaterialien. Alles zusammen ergibt dann ein in jeder Hinsicht zufrieden stellendes Resultat.

Arbeitsempfehlungen und der Einsatz der vorgestellten Reinigungs- und Pflegemittel sowie die Verwendung der Reparatursets sind nach bestem Wissen und Gewissen erfolgt. Dennoch können die Autoren und der Verlag keinerlei Verantwortung für Schäden an Ihrem Fahrzeug übernehmen, die durch unsachgemäße Anwendung dieser Produkte entstehen.

Viel Erfolg wünscht Ihnen Mischa Berghoff und das Autopflege Profiteam!

Die Arbeitssymbole

WARNUNG: Hier müssen Sie besonders genau lesen und die Anweisungen befolgen. Nur so lassen sich teure Schäden an Ihrem Fahrzeug durch Anwendungsfehler vermeiden!

SICHERHEITSTIPP: Wenn es um mögliche Verletzungen geht, wird unter diesem Symbol darauf hingewiesen.

PROFITIPP: Hier finden Sie Tipps und Tricks, die besondere Beachtung und Erwähnung verdienen und die Ihnen die Arbeit leichter machen.

EXTRATIPP: Hier finden Sie all das, was in keine andere Rubrik passt, aber dennoch wichtig ist.

Die Arbeitsschritte

Arbeitsmittel:
Als erstes finden Sie immer die benötigten Utensilien, die für die Bearbeitung eines Materialschadens nötig sind. Legen Sie unbedingt alles vor der Anwendung bereit.

Vorbereitung:
Sind besondere Vorbereitungen erforderlich, wird hier darauf hingewiesen.

So wird's gemacht:
Hier werden alle Schritte nacheinander für eine erfolgreiche Bearbeitung erklärt. Halten Sie sich unbedingt an die Reihenfolge.

Fotos:
Die Bilduntertitel beinhalten in den meisten Fällen nochmals wertvolle Hinweise, damit die einzelnen Arbeitsabläufe in ihrer Wichtigkeit unterstrichen werden. Außerdem zeigen einige Fotos die genauen Details, damit Sie sich einen besseren Überblick über den einzelnen Arbeitsschritt verschaffen können.

Auf einen Blick

Diese ausführliche Übersicht zeigt Ihnen nicht nur die Vielfalt an Produkten, sondern gibt Ihnen auch einen Einblick in das Angebot unbekannter und bekannter Hersteller. Wir haben über Jahrzehnte Produkte im Gebrauch, die sich in Wirsamkeit und Qualität einen Namen gemacht haben. Auch neueste Errungenschaften werden in unseren Profibetrieben eingesetzt. Je nach Reinigungs- und Reparaturbedarf können Sie sich aus unserem kleinen Überblick das Beste heraussuchen. Die vielen Fragen, die uns täglich erreichen, haben uns dazu bewogen, die Auswahl an Produkten ein wenig zu erweitern. Das erleichtert vor allen Dingen die Beschaffung.

Für hochglänzende Lackoberflächen

Sonax Lackreiniger
Für stark beanspruchte und ausgeblichene Lacke. Eine Nachbehandlung mit einer Konservierung und anschließender Versiegelung ist dringend erforderlich. Produkt kann nach dem Auftragen mit Wasser abgewaschen werden. Das verhindert die zeitraubende Beseitigung von angetrockneten Rückständen.

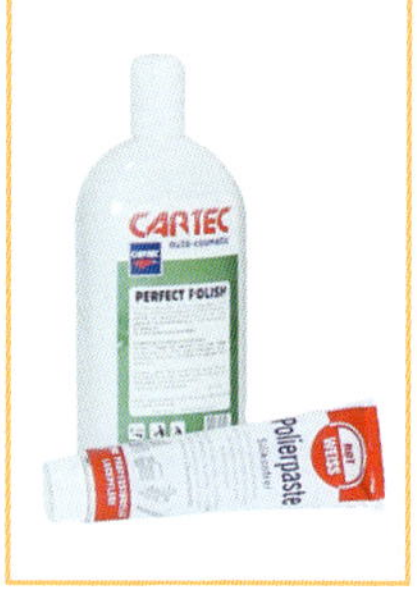

Cartec Perfekt Polish u. ROT WEISS Polierpaste
Seit Jahren ein erfolgreiches Team für die Lackbehandlung. Leichte und zuverlässige Verarbeitung. Diese Produkte funktionieren immer! Für die Poliermaschine hervorragend geeignet!
Hauchdünn verarbeiten! Reinigt, glättet und konserviert.

Sonax Xtreme Polish + Wax Nano Pro
Für leicht bis stark beanspruchte Lacke. Für die Poliermaschine bestens geeignet. Erzeugt keine Polierschatten. Das Produkt muss unbedingt hauchdünn aufgetragen werden. Verschmutzte Lacklächen vorher dringend reinigen.

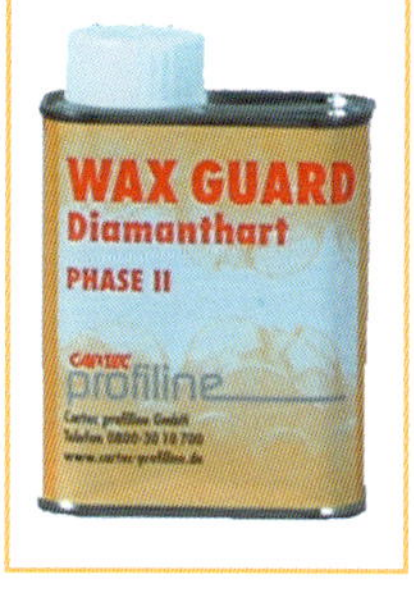

Cartec Wax Guard
Eine Lackversiegelung für dauerhaften Glanzschutz. Die Anwendung darf nur auf vorher gereinigte und vorbehandelte Lacke erfolgen. Sonst können Schmutzrückstände für immer versiegelt werden!
Zur Versiegelung nach einer Politur mit Cartec Pefect Polish.

Liquid Glass
Das Beste ist gerade gut genug! Seit Jahren gibt es keine bessere Versiegelung. Die Anwendung ist allerdings etwas langwierig, aber es lohnt sich. Liquid Glass kann in mehreren Schichten aufgetragen werden. Nur auf gereinigte und absolut ausgeglättete Lackoberflächen auftragen. Haltbarkeit mindestens 1 Jahr.

Stockmeier Chemie Lackversiegelung
Für den dauerhaften Glanzerfolg eine günstige Alternative. Für ein paar Euro lässt sich dieses Produkt erwerben. Es ist leicht zu verarbeiten. Für neuwertige Fahrzeuge bestens geeignet. Nur auf gereinigte Lackoberflächen auftragen.

Für die Lackreparatur

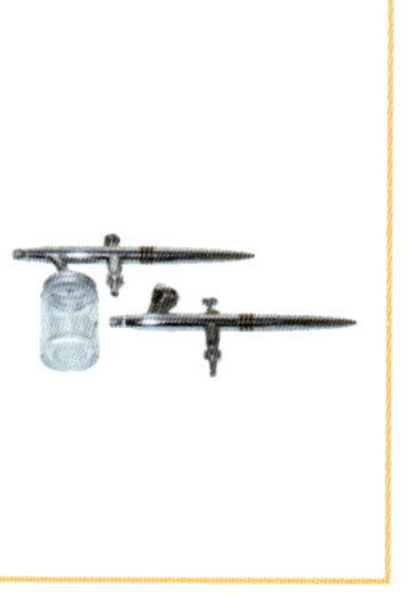

Airbrush Pistole
Das wichtigste Arbeitsgerät für die Airbrushlackierung. Mit diesem kleinen Luftpinsel können auch Laien wahre Wunder hervorbringen. Bei der Anschaffung unbedingt auf hochwertige Qualität achten. Billigprodukte sind für eine perfekte Handhabung nicht geeignet.

Feinschleifpapier
Zu einer guten Ausrüstung für Lackreparaturen gehört ein kleines Sortiment an Feinschleifpapieren. Je nach Bedarf sollte eine 800er bis 4000er Körnung vorhanden sein. Eignet sich auch für feinste Schleifarbeiten an defekten Rückleuchten aus Kunststoff.

Schleifvlies
Das Schleifvlies ermöglicht besonders an Rundungen und Kanten die problemlose Mattierung der Lackoberfläche. Das Vlies ist für Nassschleifarbeiten und Strukturangleichungen unentbehrlich. Das Vlies unbedingt einige Stunden vor Gebrauch einweichen. Nach dem Gebrauch trocknen lassen und an einem trocknen Ort aufbewahren. (Rostgefahr)

Schleifblüten
Kleine Schleifblüten sind in mehreren stärken erhältlich. Ein ideales Nassschleifmittel für die Beseitigung von hochstehenden Lackdefekten. Durch die handliche Größe läßt sich ein gezieltes Abtragen von Staubeinschlüssen, Lackläufern und das Planschleifen von ausgetupften Steinschlagschäden punktgenau ausführen.

Reinigungsknete
Seit Jahren ist dieses Wunderding bei der täglichen Arbeit nicht mehr wegzudenken. Die Knete verträgt keine scharfen oder lösemittelhaltigen Reiniger. Das macht sie glitschig. Die Knete muss nach jedem Gebrauch mit Wasser abgewaschen und trockengetupft werden. Sonst kann es zu Schimmelbefall kommen.

Sonax Silicon & Wachsentferner
Zur Vorbehandlung für alle Lackreinigungsarbeiten. Entfernt tiefgründig Wachsschichten, Silikone und andere, störende Verschmutzungen. Die Lackoberfläche muss anschließend unbedingt mit Poliermittel oder einer Kombi-Politur nachbehandelt werden.

Sonax Flugrostentferner
Entfernt Flugrost und Industrieemissionen. Unbedingt die Gebrauchsanweisung lesen! Eine Nachbehandlung mit Polierpaste, Kombi-Politur und einer anschließenden Versielung ist unbedingt erforderlich.

ROT WEISS Rubin, Schleif- u. Polierpaste, Polierpaste
Das Supertrio, hilft auch in schwierigsten Fällen! Für extrem stark beanspruchte Lackoberflächen. Entfernt Kratzer, Staubeinschlüsse, Lackläufer, Vogelkotspuren, Schleifspuren, leichte Schrammen. Wichtig: Die Pasten müssen unbedingt nacheinander verarbeitet werden.

Cartec Premium Dirtyfree -schmutzfrei
Diese neue Errungenschaft hat uns in der Vergangenheit sehr gute Dienste geleistet. Ausgezeichnet geeignet bei allen Lackreparaturen. Entfernt stark angetrocknete Poliermittel einfach und schnell. Hinterlässt keine Putzschlieren. Beseitigt ungewollte Fingerabdrücke nach der Politur.

Sonax Kratzerentferner-Set
Kleine Kratzspuren und Schrammen schnell beseitigen. Am besten eignet es sich bei kleinsten Lackverletzungen. Bitte unbedingt die Gebrauchsanweisung lesen. Die Anschaffung des Schleifblütenhalters ist unbedingt anzuraten. Durch Fingerabdrücke können sich ungewollte Spuren im Lack verewigen.

Sonax Schleifpaste
Für besten Feinschliff. Silikonfrei! Entfernt Rückstände von Vogelkotspuren und Baumharz. Wasserlöslich und leicht zu verarbeiten. Eine Nachbehandlung mit einer feinkörnigen Polierpaste wie z.B. ROT WEISS ist dringend erforderlich. Mit einer Kombi-Politur nachbehandeln und anschließend versiegeln.

Für die Lackpflege zwischendurch

Baumharzentfernertuch
Baumharz ist eines der ätzendsten Verunreinigungen. Sind die Harzflecken erst mal festgetrocknet, hinterlassen sie immer ihre Spuren in der Lackierung. Mit einem Baumharzentfernertuch lässt sich diese Verschmutzung schnell und einfach beseitigen. Auch Vogelkot kann damit entfernt werden.

Cartec Spraywachs
Schneller Glanzschutz für neue Lackoberflächen. Spraywachs wird auch bei Fahrzeugpräsentationen gern benutzt. Entfernt Wasserflecken, Fingerabdrücke und leichte Staubansammlungen mit Wachsschutzwirkung. Sehr sparsam verarbeiten und zügig nachwischen.

Cartec Premium Sprühpolish XR
Schnell ein paar Wasserflecken entfernen, Türeinstiege blankwischen, ein bisschen Wachsschutz nach der Autowäsche oder einen schönen Glanz auf den Lack zaubern. Mit Wax XR lassen sich auch Schatten von Polierarbeiten ausgleichen. Immer hauchdünn verarbeiten und möglichst sofort nachwischen. Nur für neuwertige Lackoberflächen geeignet.

Für blitzblanke Chrom- und Aluminium-Verzierungen

ROT WEISS Aluminium Spiegelglanzpolitur
Die Verarbeitung ist sicher und wirkungsvoll. Das Produkt darf allerdings nur ganz dünn aufgetragen werden. Zu viel hilft nicht wirklich viel! Kurz antrocknen lassen und sofort nachwischen. Auch für Alufelgen geeignet. Nicht **nur** für die Anwendung am Auto geeignet.

Stockmeier Chemie Polierpaste
Für alle verchromten Bauteile am Fahrzeug. Entfernt Anlauf- und Qxydationsspuren, leichte Verwitterungserscheinungen usw. In Verbindung mit Scheibenreiniger und ultrafeiner Stahlwolle lässt sich oft noch ein besseres Ergebnis erzielen. Wichtig: Scheibenreiniger vorher auftragen.

ROT WEISS Polierpaste
Diese Polierpaste ist für fast alles gut. Mit ultrafeiner Stahlwolle und reichlich Polierpaste lassen sich sogar fast hoffnungslose Fälle wieder zum Glanz erwecken. Besonders gut geeignet für Auspuffendrohre.

Für gepflegte Reifen und schöne Felgen

Stockmeier Chemie Felgenreiniger
Vor jedem Farbauftrag müssen die Felgen perfekt gereinigt werden. Ohne gründliche Reinigung kann der Farbauftrag nicht ausreichend haften. Felgenreiniger immer mit viel Wasser nachspülen, um jegliche Reinigerreste zu vermeiden. Dieser Felgenreiniger wird seit Jahren erfolgreich im Profibereich verwendet.

Sonax Felgenlack silber
Diese Felgenfarbe gibt's schon ewig.
Der Clou ist, dass sich die Farbe dem eigentlichen Farbton anpasst.
Die Verarbeitung ist auch für Ungeübte problemlos zu bewältigen.
Nur in gut belüfteten Räumen anwenden. Bei längerem Gebrauch Atemschutz tragen.

Sonax Rallyelack schwarz
Noch etwas aus der jahrzehntelangen Erfahrungskiste. Wer großgelochte Radkappen auf den Felgen hat, kann jederzeit hässliche Roststellen geschickt verstecken. Auch für schwarze, kappenlose Winterräder bestens geeignet. Nur in gut belüfteten Räumen anwenden. Bei längerem Gebrauch Atemschutz tragen.

Stockmeier Chemie Tiefenpflege
Zu jeder Felgenlackierung gehört auch ein schöner, schwarzer Reifen.
Zwischendurch oder nach mehreren Autowäschen lassen gepflegte Reifen das Gesamtbild des Fahrzeuges noch besser zur Geltung kommen. Gummi-Kunststoffpflege eignet sich auch zum Entfernen von Kleberesten auf Kunststoffen und Lack.

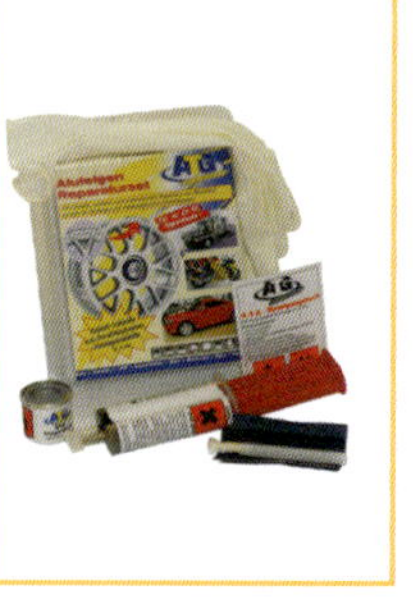

ATG Alu-Felgenreparatur-Set
Lästige Kratzer, kleine Dellen oder Schleifspuren von Bordsteinkanten lassen sich mit diesem Reparaturset einfach beseitigen. Größere Schäden oder Risse dürfen damit leider nicht repariert werden. Nach einer gelungenen Reparatur empfiehlt es sich die Felgen zu polieren und mit einer Felgenversiegelung zu versehen.

Reparatur und Aufwertung von Kunststoff und Gummi am Außenbereich

CAR-PT COLOR Kunststoff-Farbe
Seit über zwanzig Jahren ist dieses Superprodukt im Handel erhältlich (früher Plast-PT). Die Kunststofffarbe arbeitet immer zuverlässig und lässt sich selbst in Fantasiefarben herstellen. Für alle Reparaturstellen sorgt die Farbe für eine perfekte Oberfläche ohne sichtbare Spuren zu hinterlassen. Eine gründliche Vorreinigung ist dringend erforderlich.

CAR-PT CLEAN Kunststoff-Reiniger
Reinigt alle Kunststoffbauteile in und am Fahrzeug. Der Kunststoffreiniger entfernt mühelos auch tiefliegende Verunreinigung selbst in tiefporigen Oberflächen. Für beste Tiefenreinigungsergebnisse hilft eine feinborstige Scheuerbürste. Für die Vorreinigung vor einem Farbauftrag bestens geeignet.

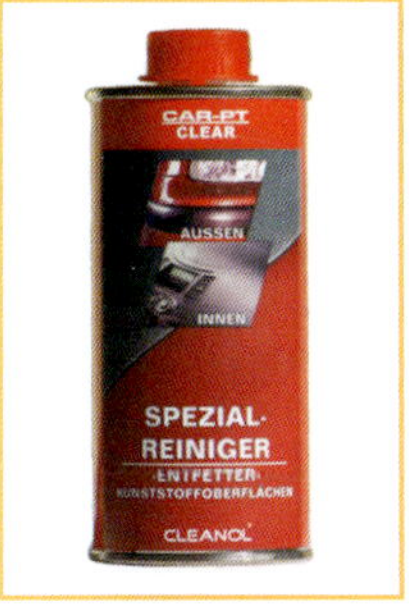

CAR-PT CLEAR Spezial-Reiniger -Entfetter-
Vor jedem Farbauftrag müssen die zu färbenden Oberflächen zwingend von allen schmierigen und fettigen Belägen befreit werden. Mit dem Spezialreiniger ist ein perfekt haftender Farbauftrag gewährleistet. Zu färbende Flächen sollten außerdem vor dem Färben angeraut werden.

CAR-PT CARE Kunststoff-Pflege außen
Nach jedem Farbauftrag ist eine anschließende Pflege Pflicht! Auch alle umliegenden Bereiche sollten davon nicht ausgenommen werden. Das Produkt lässt sich einfach und zuverlässig verarbeiten. Es reinigt und pflegt in einem Arbeitsgang. Ein weicher Pinsel und ein fusselfreies Tuch erleichtern die Arbeit.

Sonax Xtreme Kunststoffgel außen
Ein erstaunliches Produkt. Seit der Einführung von glatten Kunststoffleisten, Stoßfängern und Radverkleidungen hilft das Kunststoffgel auch diese Flächen einwandfrei und ohne Streifenbildung zu pflegen. Es erzeugt keine bläulichen Läufer auf der Lackierung. Für alle gefärbten Kunststoffoberflächen wie geschaffen.

Stockmeier Chemie Tiefenpflege
Wenn porige Oberflächen Pflege brauchen, ist die Gummi-Kunststoffpflege der beste Farbauffrischer. Damit lassen sich ergraute Gummileisten zu schwarzen Schönheiten erwecken. Aber Vorsicht! Niemals im oberen Scheibenbereich anwenden. Das führt zur Sichtbeeinträchtigung auf den Scheiben.

ATG Stoßstangen Reparaturset
Zum Beheben von kleinen Löchern und Abschabungen an unlackierten Kunststoffstoßfängern, Rammschutzleisten etc. Einfach in der Anwendung. Einzige Bedingung - die Schadstelle muss unbedingt sauber sein! Für die beste Farbangleichung eignet sich CAR-PT COLOR Kunststoff-Farbe oder ATG-Kunststoff-Färber.

ATG Perfect Color Kunststoff-Färber
Kleine Reparaturstellen oder auch die komplette Farbauffrischung und -erneuerung an allen unlackierten Kunststoffbauteilen am Fahrzeugaußenbereich lassen sich damit zuverlässig färben. Vor dem Farbauftrag muss immer eine gründlichste Reinigung der Kunststoffe erfolgen. Auch eine Nachbehandlung mit einem Pflegemittel ist anzuraten.

Sonax Gummipflegestift
Wer seinen Gummileisten etwas Gutes tun will, pflegt diese regelmäßig mit einem einfachen Gummipflegestift. Nicht nur im Winter ist das äußerst wichtig. Der Pflegestift hält die Gummileisten und -dichtungen geschmeidig und sorgt somit für dauerhafte Haltbarkeit.

Für die Polster- und Teppichreparatur

Stockmeier Chemie Innenreiniger
Für alle Flickstellen auf Sitzbezügen und Seitenverkleidungen gilt: erst gründlich reinigen, dann die Schadstelle ausbessern! Der Vorteil ist, die Stofffluse n oder der Originalstoff passen sich optimal an die umliegenden Stoffflächen an. Anschließend immer mit etwas Haarspray fixieren.

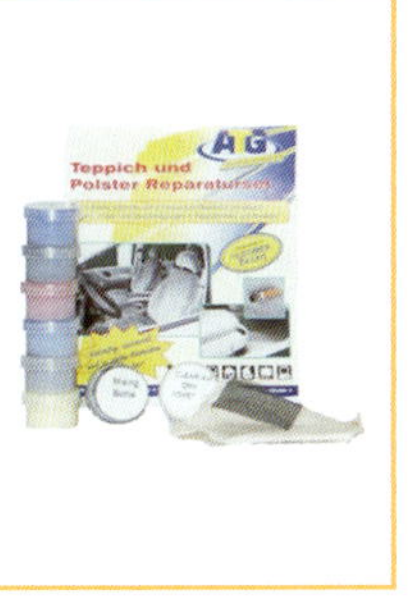

ATG Teppich und Polster Reparaturset
Beseitigt Brandlöcher, Risse und Abschabungen. Für die Reparatur mit Stoffflicken oder ausgelöstem Teppichflor bietet das Reparaturset die optimale Ergänzung. Größere Schäden müssen unbedingt mit Schaumstoff o. Ä. unterlegt werden.

Gummirolle
Die Gummirolle sorgt für Festigkeit aller Klebearbeiten, egal ob Stoff, Leder oder Kunststoff. Reparaturmaterialien lassen sich damit gleichmäßig auf die defekte Stelle aufbringen.

Bastelkleber
Bastelkleber oder auch Textilkleber wird für alle Stoff- und Teppichreparaturen benötigt. Der Kleber muss tropffrei und glasklar sein. Sonst können sich ungewollte Verunreinigungen an umliegenden Flächen der zu behandelnden Ausstattungen einschleichen.

Polyboy Textil Imprägnierer
Was Sie mit viel Mühe gereinigt und repariert haben, muss nicht wieder verschmutzen. Dieses Produkt verhindert schnellen Schmutzbefall und wirkt zudem auch noch wasserabweisend. Für die Verwendung gilt: Erst reinigen, dann reparieren und anschließend imprägnieren. Zur Imprägnierung aller Stoffe und Teppiche geeignet.

Für die Kunststoffaustattung im Fahrzeuginnenraum

CAR-PT COLOR Kunststoff-Farbe
Seit über zwanzig Jahren ist dieses Superprodukt im Handel erhältlich (früher Plast-PT). Die Kunststofffarbe arbeitet immer zuverlässig. Für alle Reparaturstellen sorgt die Farbe für eine perfekte Oberfläche ohne sichtbare Spuren zu hinterlassen. Eine gründliche Vorreinigung ist dringend erforderlich.

CAR-PT CLEAN Kunststoff-Reiniger
Reinigt alle Kunststoffbauteile in und am Fahrzeug. Der Kunststoffreiniger entfernt mühelos auch tiefliegende Verunreinigung selbst in tiefporigen Oberflächen. Für beste Tiefenreinigungsergebnisse hilft eine feinborstige Bürste. Für die Vorreinigung vor einem Farbauftrag bestens geeignet.

CAR-PT CLEAR Spezial-Reiniger -Entfetter-
Vor jedem Farbauftrag müssen die zu färbenden Oberflächen zwingend von allen schmierigen und fettigen Belägen befreit werden. Mit dem Spezialreiniger ist ein perfekter haftender Farbauftrag gewährleistet. Zu färbende Flächen sollten außerdem vor dem Färben angeraut werden.

CAR-PT CARE Kunststoff-Cockpit-Pflege
Nach jedem Farbauftrag ist eine anschließende Pflege Pflicht! Auch alle umliegenden Bereiche sollten davon nicht ausgenommen werden. Das Produkt lässt sich einfach und zuverlässig verarbeiten. Es reinigt und pflegt in einem Arbeitsgang. Ein weicher Pinsel und ein fusselfreies Tuch erleichtern die Arbeit.

Polyboy Kunststoffreiniger
Ein Alternativprodukt mit grandioser Wirkung. Das Produkt hat sich in den letzten Jahren immer wieder als zuverlässiger Reiniger in der Not herausgestellt. Seine hervorragenden Eigenschaften können es mit allen Kunststoffreinigern für den Fahrzeugbereich aufnehmen.

Polyboy Staubmeister Auto
Wie der Kunststoffreiniger, so ist auch diese Kunststoffpflege ein bewährtes Alternativprodukt. Es fettet und schmiert nicht und lässt sich einfach verarbeiten. Auch feinstporige Oberflächen erhalten damit die beste Pflege und es hat einen angenehmen Duft.

ATG Armaturenbrett Reparaturset
Beseitigt unansehnliche Löcher und Defekte am Armaturenbrett und an Seitenverkleidungen. Mit dem beigefügten Füllstoff ausgleichen und anschließend mit farblich abgestimmten Flüssigkunststoff verfüllen. Zur optimalen Reparaturangleichung eignet sich auch CAR-PT Kunststofffarbe.

Stockmeier Chemie Fleckenentferner
Entfettet und reinigt alle Kunststoffoberflächen ohne Rückstände. Erzeugt bei sachgemäßer Anwendung keine hellen Flecken. Starkes Reiben ist verboten! Dadurch können unangenehme Kunststoffausfärbungen entstehen, die jedoch einfach mit einer Kunststofffarbe wieder behoben werden.

Stockmeier Chemie Cockpitpflege
Aus dem Profibereich. Für alle Kunststoffoberflächen im Fahrzeug geeignet. Lässt sich auch nach einer Farbkorrektur wirksam verarbeiten. Das Produkt schmiert nicht und hinterlässt keine Rückstände. Mit Wasser mischbar, sorgt für Sauberkeit und hat so gut wie keine Geruchsentwicklung.

Sonax Gummipfleger
Für alle Gummidichtungen bestens geeignet. Das Produkt ist in Sprayform erhältlich. Die besten Ergebnisse erzielt der Anwender, wenn das Produkt großzügig auf einen Lappen aufgesprüht und anschließend aufgetragen wird. Niemals auf Pedalen anwenden! Extreme Rutschgefahr!

Für geschmeidiges und gepflegtes Leder

ATG Leder/Kunstleder/Vinyl Reparaturset
Das Reparieren von Lederbezügen kann sehr einfach sein. Mit dem richtigen Reparaturset lassen sich kleine Schadstellen schnell beseitigen. Größere Beschädigungen sollten jedoch unbedingt in einem Lederfachbetrieb beseitigt werden. Für eine optimale Farbangleichung eignet sich Car-PT COLOR Leder-Farbe.

CAR-PT COLOR Leder-Farbe
Verfärbungen, Abschürfungen usw. lassen sich einfach wegwischen. Keine aufwendige Spritztechnik! Seit 20 Jahren konnte dieses Produkt seine Spitzenqualität beweisen und hat niemals versagt (früher Plast-PT)! Voraussetzung für den Farberfolg ist die gründliche Vorreinigung. In vielen Farben erhältlich und kinderleicht untereinander mischbar.

CAR-PT CLEAN Leder-Reiniger
Vor jedem Farbauftrag müssen die Oberflächen unbedingt gründlich gereinigt werden. Beste Ergebnisse in der Farbanpassung werden durch die gesamte Reinigung aller Lederflächen erreicht. Das ist manchmal etwas mühsam aber es lohnt sich.

CAR-PT CLEAR Spezial-Reiniger -Entfetter-
Damit die Lederfarbe wirklich haften kann, muss der Untergrund frei von jeglichen Fetten, Ölen und schmierigen Verschmutzungen sein. Dafür wird zusätzlich zur Farbe ein Reinigungsmittel und ein Entfetter angeboten. Für einen perfekt haltbaren Farbauftrag sollte die Oberfläche etwas angeraut werden.

CAR-PT CARE Leder-Pflege
Die Lederpflege kann nach dem vollständigen Trocknen der Farbe auf alle Lederflächen mühelos aufgetragen werden. Das schützt die Oberflächen vor dem Brüchigwerden und verhindert schnelle Wiederverschmutzung.

Polyboy Leder Reiniger
Die Alternative zu allen herkömmlichen Fahrzeugpflegeprodukten. Besonders geeignet für alle Raulederarten! Die Anwendung ist problemlos. Leichte bis mäßige Verschmutzungen lassen sich damit einfach und schnell wegzaubern. Hinterlässt keine Ränder oder Schatten auf der Lederfläche.

Polyboy Glattlederpflege
Wirkt und duftet angenehm. Bei regelmäßiger Anwendung behält das Leder seine Geschmeidigkeit. Auch für Kunstleder geeignet. Das Produkt ist dünnflüssig und kann sich somit nicht in Nähte oder gestanztem Leder festsetzen.

Derby Ledersoap
Feine Lederseife für alle kostspieligen Lederbezüge. Auch alte Lederoberflächen in Oldtimern und Youngtimern lassen sich damit gründlich reinigen. Es entstehen keine Rückstände oder Schattenbildung. Die mehrmalige Anwendung hintereinander bei starken Verschmutzungen ist kein Problem.

effax Lederöl
Wenn das Leder richtig viel Nahrung braucht, ist ein Lederöl sehr zu empfehlen. Allerdings muss das Leder vorher sehr gründlich gereinigt werden. Für die Anwendung muss das Leder unbedingt trocken sein und darf nach dem Auftrag erst 24 Stunden später belastet werden. Für moderne Leder/Kunstleder nicht geeignet.

effax LederCombi
Das tollste Produkt, was es in der Lederpflege gibt. Nicht nur für Autoleder! Durch seine hervorragenden Eigenschaften ist es auf allen Glattlederarten verwendbar. Es fettet und schmiert nicht. Hinterlässt garantiert keine Schatten. Es eignet sich bestens für die heutigen modernen Leder/Kunstlederarten. Für angegriffene Kunststoffe im Innenraum geeignet.

effax Lederbalsam
Wie der Name schon sagt – Balsam. Für manche betagte Lederoberflächen ist Lederbalsam oft die einzige Rettung. Es zieht in die Lederschicht ein und macht es wieder geschmeidig. Für sehr strapazierte Originalleder kann nach einer Trockenzeit von ca. 48 Stunden mit Effax LederCombi nachgepflegt werden. Das bringt ein optimales Ergebnis.

Cabrio-Verdeck

ATG Flick Fix Kunststoffverdeck Reparaturset
Repariert Risse und Beschädigungen am Kunststoffverdeck. Ein Spezialklebstoff verbindet das Reparaturmaterial mit dem Basismaterial. Schäden durch Wassereintritt werden sofort verhindert.

ATG Stoff Fix Stoffverdeck Reparatur
Repariert Schnitte, Risse und Beschädigungen am Verdeck. Stoff Fix trocknet zu einer wasserdichten, strapazierfähigen und transparenten Haut. Die Arbeit erfordert Geschicklichkeit. Nur für geduldige Bastler zu empfehlen.

CAR-PT COLOR Carbio-Verdeck-Kunststoff-Farbe
Diese einzigartige Verdeckfarbe verrichtet seit vielen Jahren ihren Dienst. Mit der Farbe lassen sich sowohl kleine Farbdefekte beheben als auch eine komplette Neufärbung durchführen. Wichtig: Das Kunststoffverdeck muss absolut sauber und fettfrei sein.

CAR-PT CLEAR Spezial-Reiniger -Entfetter-
Das Produkt für den besten Farbauftrag. Die zu färbende Oberfläche wird absolut sauber und fettfrei. Wichtig: Zuerst das Verdeck gründlich reinigen und anschließend mit dem Spezialreiniger nachbehandeln.

Stockmeier Chemie Schimmel-Ex
Undichte Cabrioverdecke haben oft ein Problem mit Schimmel- oder Sparkbefall. Damit diese unangenehmen und gesundheitsfeindlichen Verunreinigungen keinen Schaden anrichten können, müssen diese schnell und wirksam bekämpft werden. Schimmel-Ex gewährleistet, bei sachgerechter Anwendung, einen Schutz gegen erneuten Schimmelbefall.

Cabrio-Heckscheibe aus Weichplastik

ATG PVC- und Plexiglasscheiben Reparaturset
Schäden durch Wassereintritt werden sofort verhindert. Einfache, schnelle und dauerhafte Reparatur von Rissen und Beschädigungen an PVC- und Plexiglas. Die Reparaturstelle muss unbedingt sauber sein.

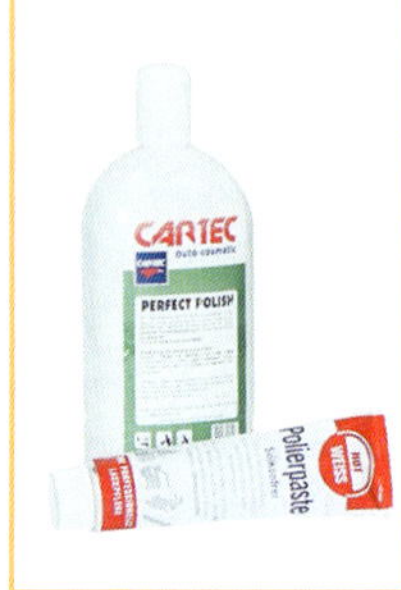

ROT WEISS Polierpaste und Cartec Perfect Polish
Beide Produkte retten seit Jahren selbst die undurchsichtigsten PVC- und Plexiglasscheiben.
Zuerst die Scheibe mit der Polierpaste behandeln. Anschließend mit Perfect Polish blankpolieren.

Blitzblanke Scheiben

Stockmeier Chemie Scheibenreiniger
Schnell und einfach lassen sich die Autoscheiben damit reinigen. Das beste Ergebnis wird mit einem Mikrofasertuch und Küchenpapier erzielt. Auch für Weichplastikscheiben geeignet.

Sonax Scheibenreinigungspolitur
Für glänzende Scheiben innen und außen. Die Scheibenpolitur entfernt Verschmutzungen, die nicht durch einen Scheibenreiniger entfernt werden können. Achtung! Nicht auf der Frontscheibe anwenden. Blendgefahr!

ATG Windschutzscheiben Reparaturset
Behebt kleine Steinschlagschäden im Verbundglas. Die Anwendung ist nur für geduldige Bastler zu empfehlen. Nicht im direkten Sichtbereich auf der Windschutzscheibe anwenden.

Unentbehrliche Arbeitsutensilien

Sonax Poliervlies
Weich und fusselfrei. Diese Vliestücher sorgen für perfekte Arbeit an schwer zugänglichen Stellen, vermeiden ungewollte Haarlinienkratzer und sind waschbar. Nicht nur für Polierarbeiten bestens geeignet.

Mikrofaser-Poliertücher zum Abpolieren
Ohne Profitücher geht gar nichts! Seit Jahren verwenden wir nur spezielle Tücher, die unsere aufwendige Polierarbeit nicht wieder zunichte machen. Nicht ganz billig, aber es lohnt sich. Bitte Waschanleitung unbedingt beachten. Keinen Weichspüler verwenden.

Jede Menge Schwämme
Schwämme kann man nie genug haben. Am besten eignen sich einfache, feinporige Synthetikschwämme, die für ein paar Cent zu haben sind.

Schaumstoffschwammstick
Der spezielle Schwammstick kommt in fast jeden Winkel. Auch für den Farbauftrag in Rillen und Vertiefungen ein zuverlässiger Helfer. Selbst kleine Farbausbesserungen an Felgenkanten und Radkappen lassen sich damit bewältigen.

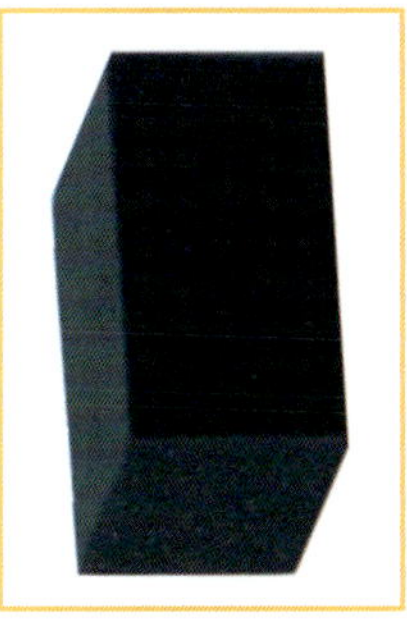

Feinporiger Schwamm
Ein feinporiger Schwamm sichert bei einer Farbkorrektur an Leder und Kunststoff ein sparsames und gleichmäßiges Auftragen des Färbemittels. Der Schwamm ist auswaschbar und lässt sich jederzeit wiederverwenden.

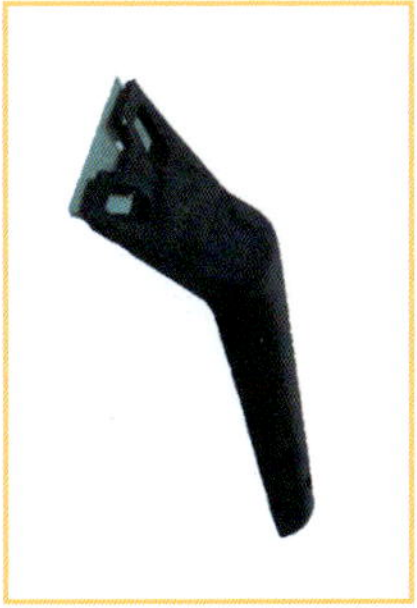

Glasschaber
Ein Glasschaber gehört zu jeder Reparaturausrüstung. Der Glasschaber hat unendlich viele Einsatzmöglichkeiten. Er ist für wenig Geld in jedem Baumarkt zu haben. Wichtig: Der Glasschaber muss unbedingt eine angewinkelte Form haben. Damit kommen Sie dann in jede Ecke. Auch eine Schutzkappe ist ein Muss!

Feinste Stahlwolle
Stahlwolle eignet sich für alle Polierarbeiten an Chrom, Aluminium und Glasflächen. Auch ein etwas zu glänzender Farbauftrag an Leder oder Kunststoff kann damit mattiert werden. In Verbindung mit Poliermitteln oder Scheibenreiniger lässt sich so manche hartnäckige Verschmutzung auf den Scheiben leicht entfernen.

Radiergummi
Der Radiergummi ist wirklich unverzichtbar! Politurreste auf allen Kunststoffbauteilen am Außenbereich lassen sich damit einfach wegradieren.
Wichtig! Nur Naturgummi verwenden.

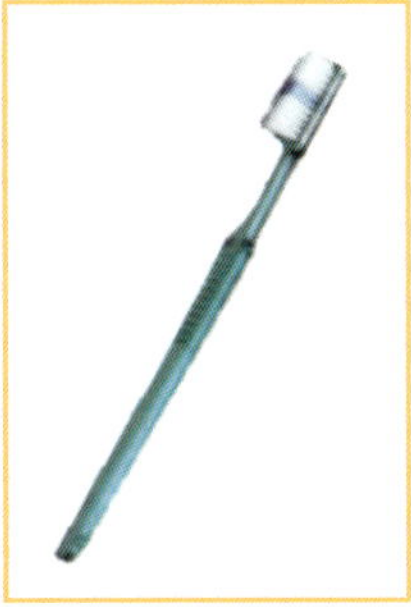

Zahnbürste
Schon lange salonfähig! Ein unentbehrlicher Helfer für kleine Rillen, Kanten und Vertiefungen aller Art. Das ganz besondere Highlight – es gibt sie in unterschiedlichen Borstenstärken. Die Billigsten sind die Besten. Nicht nur für Polierarbeiten, bestens geeignet.

Stockmeier Chemie Fleckenentferner
Für alle klebrigen und schmierigen Verschmutzungen innen und außen. Entfernt Öl, Teer, Schmiere, Klebstoffreste, Schuhcreme, Farbe etc. Bei der Verwendung immer auf gute Belüftung achten! Nicht in geschlossenen Räumen verwenden, Handschuhe tragen. Bei längerem Gebrauch Atemschutz tragen.

Cartec TP 49
Für alle etwas betagteren Kunststoff- und Gummibauteile ist dieses Produkt empfehlenswert. Es ist etwas teurer, aber dafür auch sehr intensiv. Bei längerem Gebrauch oder langen Standzeiten hinterlässt das Produkt keine bräunlichen Rückstände.

Von der Rohkarosse bis zur Hochglanzlackierung

Bevor Sie sich ans Werk machen, um kleine Lackschäden und störende Unebenheiten zu beseitigen, ist eine kleine Einführung in die Thematik der Autolackierung notwendig. Ohne dieses Grundwissen kann der gewünschte Erfolg schon an ganz banalen Dingen scheitern, wie z.B. an Raumtemperatur, Feuchtigkeit und Lichtverhältnissen. Dieses Buch zeigt, mit welchen Unwegsamkeiten Sie unter Umständen zu rechnen haben. „Eben mal schnell den Kratzer wegmachen" funktioniert leider nicht. Spiegelblanke Lackoberflächen lassen sich nicht auf die Schnelle herbeizaubern, auch nicht mit den besten Mitteln. Das funktioniert nur in der Werbung oder in der Phantasie nicht sachkundiger Journalisten. In der Praxis ist dafür einiges Wissen erforderlich. Je mehr Sachkenntnis Sie sich aneignen, um so besser. Geduld ist auch hierbei eine wichtige Tugend. Die richtige Anwendungsstrategie und die richtigen Materialien zusammen verhelfen Ihnen zum Erfolg – Glanz auf Dauer.

Ein trauriger Anblick, aber nicht hoffnungslos! Ist der Lack in so einem Zustand, bedarf es Schweiß und Mühe, damit daraus wieder ein Glanzerlebnis wird.

Kratzer und Schrammen, wo das Auge hinsieht! Mit den richtigen Anwendungen und Hilfsmitteln lassen sich solche Lackdefekte fast unsichtbar beseitigen.

Die folgenden Ausführungen dienen in keinem Fall dazu, Ihnen eine Ausbildung als Lackiermeister zukommen zu lassen. Im Folgenden sind die für die kleine Reparatur notwendigen Begriffe angesprochen. Weiterführendes Wissen hinsichtlich der Lackierthematik bieten einige im „Vogel"-Verlag erschienene Fachbücher. Mit diesem Buch erhalten Sie die erfahrungsbasierte Unterstützung, den eventuellen Lackschaden mit einfachen und günstigen Mitteln zu beheben.
Etwas Geschicklichkeit und Kreativität lässt so manche „kleine Katastrophe" unsichtbar werden, außerdem liegt uns eine bessere und sachgerechtere Behandlung des Fahrzeuglacks am Herzen.

Fahrzeuglacke allgemein

Die hohen Anforderungen an den Autolack bezüglich Festigkeit, Lebensdauer und Umweltverträglichkeit führen zu laufender Weiterentwicklung in der Lackindustrie. Nicht zu vergessen die optischen Trends, die immer wieder Berücksichtigung finden und in neue, zukunftsweisende Entwicklungen einfließen. Abgesehen von allen Bemühungen der Industrie, strapazierfähigere Lacke zu produzieren, zeigen unsere täglichen Beobachtungen ein anderes Bild. Im Gegensatz zu den Lackierungen vergangener Zeiten ist die heutige Lackierung eines Fahrzeuges, egal welchen Fabrikats, empfindlich wie ein rohes Ei. Schon der kleinste Angriff von Insekten, Vogelkot, Steinschlägen und allen anderen Schadensverursachern hinterlässt im schönen Lackkleid deutlich sichtbare Spuren, die leider oft nur noch mit einem erneuerten Lackauftrag behoben werden können.
Am Anfang jedes Autolebens steht jedoch das nackte Blech. Die Lackierung der Fahrzeugkarosserie und der Bauteile soll vor Korrosion sowie chemischer als auch mechanischer Einwirkung schützen. Darüber hinaus kommen die optischen Anforderungen wie u.a. leuchtstarke und modische Farbtöne, Farbeffekte, Glanz und Glätte. Derzeit existieren etwa 25.000 (fünfundzwanzigtausend) Farbtöne. Von diesen sind aber nur ca. 5000 aktuell.
Die Fahrzeuglackierung ist ein mehrschichtiger Anstrichaufbau. Dieser beginnt mit der Grundbehandlung (Korrosionsschutz) in Tauchbädern, es folgen Grundierung, Füller und Decklack. Alle Autolacke werden ständig den Vorgaben des Gesetzgebers bezüglich Lösemittelmenge und Inhaltsstoffe angepasst. Dabei wird gleichzeitig versucht, bei den hier zu Lande gefahrenen hohen Geschwindigkeiten eine akzeptable Steinschlagfestigkeit der Lackierung zu erreichen.

Korrosionsschutz ist die sogenannte Phosphatierung. Diese Schicht wird nach dem Reinigen von allen störenden Partikeln und Fetten aufgetragen. Sie dient als Schutz gegen Rost und gleichzeitig als Haftgrund für die anschließende Grundierung. Das Phosphatieren ist ein Beschichtungsverfahren, bei dem Metalle bzw. Eisen, Zink und Stahl mit z.B. Alkalien behandelt werden. Phosphorsäurehaltige Reaktionslacke verbessern die Festigkeit der Haftung und die Korrosionsbeständigkeit von Lackbeschichtungen.

Phosphate sind u.a. Salze der unterschiedlichen Phosphorsauerstoffsäuren. Sie kommen in der Natur in großen Lagerbeständen vor und wurden auch in großen Mengen in Waschmitteln verarbeitet.
Salz der Phosphorsäure (Orthophosphorsäure): Polyphosphate werden nach wie vor in Wasch- und Reinigungsmitteln als „Enthärter“ eingesetzt, um die Wirkung der Tenside besser zu nutzen. Die Polyphosphate hydrieren langsam zu Phosphat, das als Pflanzennährstoff in Gewässern eine wachstumsfördernde Wirkung auf Algen hat. In nachfolgenden Prozessen verbrauchen die algenzersetzenden Bakterien den gelösten Sauerstoff des Gewässers, leider eine häufige Ursache für Fischsterben.

Alkalien
Allgemeine Bezeichnung für Substanzen, deren Lösung mit Wasser eine alkalische Reaktion zeigen und je nach Konzentration die Haut reizen können. In erster Linie gehören hierzu die großtechnisch hergestellten Hydroxide des Natriums und Kaliums. Man bezeichnet sie auch als Ätzchemikalien.
Alkalische Produkte braucht man zur Reinigung von öl- und fetthaltigen Verschmutzungen, z.B. für Fußböden einer Kfz-Werkstatt.

Die **Grundierung** ist eine im Tauchverfahren (Tauchbecken) vollzogene Wasser-Lack-Dispersion. Dieser Grundlack dringt auf Grund dieses Verfahrens in alle Ritzen und Rillen, Hohlräume sowie in alle Ecken und verbessert dadurch noch einmal den Schutz vor Korrosion.

Dispergieren: Vorgang, der eine möglichst feine Verteilung eines Stoffs in einem anderen beschreibt.

Der **Füller** dient dazu, Unregelmäßigkeiten auf der bereits aufgebrachten Grundierung zu eliminieren, also auszugleichen. Ohne Füller würde die Lackierung aussehen wie eine Kraterlandschaft. Das Material aus Alkyd-Melaminharz bildet auch die Grundlage für das anschließende Auftragen der Lackierung (Decklack).

Alkydharze sind Polyester, die durch Polykondensation von mehrwertigen Alkoholen (u.a. Glycerin) mit Dicarbonsäuren meist unter einer Zugabe von Ölen und Fettsäuren hergestellt werden.

Melamine sind kristalline, schwach basische Verbindungen, die überwiegend durch katalytische Umsetzung von Harnstoff bei 350-400 °C hergestellt werden.

Nach dem Siegeszug der Metalliclacke werden in unseren Tagen immer mehr Perlmutteffekt-Lacke in der Fahrzeugindustrie angeboten. Aber auch die guten alten Unilacke (zum Teil auch als 2-Schicht, also mit Klarlack überzogen) haben ihre Beliebtheit bis heute erhalten. Die meisten unserer heutigen Autolacke bestehen aus vollsynthetischen Acrylharzen, Lösemitteln und Farbpigmenten. Hier wiederum unterscheidet man zwischen Unilacken sowie 2- und 3-Schicht-Lacksystemen.

Auf speziellen Wunsch oder in der Tuningbranche werden Buntlacke wie Rot oder Schwarz oft als Basislack aufgebracht und wie bei Metallic-Lacken mit einem Zweikomponenten-Klarlack überzogen. Diese Unilack-Varianten verfügen über einen erhöhten Lichtschutz und Glanzgrad und sind dadurch einfacher zu pflegen.
Metallic- und Mineral-Effektlacke bestehen generell aus einem pigmentierten Basislack (Farbe) und einem nachträglich aufgetragenen 2-Komponenten-Klarlack als Endschicht. Diese Lacke werden in der Automobilindustrie bei ca. 135-145 Grad getrocknet und eingebrannt und haben dann eine Lackstärke von ca. 100 mμ, das ist ca. 1/10 mm stark.

Trotz allen Fortschritts der letzten Jahre, wie schon erwähnt, sind die heutigen Lackoberflächen bedauerlicherweise wesentlich anfälliger für äußere Einflüsse wie Schmutz, Industrieablagerungen, Tausalze und Laugen, Insektenexkremente, Vogelkot und Waschmaterialien. Für die dauerhafte Erhaltung der Optik, sprich den Glanzerhalt sowie Glätte der Lackierung, ist die Witterungsbeständigkeit ein wichtiger Aspekt. Die Lackierung kann ihren Zweck, bei allem, was an Chemie oder witterungsbedingt und mechanisch auf sie einwirkt, nur bei regelmäßiger Pflege und Wartung erfüllen.
Wenn sich Beschädigungen auf der Lackoberfläche zeigen, sollten Sie dem so schnell wie möglich entgegen wirken, um kostspielige Ganz- oder Teillackierungen zu vermeiden.

Lacksubstanzen und Inhaltsstoffe

Die wichtigsten Fachbegriffe:
Fahrzeuglack kann man grundsätzlich in pigmentiert (Unilack) und in nicht pigmentiert (Klarlack) unterteilen.

Pigmente sind der farbgebende Anteil im Lack. Unterschieden werden Pigmente in anorganische, z.B. aus Mineralien, und organische Pigmente, die aus pflanzlichen und tierischen Materialien gewonnen werden. Pigmente sind im Gegensatz zu Farbstoffen unlöslich. Sie werden in Lacken und zum Einfärben von Kunststoffbauteilen verwendet.

Bemerkung:
Den Begriff Pigment kennt jeder. So werden zum Beispiel unsere Hautpigmente durch die Einwirkung von Sonnenlicht verändert. Strahlt die Sonne ungehindert und ohne entsprechenden Lichtschutzfaktor auf die Haut, verursacht sie erheblichen Schaden. Die Haut wird runzelig, faltig und trocknet aus. Ähnlich verhält es sich mit ungeschütztem oder gar schon beschädigtem Lack. Wird die Lackierung nicht ausreichend vor Witterungs- und Umwelteinflüssen geschützt, entstehen feine Risse. Der Lack wird spröde und verändert seine Farbe und Leuchtkraft, er verliert seinen Tiefenglanz.

Bindemittel sind die nicht flüchtigen, das heißt filmbildenden Teile von Beschichtungsstoffen. Die Eigenschaften der Bindemittel sind entscheidend für die Funktionsfähigkeit von Lacken. Diese Bindemittel, überwiegend Kunstharze, umhüllen die farbgebenden Pigmente und verbinden diese mit dem Untergrund, bilden also, wenn sie ausgehärtet sind, den eigentlichen Lackfilm.

Lösemittel werden benötigt, um das feste Bindemittel zu lösen oder zu emulgieren und so die Lacke streich- und spritzfähig zu machen. Heutzutage werden mehr und mehr lösemittelarme Beschichtungsmaterialien verwendet.

Unter **Hilfsstoffe** versteht man Zusatzstoffe, die, in geringen Mengen zugesetzt, besondere Eigenschaften hervorheben oder unterdrücken.

Härter werden den Lacken kurz vor der Verarbeitung beigemischt. Es handelt sich um Zusätze, die für eine schnellere Durchtrocknung des Lackes sorgen und die Eigenschaften des Lacks mitbestimmen. Ohne diese Bestandteile würde der Lack nicht aushärten.

High Solids sind Lacksysteme, deren Festkörperanteil mindestens 70 % und mehr (Very-High Solids) aufweist und dadurch wenig Lösemittel braucht.

Der **Festkörperanteil** eines Lacks oder einer Farbe ist derjenige Teil, der nach Entfernen aller flüchtigen Anteile (Lösemittel) zurückbleibt. Das sind im Wesentlichen Bindemittel und Pigmente.

Lackbeschichtungen

Durch die Umweltgesetzgebung sind Fahrzeug- und Lackhersteller angehalten, neue schadstoffarme Beschichtungsmittel für Fahrzeugoberflächen zu entwickeln. Dazu gehören lösemittelarme Very-High-Solids Lacke, Wasserlacke und Pulverbeschichtungen. Durch den Gesetzgeber verlangt, sollen in den nächsten Jahren Karosserien ausschließlich in umweltverträglichen Beschichtungs-Systemen wie Wasserlack-Technik oder Pulverbeschichtung lackiert werden. Auch die Reparaturlackierungen durch Autolackierereien werden nur noch mit Wasserlacken ausgeführt. Das verlangt zum Teil ein Umdenken bei der Pflege und Wartung von diesen neuen Fahrzeugkarosserie-Beschichtungssystemen. Die Very-High-Solid Lacksysteme als letzte Variante der Lösemittellacke werden nach und nach in der Fahrzeugindustrie auslaufen.

Einschicht Uni-Lack
Lackaufbau: Einschicht-Uni-Basislack

Zweischicht Unilack
Lackaufbau: 1. Uni-Basislack, 2. 2K-Klarlack

Zweischicht Metallic-Lack
Lackaufbau: 1. Metallic-Basislack, 2. 2K-Klarlack
(Mica, Perlcolor, Perl, Pearl, Mineraleffekt)

Zweischicht Perleffekt-Lack
Lackaufbau: 1. Perleffekt-Basislack, 2. 2K-Klarlack

Zweischicht mit fluoriertem Klarlack
Lackaufbau: 1. Effekt-Basislack, 2. Fluor-Klarlack

Dreischicht-Lack mit zwei Klarlackschichten
Lackaufbau: 1. Effekt-Basislack, 2. 2K-Klarlack, 3.2-K-Klarlack

Dreischicht Lack mit 2 Klarlackschichten – wobei die erste eingefärbt ist
Lackaufbau: 1. Effekt-Basislack, 2. 2K-Klarlack eingefärbt, 3. 2K-Klarlack

Dreischicht Lack Perleffekt (Farbflop)
Lackaufbau: 1. Vorlack (farbiger Untergrund), 2. Perleffekt-Basislack, 3. 2K-Klarlack

Lackaufbau: Grafik, Unilacke, Metalliclacke, Perleffekt usw.

Erklärung:
2K-Lack oder Klarlack bedeutet zwei Komponenten, zusammengemischt aus Stammlack und Härter.

Uni-Lackierung:
Schichtdicke ca. 80 µm
- Decklack Uni
- Zwischenfüller
- Elektrotauchgrund
- Zinkphosphatierung
- Stahlblech

Uni-Lackierung:
Schichtdicke ca. 90 µm
- Decklack
- Steinschlagschutz-Füller
- kath. Elektrotauchlackierung
- Zinkphosphatierung
- Verzinktes Stahlblech

Uni-Lackierung:
Schichtdicke ca. 90 µm
- 2K-Klarlack
- Wasser-Basislack
- Wasserfüller
- kath. Elektrotauchlackierung
- Zinkphosphatierung
- Stahlblech

Metallic-und Perlcolorlackierung:
Schichtdicke ca. 90 µm
- 2K-Klarlack
- Wasser-Met.-Basislack
- Wasserfüller
- kath. Elektrotauchlackierung
- Zinkphosphatierung
- Stahlblech

Metallic-, Brillant- und Perlcolorlackierung:
Schichtdicke ca. 105 µm
- Klarlack
- Metallic-Basislack
- Steinschlags.-Füller
- kath. Elektrotauchlackierung
- Zinkphosphatierung
- Verzinktes Stahl-

Metallic-Lackierung:
Schichtdicke ca. 100 µm
- Klarlack
- Metallic-Basislack
- Zwischenfüller
- Elektrotauchgrund
- Zinkphosphatierung
- Stahlblech

Konventionelle Lacke

Unsere heutigen Autolacke sind hauptsächlich Acryllacke, also vollsynthetische Harze. Die alten Varianten der Acryllacke waren stark lösemittelhaltig, während die moderne Variante auf Wasserbasis verarbeitet wird. Basislacke wie z. B. Metallic- oder Perlmuttlack sind meist Wasserbasislacke und mit lösemittelhaltigen High Solid Klarlacken (hoher Festkörperanteil) überzogen. In den letzten Jahren wurden mehr und mehr Pulverlackbeschichtungen im Automobilbau eingesetzt.
Diese Beschichtungsstoffe werden auf der Basis verschiedenster Bindemittel hergestellt, so werden herkömmliche Lacke nahezu allen Anforderungen gerecht. Polyurethane und Epoxidharze werden z.B. zu 2-Komponenten-Lacken höchster Qualität und Beständigkeit verarbeitet. Acrylharzlacke weisen neben einer hohen Alterungs- und Witterungsbeständigkeit einen hohen Glanz auf.

Nitrolack
Lacke mit Nitrocellulose als wesentlichem Bindemittelanteil spielen heutzutage keine Rolle mehr. Diese Lacke mussten mit aufwendigen Kräften und Poliermitteln (mit und ohne Schleifanteile) zum Hochglanz gebracht werden. Aus dieser Zeit stammt für den Autolack der Begriff „Polieren“.

Acryllack
Diese vollsynthetischen Harze werden sowohl als thermoplastische Acryllacke als auch als 2-Komponenten-Lacke verwendet. Eine flexible Variante der Acryllacke, außer auf US-Fahrzeugen, ist ein in unseren Breitengraden selten verwendetes Lacksystem. Es ist weicher und flexibler als europäische Acryllacke, lässt sich gut polieren, wird aber bei unterlassener Pflege schnell matt und stumpf.
Thermoplastische Acryllacke trocknen nicht chemisch, sondern nur durch Ausdünstung ihrer Lösemittel. Daher ist hier die sogenannte Aushärtungsphase etwas länger als zum Beispiel bei 2K-Lacken. Der Lackfilm bei diesen 2K-Lacken ist sehr hart, kratzfest, leicht polierbar und trotzdem noch elastisch.

PUR
Polyurethanlack, auch PUR, ist ein 2-Komponenten-Reaktionslack (Kunststoff). Diese Lacke sind gut haftend, härte-elastisch und chemikalienbeständig. Sie werden u.a. auf Oberflächen aufgetragen, die einer immensen Beanspruchung ausgesetzt sind, wie zum Beispiel in der Flugzeuglackierung. Die Bedingungen an der Flugzeughaut sind in geringen Zeitabständen zu überwinden und auszugleichen. Das beginnt bereits in der Startphase. Hohe Geschwindigkeiten (Steinschlag), Temperaturunterschiede durch

Steig- und Sinkflug, Minustemperaturen in hohen Flugflächen, starke Sonneneinstrahlung und der ständige Klimazonenwechsel verlangen der Lackierung einiges ab. PUR ist aus der Sicht von Haltbarkeit und Beständigkeit sicher die bessere Alternative zu den heute verwendeten Pulver- oder Wasserlacken. Auch Reparaturen an dieser Lackschicht verursachen so gut wie keine Probleme. Leider ist diese Lackierung sehr teuer.

Wasserbasislacke

Die Bezeichnung Wasserlacke umfasst alle Lackmaterialien, bei denen Wasser weitgehend die Lösemittel ersetzt. Sie werden als Tauchlacke oder Spritzlacke verwendet. Ihre Widerstandsfähigkeit (chemisch und physikalisch) ist der Resistenz konventioneller Lacksysteme ähnlich.

Pulverlackbeschichtungen

Diese Beschichtung ist zurzeit die umweltschonendste Variante. Pulverlacke sind vollständig lösemittelfrei. Pulverförmige Lacke werden in der Regel elektrostatisch aufgesprüht, schmelzen unter Wärme und bilden so den Lackfilm. Die Widerstandsfähigkeit der Pulverlacke gegen äußere Einflüsse ist erfahrungsgemäß nicht so hoch, wie die Hersteller angeben.

Bunt- und Unilacke

Bunt- und Unilacke sind meist nicht mit zusätzlichem Klarlack versehen. Der aufgetragene Lackfilm ist ca. 80-110 mµ (100 mµ= 1/10 mm) stark.

WARNUNG: Bei Unilacken sollten generell keine aggressiven Lackreiniger verwendet werden. Sie tragen die Decklackschicht ab und entfernen den UV-Schutz. Das führt zu dauerhaften Farbverlusten.

So kann zum Beispiel die Farbe Rot bei zu häufiger Anwendung von Polituren oder Lackreiniger ausbleichen und ihren UV-Schutz verlieren. Das Gleiche gilt für blau, grün, beige, gelb und braun, also Lacke ohne zusätzliche Klarlackschichten. Die sogenannten abgestorbenen Farbpigmente müssen nach einiger Zeit entfernt werden. Durch eine sachgerechte Entfernung lassen sich noch vorhandene Farbpigmente aktivieren, so dass die Lackierung wieder passabel aussieht. Durch die starke Empfindlichkeit dieser Lacke (Ausblutung, überwiegend bei rot) ist ganz besonderes auf regelmäßige Pflege zu achten. Diese Farben dürfen nur mit milden, schleifmittelfreien Polituren behandelt werden. Um diese Farben nachhaltig vor Verwitterung und Ausbleichung zu schützen, ist immer eine anschließende Lackkonservierung oder Versiegelung von Nöten.

Bei pigmentierten Unilacken sind die UV-Schutzpigmente im Bindemittel mit den Farbpigmenten enthalten und lagern sich in der Lackschicht zum Teil über den Farbpigmenten ab.

PROFITIPP: Um dem Unilack die richtige Behandlung und Pflege zu geben, sollten Sie testen, ob ein zusätzlicher Klarlack aufgetragen wurde? Wählen Sie dafür eine unauffällige Stelle am Einstieg oder Türfalz. Geben Sie etwas Politur oder Lackreiniger auf ein Stück Polierwatte oder Baumwolltuch und reiben Sie die ausgewählte Stelle damit kräftig ab. Verfärbt sich die Watte bzw. das Tuch, handelt es sich um einen herkömmlichen Unilack, welcher niemals mit aggressiven Mitteln behandelt werden darf und grundsätzlich einer regelmäßigen Konservierung sprich Versiegelung bedarf.

Verfärben sich Watte bzw. Tuch nicht, ist ein Klarlack auflackiert worden. Dann kann die Lackierung mit notwendigen Pflegemitteln gepflegt werden. Dies ist jedoch kein Freibrief für eine mangelhafte Lackpflege. Es entbindet nicht von einer regelmäßigen Oberflächenreinigung, Konservierung oder Versiegelung mit hochwertigen Produkten.

Klarlack

Während der Unilack durch Farbpigmente deckt, ist der Klarlack transparent und als Überzug für Metallic- und Perlmutteffektlacke gedacht. In den vergangenen Jahren wurden immer häufiger zum Teil empfindliche Buntlacke wie z. B. Schwarz zusätzlich mit einem Klarlack überzogen. Dadurch sind empfindliche dunkle Farben einfacher zu pflegen und zusätzlich besser gegen UV-Strahlen geschützt.

Metallic-Lack

Die Metallic-Lacke bestehen aus einer Basislackschicht, meist mit Aluminium- oder Perlmutt-Teilchen, und Farbpigmenten, sowie einer Klarlackschicht mit UV-Schutzpigmenten.

Auf die farbigen Basislacke folgt eine aus zwei Komponenten (Lack u. Härter) bestehende Klarlack-Versiegelung. Der Klarlack schützt und versiegelt mit einem hohen Glanzgrad und UV-Schutz die Basislackierung. Der aufgetragene Lackfilm bei einer Zweischicht- Metalliclackierung ist ca. 85-130 mµ (100 mµ = 1/10 mm) stark. Wie bei Unilacken gilt auch hier, möglichst keine aggressiven Lackreiniger einzusetzen, die den dünnen Lackfilm unnötig stark abtragen. Dies mindert zum einen den UV-Schutz der Basislackierung und führt zum anderen bei dunklen Lacken

Vorher! Dieser Lack ist in einem sehr schlechten Zustand, wie Sie ihn nur selten antreffen, deshalb haben wir uns dieses Prachtstück ausgesucht.

Nachher! Das ist der Erfolg. Nach aufwändiger Lackreinigung wurde anschließend ein Kombiprodukt (Politur inkl. Lackkonservierung) und eine spezielle Hartglanzversiegelung aufgetragen.

zur Schlierenbildung. Deshalb gilt nicht nur bei dunklen, putzempfindlichen Lacken das oberste Gebot für ein akzeptables Glanzerlebnis: Nur mit hochwertigen und schleifmittelfreien Polituren und weichsten Baumwolltüchern arbeiten.

Sonderlackierungen – Effektlacke

Als Sonderlackierungen bezeichnet werden im Allgemeinen nachträglich aufgebrachte, hochschichtige Lackierungen z.B. bei Oldtimern oder als Effektlacke im Tuningbereich. Diese Lackierungen sind 2-3 mal so stark wie eine Werkslackierung. Die durch mehrfache Lackiervorgänge und Zwischenschliffe stärkeren Lackschichten sind zum Teil über einen längeren Zeitraum sehr putzempfindlich. Der Grund dafür liegt an den enthaltenen Lösemitteln, die mehrere Monate benötigen, um aus den aufgebrachten Lackschichten zu entweichen. Danach erst ist der Lack vollständig durchgehärtet. Diese Oberflächen dürfen in den ersten Monaten nur vorsichtig gewaschen (keine Bürsten- oder Handwäsche), nicht poliert und auch nicht konserviert (lösemittelhaltige Heißwachse oder Lackpflegemittel) werden. Erst nach ca. 3 Monaten, bei sehr hochschichtigen Effekt- lacken nach 6 Monaten, kann der Lack konserviert und versiegelt werden.
Nur so wird das Risiko minimiert, Lösemittel in der Lackschicht einzuschließen, die später zu unansehnlichen Schäden an und in der Lackierung führen.

Bemerkung:
Das Einschließen von Lösemitteln würde auch dazu führen, dass der Lack über einen sehr langen Zeitraum weich und putzempfindlich bleibt.

PROFITIPP: Nach Aushärtung der Lackierung von neuwertigen Lacken empfiehlt es sich, in regelmäßigen Abständen mit Lackkonservierungsprodukten (Kombiprodukt) zu arbeiten. Das spart den Einsatz von lackabtragenden Polituren und Lackreinigern.

Neuartige Lack-Systeme
Der sogenannte Flip-Flop-Effekt ähnelt dem Chitinpanzer eines Insekts. Je nach Winkel der Betrachtung und Lichteinfall entsteht ein anderer Farbeindruck der Lackierung. So kann die Farbe zwischen Gelb und Grün wechseln und noch stärkere Unterschiede zeigen z. B. von Gold über Rot bis hin zum Grün. Bei Metallic-Tönen wird der Effekt zu Hell- bis Dunkelkontrasten verstärkt. Dabei kann die Fahrzeugform sogar optisch an Plastizität gewinnen.

WARNUNG: Um Unebenheiten zu vermeiden, sollte das Ausbessern von Kratzern und Schrammen auf solchen Lackierungen nur von autorisierten Fachbetrieben ausgeführt werden.

Kratzfeste Lacke
Seit einigen Jahren experimentieren Lackhersteller an sogenannten kratzfesten Lacksystemen, die nach der Aushärtung gegen Gebrauchsspuren wie Waschkratzer oder Polierspuren usw. resistent sind. Noch sind diese Lacke sehr teuer und haben eine lange Aushärtezeit. Das behindert ihre Einführung in der Großserie. Es ist denkbar, wenn die Serienreife erreicht wird, dass solche Systeme gegen einen Aufpreis am Fließband lackiert werden können. Diese Lacke werden die Reinigung und Pflege von Fahrzeugoberflächen erheblich erleichtern und insbesondere dunkleren Fahrzeugen dauerhaften Glanz verleihen.

PROFITIPP: Erkundigen Sie sich bei ihrem Fahrzeughersteller, um welche Art Lackierung es sich bei Ihrem Auto handelt. So sind Sie auf jeden Fall auf der sicheren Seite.

Liquid Glass eignet sich für alle Lackoberflächen. Die Anwendung nach einer vorangegangenen Lackaufbereitung ist ohne große Mühe durchzuführen. Einzige Bedingung: Ein trockener Raum. Bestens geeignet für ältere Buntlacke, die wieder aufgearbeitet wurden.

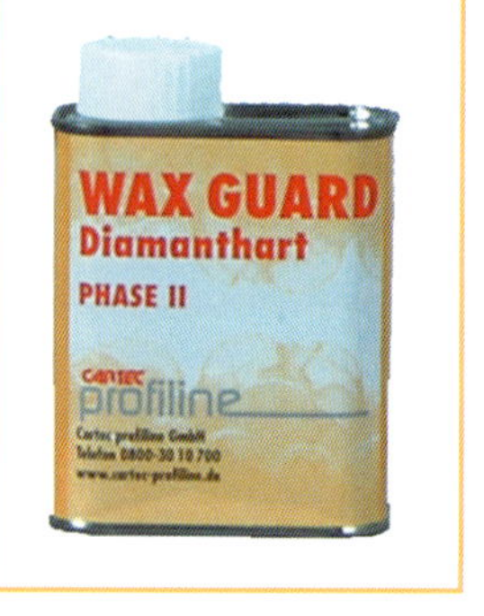

Cartec Wax Guard
Eine Versiegelung mit Garantie! Wird das Produkt sachgemäß verwendet, bleiben Glanz und Widerstandsfähigkeit erhalten. Auch die Auswahl der Waschgelegenheit spielt bei der Haltbarkeit eine ganz wesentliche Rolle!

Sonax Xtreme Polish + Wax Nano Pro
Polieren und Wachsschutz in einem Arbeitsgang. Reinigt, glättet und erzeugt einen dauerhaften Glanz. Stark verunreinigte Lackoberflächen müssen unbedingt vorgereinigt werden.

Sonax Staubtücher
Eine größere Anzahl an Tüchern ist für jede Lackbehandlung besonders wichtig. Das ermöglicht ein sauberes Arbeiten. Ist ein Tuch verschmutzt, kann es sofort mit einem sauberen Tuch ersetzt werden.

Dauerglanz und optimaler Lackschutz durch Sauberkeit und Pflege

Die Notwendigkeit einer Fahrzeugwäsche wird oft unterschätzt oder durch Sparmaßnahmen am falschen Ende auf ein Minimum reduziert. Sie ist ohne Zweifel das einzige Mittel, um Lackierungen an Karosserieoberflächen schnell, einfach und schonend von aggressiven Ablagerungen, saurem Regen, Verschmutzungen aller Art und Chemikalien zu befreien. Bleiben diese Stoffe und Schmutzschichten über längere Zeit auf einer Lackoberfläche kleben, setzen sie sich dort fest und lassen sich nur noch durch eine Behandlung mit Lackreinigern entfernen.
Bedauerlicherweise wird durch den Einsatz von Lackreinigungsprodukten neben dem Schmutz gleichzeitig auch Lack abgetragen, bei jeder Anwendung im 1/100 Millimeterbereich. Das zeigt deutlich, dass es überaus wichtig ist, die Fahrzeuglackierung regelmäßig zu reinigen, um unnötige Anwendungen von Lackreinigern und den dadurch erzeugten Lackabtrag zu vermeiden.

WARNUNG: Jeder Abtrag führt zur Oberflächenbeschädigung, Zerstörung des UV-Schutzes und Minderung der Glanzkraft.

In Industriegegenden, in denen größere Mengen Abgase, Industriestaub und Chemikalien auf die Fahrzeugoberfläche niederrieseln, ist es nötig, öfter eine hochwertige Waschanlage aufzusuchen, damit diese Stoffe nicht auf der Oberfläche reagieren und sich nicht regelrecht festfressen können. Auch Vogelkot, Insektenreste und Baumharze sollten umgehend durch eine Autowäsche entfernt werden, bevor sie auf dem Lack Reaktionen zeigen und bei längerer Verweildauer den Lack zerstören.
Mehr über die richtige Autowäsche erfahren Sie auch im Ratgeber „Autopflege Tipps und Tricks von Profis".

Saubere und glänzende Lackoberflächen werden eher wahrgenommen. Eine glänzende Lackoberfläche wird besser reflektiert und führt dadurch zu mehr Sicherheit im Straßenverkehr. Das kann Leben retten. Außerdem gibt eine schlecht oder gar nicht gepflegte Lackierung ein negatives Image. Es verhält sich wie mit der Garderobe. Ist die Bekleidung schmutzig, faltig und beschädigt, wirkt das auf den Betrachter unattraktiv. Es zeugt nicht von Sauberkeit und Pflege. Schon ein auffälliger Fleck stört. Ein abgerissener Knopf oder ein Riss können das Gesamtbild eines ansonsten gepflegten Menschen erheblich trüben.

Wie ausführlich in dem Ratgeber „Autopflege Tipps und Tricks von Profis" beschrieben, ist die Wahl einer qualitativ hochwertigen Autowäsche der beste Garant für eine lang anhaltende blitzblanke Lackierung. Am besten eignet sich dafür eine Waschanlage mit Textilstreifen.

WARNUNG: Aufgepasst, Schäden können sich auch durch Waschmaterialien, mechanische Einflüsse und Verschmutzungen aller Art auf der Lackoberfläche zeigen. Die Waschhäufigkeit spielt dabei keine Rolle.

Leider ist eine textile Autowäsche nicht in jedem Ort möglich. Deshalb ist die Benutzung einer mit Bürstenausstattung oder einer gepflegten Portal SB-Anlage zu empfehlen. Einschränkend muss darauf hingewiesen werden, dass ungepflegte Waschborsten den Lack empfindlich angreifen können. Dabei handelt es sich nicht nur um Mikrokratzer, die sich mit der Zeit wie ein

Das Auto auf der Reise durch die textile Waschanlage, rundherum sauber getreichelt.

Flauschig weich: Das textile Waschmaterial für eine immerglänzende Lackoberfläche! Die regelmäßige Wäsche mit Textilstreifen erhält den Tiefenglanz und hat sogar eine polierende Wirkung!

Schichtkuchen aufbauen, sondern auch um die sogenannten Abrasionen, durch die der Lack matt und glanzlos wirkt. Abrasionen sind Abriebe der Polyethylen-Bürsten auf der Lackoberfläche. Ob das der Fall ist, lässt sich ziemlich schnell erkunden.

P **PROFITIPP:** Was oftmals zerkratzt und zerschlissen wirkt, kann sich als aufliegende Bürstenabrasion entpuppen. Nehmen Sie etwas Politur auf ein weiches Baumwolltuch oder ein Stückchen Watte. Stellen Sie ihr Fahrzeug in gutes Licht (nicht direkt in die Sonne). Polieren Sie auf der Motorhaube eine Fläche ca. 20 x 20 cm im Kreuzgang, lassen die Politur trocknen und entfernen die Reste mit einem weichen Tuch. Sofort werden Sie den Unterschied sehen, wenn sie die Bürstenabrasion abgetragen haben.

Zum Vergleich: Polyethylen Abk. PE und Polypropylen,
Abk. PP sind durch Polymerisation hergestellte thermoplastische Kunststoffe.
Aus diesen Materialien wird auch die berühmte Tupperware-Dose gefertigt. Ebenso Topfschrubber und Seifensäckchen.

Der Profitipp funktioniert auch bei mit Brauchwasser gewaschenen Fahrzeugen, einer überaus umweltfreundlichen Idee. Durch jahrelange Beobachtungen ist es jedoch nicht von der Hand zu weisen, dass dabei Schmutzwasserrückstände auf der Lackierung zurückbleiben.

Ausreichend konservierte Oberflächen lassen sich wesentlich leichter reinigen. Bleiben trotz aufwendiger Wagenwäsche noch Schmutzreste, ist das nicht der Waschanlage, sondern einer oft ungepflegten Lackfläche zuzuschreiben. Je fester der Schmutz haften kann, desto schwerer lässt er sich beseitigen.
Wie können Sie feststellen, ob Ihre teure Lackierung ausreichend geschützt ist? Es ist ein fataler Fehler, solange zu warten, bis das Wasser nicht mehr abperlt. Wer so spekuliert, wartet bis er gar keinen Lackschutz mehr hat. Außerdem kann das Bild durch Schaumwachs- oder Heißwachsprogramme verfälscht sein.

P **PROFITIPP:** Lassen Sie ihr Auto ohne Zusatzprogramme waschen. Machen Sie den Fingertest:
Streichen Sie langsam mit Fingerkuppe und Fingernagel über den Lack. Spüren Sie ein stumpfes, quietschendes Geräusch, dass sie davon sogar eine Gänsehaut bekommen? Dann ist es Zeit für eine gute Lackpflege.

Der Vorteil von bereits abgetragenen Konservierungs- oder Versiegelungsschichten ist, dass Sie keine Schleifpasten oder Lackreiniger mehr zu benutzen brauchen. Ein gutes Kombiprodukt reicht aus. Wenn Sie die den absoluten Schutz für Ihren Lack wollen, verwenden Sie anschließend eine hochklassige Lackversiegelung.

Polituren

Polieren ist das Herstellen hochglänzender, glatter Oberflächen mit Hilfe mechanischer Verfahren. Bei dem Wort „Politur" wird sofort bei den meisten Autobesitzern an Krafteinsatz gedacht. Das trifft jedoch heutzutage so nicht mehr zu.
In früheren Jahren mussten Lackoberflächen tatsächlich durch mechanische und chemische Unterstützung zum Glänzen gebracht werden. Heute übernimmt der aufgetragene Lack diese Aufgabe. Das heißt aber auch, Beschädigungen des Lackfilms werden mit entsprechenden Produkten, Materialien und mechanischer Einwirkung bearbeitet.
Polituren sind Lackpflegemittel, die sowohl eine reinigende als

Der Unterschied ist nicht zu übersehen! Abrasionen und Scheuermaterialien haben aus der Lackierung einen Tarnanstrich gemacht!

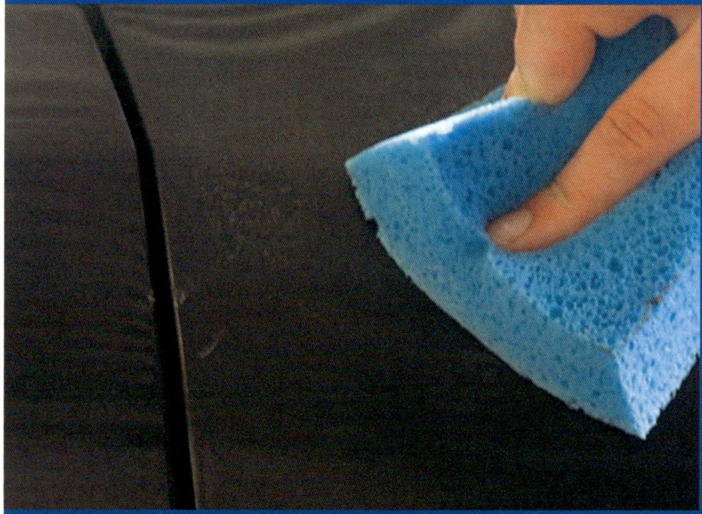

Der Schnelltest! Mit einem weichen Schwamm und etwas Poliermittel können Sie leicht feststellen, ob es sich nur um Abrasionen und Ablagerungen handelt!

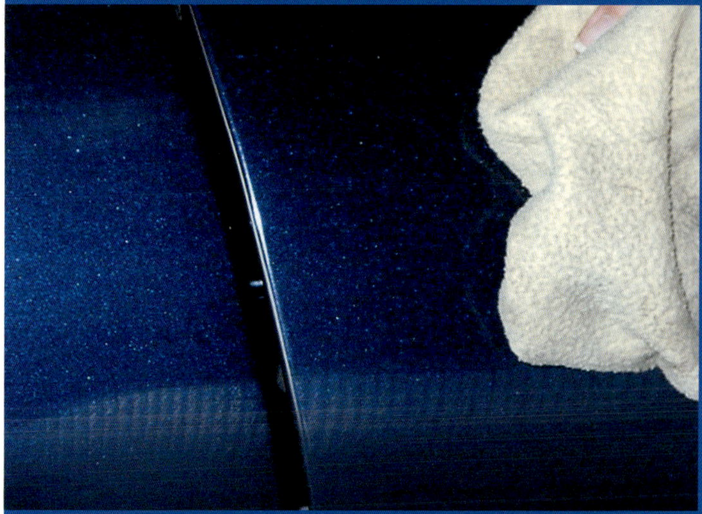

Die Mühe hat sich gelohnt! Was so erschreckend aussah, hat sich in Wirklichkeit nur auf der Lackoberfläche abgelagert.

Das bedeutet harte Arbeit! Deutlich sichtbar stechen hier die feinen Haarkratzer ins Auge! Mit feinen Schleifpolituren lassen sich auch solche unschönen Strukturen zum Verschwinden bringen!

auch eine schützende Wirkung haben. Sie entfernen Lackverschmutzungen und durch UV-Licht zerstörte Farbpigmente, Glanzschleier und Haarlinienkratzer von der Lackierung. Hochwertige Produkte enthalten maximal mikrofeine Schleifpartikel und chemische Reiniger. Diese führen zu spurenfreien Ergebnissen, selbst auf dunklen Lacken.

Polituren kommen zum Einsatz, wenn sich Lackverschmutzungen, Flecken und Ablagerungen bei der Fahrzeugwäsche nicht mehr entfernen lassen oder Glanzschleier und feine Kratzer die Tiefenbrillanz der Lackierung bereits zerstört haben.

Im Handel angebotene Polituren unterscheiden sich sehr stark von Lackreinigern und Schleifpasten, sprich Schleifpolituren. Hier liegt der Teufel im Detail. Wenn Profis von einer Politur sprechen, dann meinen sie damit nicht Lackreiniger oder Schleifpasten, sondern einfach nur die Glättung und Glanzerzeugung durch abriebfreie Mittel, die sogar in einem Arbeitsgang die Konservierung mit übernehmen. Das heißt: Profis verwenden nur solche Materialien, die einen Abtrag von Lackschichten vermeiden und nur die angelagerten Abrasionen entfernen. Das wiederum wird durch den Einsatz von speziellen Polierschwämmen und einer Poliermaschine unterstützt.

Ein Konservierungsmittel ist nur bei der Verwendung von solchen Polituren nötig, die keine Inhaltsstoffe für den Lackschutz beinhalten. Es werden auch sehr gute Kombi-Produkte angeboten, die beide Kriterien erfüllen: etwas Reinigen und Konservieren.

P **PROFITIPP:** Für dunkle und empfindliche Lackoberflächen ist eine hochwertige Politur, die leicht und schlierenfrei zu verarbeiten ist, empfehlenswert. Als zusätzlichen Lackschutz benutzen Sie anschließend ein hochwertiges Konservierungsprodukt für den Langzeitschutz.

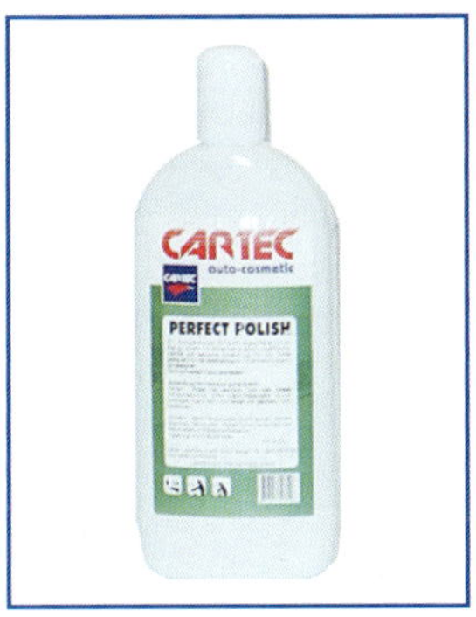

Cartec Perfect Polish
Die Super Politur! Nicht nur für die ganz normale Lackpflege geeignet. Nach einer Lackreparatur bietet diese Politur garantiert die besten Erfolgschancen in Verbindung mit einer Polierpaste gegen Schleier und Schatten!

Konservierung und Versiegelung

Konservieren bedeutet, durch Pflege Haltbarkeit herstellen. Konservierungen, sowie auch Versiegelungen dienen ausschließlich dem Lackschutz! Sie haben weder eine reinigende noch eine polierende Wirkung. Verschmutzte und angegriffene Oberflächen dürfen nicht mit Konservierer behandelt werden. Eine vorherige Lackreinigung oder Politur ist unumgänglich. Konservieren bedeutet demnach nichts anderes, als die Lackoberfläche durch Pflegemittel haltbar machen. Wird ein fauler Apfel konserviert, kann er ungehindert unter der Schicht weiterfaulen und muss nach einiger Zeit entsorgt werden.

Die unterschiedlichen Bezeichnungen Konservierung und Versiegelung verwirren. Im Grunde genommen handelt es sich bei den für den jeweilig vorgegebenen Zweck der angebotenen Produkte um identische Inhaltsstoffe. Eine objektive Beurteilung, welche Mittel wirksam sind und welche nicht, fällt auch Profis nicht ganz leicht. Ob ein Produkt tatsächlich hält, was es verspricht, hängt von mehreren Faktoren ab. Je nach Lackqualität, Lackverschmutzung und Nutzung fällt das Urteil über Wirksamkeit und Haltbarkeit sehr unterschiedlich aus. Die Frage ist: Benutzen Sie ihr Fahrzeug nur zum Brötchen holen oder gehören Sie zu denjenigen, die Tausende von Kilometern durch die Lande sausen oder erregen Sie gern mit einem Fun-Car oder Oldtimer Aufsehen?

ROT WEISS Lack-Konservierer
Konservieren bedeutet: Etwas haltbar machen. Zuerst müssen alle Verschmutzungen sorgsam beseitigt werden, erst dann darf der Konservierer aufgetragen werden. Die Schutzwirkung hält über viele Autowäschen an und verhindert hartnäckige Schmutzablagerungen auf der Lackoberfläche.

Wachs – Hartwachs – Hartglanz

Immer wieder wird von Kunden der Wunsch geäußert: „Ich möchte mein Fahrzeug mit Wachs behandeln lassen".

Fahrzeuglacke können auf unterschiedliche Weise gegen alle möglichen äußeren Einflüsse geschützt werden. Die klassische Methode ist der Oberflächenschutz mit Hartwachsen. Seit einigen Jahren gibt es ein reichhaltiges Angebot an sogenannten Lackversiegelungen. Bekannt z.B. auch als Hartwachs flüssig, Autoglanzwachs, Glanzkonservierer. Das Angebot reicht von transparenten Flüssigkeiten bis hin zur festen Creme, einige sehen aus wie fester Honig. Synthetisch hergestellte Wachse sind nicht schlechter oder besser als Wachse, die natürlichen Ursprungs sind, jedoch chemisch aufbereitet wurden.

Hartwachs ist jedoch kein Ersatz für eine lackreinigende und glättende Politur. Zu Zeiten der Nitrolacke mag das so gewesen sein. Heute jedoch kann die Nutzung von Wachs oder Hartglanz fatale Folgen haben. Eine Ausnahme bilden nur neuwertige Fahrzeuge, auf denen sich weder Bürstenabriebe noch Verschmutzungen aller Art abgelagert haben. Bei älteren Lacksystemen waren Öle und Wachse nötig, um eine Versprödung der Lackschicht zu verhindern.

Wird aus Unwissenheit Hartwachs aufgetragen, werden Schmutz und Abrieb versiegelt, also eingeschlossen. Mit zunehmender Anwendung erscheint die Lackschicht als speckige Oberfläche, die weder einen satten Tiefenglanz hat, noch frei von Beschädigungen ist.

Wachse oder auch Hartwachse haben im Bereich der Fahrzeugpflege die Aufgabe des Lackschutzes und der Konservierung. Mit flüssigem Hartwachs lassen sich sogar leichte Teerverschmutzungen beseitigen.
Hochwertige Wachse sind frei von Reinigungssubstanzen und können der Lackierung bei sachgerechter Anwendung Glanz und Schutz für Monate bescheren, der über viele Wäschen hinaus noch ausreichend Wirkung zeigt.

Hartwachs kann je nach Fahrzeugbeanspruchung zweimal jährlich aufgetragen werden. Die Häufigkeit der Anwendung ergibt sich u.a. durch die gefahrenen Kilometer, die Geschwindigkeiten und durch die biologischen und chemischen Verschmutzungen der Straßen und der Umwelt.
Die handelsüblichen Produkte sind auf die modernen Lackoberflächen abgestimmt und größtenteils künstlich hergestellte Wachse mit einem Siliconanteil (Silicone: Kunststoffe, denen ein Silizium-Sauerstoffgerüst zu Grunde liegt) und Paraffinen (Paraffine werden meist durch Entölung und Raffination aus dem bei der Entparaffinierung von Erdöldestillaten anfallenden Gatsch, einer Kohlenstoffverbindung, gewonnen. Paraffinöle sind aus flüssigen Kohlenwasserstoffen bestehende Gemische, die als Nebenprodukt bei der Gewinnung der Paraffine anfallen).

Für den Oldtimer-Bereich, insbesondere für ältere Lacke und für die noch vorhandenen Nitrolackierungen, werden auch hochklassige Wachskonservierungen angeboten, die mit einem hohen Anteil an Wachsen und Glanzölen wirken.

Sonax Hartwax Nano Pro
Die neue Generation von Hartwachs. Erzeugt einen feinen Schutzfilm und lässt sich auch mehrfach auftragen. Das führt zu einer noch besseren Schutzwirkung. Das Produkt darf nur ganz dünn verarbeitet werden. Zuviel Hartwax kann einen unerwünschten Schmierfilm bilden.

Lackversiegelung

Versiegeln bedeutet, porige Oberflächen dauerhaft verschließen. Bei der Versiegelung handelt es sich um spezielle, oftmals hochgepriesene Mittel für eine widerstandsfähige Lackoberfläche, die Extrapflege für den Lack. Eine Versiegelung unterscheidet sich von der Konservierung hauptsächlich durch ihre Haltbarkeit, geringfügig auch durch die Zusammensetzung der Inhaltstoffe.
Die neueren Produkte schützen, je nach Lacktyp, länger als Konservierungswachse (Hartwachs flüssig). Zum einen, weil sie nicht so stark auf entfettende Waschsubstanzen reagieren und sich abtragen lassen, zum anderen ist die Oberflächenhärte wesentlich stärker. Das macht sie widerstandsfähiger gegen jegliche Witterung. Ein weiterer Vorteil liegt in der Anwendung. Hochkarätige Versiegelungsprodukte lassen sich kinderleicht verarbeiten.
Dennoch gibt es bei diesen Produkten auch einige, die zuviel versprechen, z.B. mit Lackschutzgarantien bis zu 3 Jahren. Erfahrungsgemäß gibt es bisher noch keine Versiegelung, die in der Praxis solche Werte erzielt hat. Als realistisch kann bei hochwertigen Lackversiegelungen eine Haltbarkeit von 6-12 Monaten angesehen werden. Eine wichtige Voraussetzung ist dafür, die vorgegebenen Wasch- und Pflegeanweisungen genau einzuhalten. Ansonsten ist auch die teuerste Versiegelung Geldverschwendung. Das Ziel ist, eine sehr dichte, glatte, nicht klebrige Oberfläche, die leicht von Schmutz u.ä. zu reinigen ist, mit einem UV-Schutz, der die Farbschicht schützt, sowie einer hohen Beständigkeit gegen Chemikalien und Tiersekrete zu erreichen.

Zum Thema Wundermittel: Es gibt bis heute kein Lackpflegeprodukt, das eine Oberflächenhärte wie die einer Teflonbratpfanne erreicht. Die Lackierung ist ein in sich abgeschlossenes Element. Nach ihrer Aushärtung kann sie keinerlei Verbindung mit anderen Stoffen eingehen, ohne diese zu zerstören. Es gibt demzufolge keine Verschmelzung mit der Lackoberfläche. Eine erneute Schicht lässt sich nicht dauerhaft aufbringen, es sei denn, es handelt sich um eine Nach- oder Beilackierung.

P **PROFITIPP:** Vorbeugen ist besser und billiger als Lackieren. Schützen Sie die Lackierung frühzeitig. Warten Sie nicht, bis der Lack matt und verwittert ist.

Dieser Lackzustand ist nicht hoffnungslos. Wenn Sie viel Zeit und Energie in die Lackbehandlung stecken, erstrahlt auch diese Lackfläche wieder in neuem Glanz!

Hochglanzversiegelung

Hochglanzversiegelungen wurden bis vor einigen Jahren fast nur bei aufwendig lackierten Showfahrzeugen und restaurierten Klassikern angewandt. Heute benutzen auch pflegebewusste Autobesitzer diese hochklassigen Glanzprodukte.

Diese spezielle Versiegelung verlangt allerdings einen neuwertigen Lack als Untergrund oder einen mit Politur perfekt aufpolierten Altlack. Qualitativ hochwertige Versiegelungs-Produkte sind schleifmittelfrei und versiegeln Lackoberflächen mit hohem Tiefenglanz.

Für den Bereich Show, Rennfahrzeuge sowie Oldtimer oder Ausstellungsfahrzeuge sind die Hersteller bestrebt, den höchsten Glanzgrad mit einer glasartigen, glatten Oberfläche und einer überdurchschnittlichen Haltbarkeit zu entwickeln. Eine derartige Hochglanzversiegelung wird von Perfektionisten für Perfektionisten gemacht und hat natürlich auch ihren Preis.

Stockmeier Chemie Hochglanzpolitur
Wenn es einfach und schnell gehen soll! Diese Kombi-Politur reinigt und konserviert die Lackoberfläche. Dieses Produkt eignet sich besonders für neuwertige Lacke zum dauerhaften Glanzerhalt!

Schnellpflege

Schnellkonservierung und Sprühwachs sind sehr dünnschichtige Konservierer. Sie eignen sich nicht für einen Dauerschutz, sondern sind nur bei neuwertigen Fahrzeugen und als Pflege für zwischendurch anzuwenden. Je nach Produkt halten sie eine bis zwei Autowäschen vor. Derartige Produkte sind in Autohäusern bei der Fahrzeugpräsentation sehr beliebt. Sie beseitigen Putzspuren sowie Fingerabdrücke und vertiefen den Glanzgrad. Sie bestehen meist aus leicht flüchtigen Stoffen und milden Lösemitteln und etwas Wachs oder Silikon, um für den Glanz- und Abperleffekt zu sorgen. Schnellkonservierungen oder Sprühwachse lassen sich auch für andere Glanzzwecke wie z.B. Einstiege hervorragend verwenden.

Cartec Spraywachs – der schnelle Wasserfleckenvernichter. Auch Neufahrzeuge lassen sich damit wirksam pflegen. Die simple Verarbeitung erfordert keine große Mühe und lässt sich im Handumdrehen bewerkstelligen.

PROFITIPP: Nach der Autowäsche lassen sich Wasserflecken mit Spraywachs schnell und einfach beseitigen.

Die außergewöhnliche Lackpflege

Außergewöhnliche Fahrzeuge mit aufwendigen Lackierungen möglichst gegen jede Art von Lackalterung über Jahre zu schützen, ist für die Lackpflegemittelindustrie eine immer noch ehrenvolle Aufgabe. Vor allem nach einer Restaurierung oder einer aufwendigen Effektlackierung soll die oft mehrere tausend Euro teure Lackschicht möglichst lange in einem neuwertigen Zustand erhalten werden. Möglich ist das mit einer sehr teuren Lackversiegelung, die den Lackfilm gegen aggressive Umwelteinflüsse schützt, ein Eindringen von Schmutz und Chemikalien verhindert und die in der Schutzschicht einen wirkungsvollen UV-Schutz besitzt, der die Farbschicht am Ausbleichen hindert.

Sonderbehandlung für Sonderlackierungen

Als Sonderlackierung werden hochschichtige Design- oder Effektlackierungen und die zum Teil durch alte Lacktechniken und -systeme hochschichtigen Oldtimer- sowie Klassikerlackierungen bezeichnet. Diese Lackvarianten benötigen mehrere Monate, um vollständig auszuhärten und alle Lösemittel verlieren. Nach einer Aushärtungszeit von ca. 3 Monaten ist eine milde Hochglanzpolitur und eine anschließende Hochglanzversiegelung zu empfehlen.

PROFITIPP: Derartige Lackierungen dürfen in der ersten Zeit nur sehr vorsichtig gereinigt werden, damit sich in die noch weiche Oberfläche keine Verunreinigungen eindrücken.

Für mit modernen Lacksystemen erstellte Effektlackierungen empfiehlt sich eine hochglänzende Lackversiegelung.
Oldtimer, die mit alten Lacksystemen oder Nitrolacken lackiert sind, können mit einem hochwertigen Hartwachs behandelt werden, welches wirkungsvoll vor Versprödung schützt.

Wundermittel

Vorsicht vor sogenannten Zauberkünstlern auf Parkplätzen, Messen und in der Werbung. Es ist nicht allzu schwer, eine neue Lackversiegelung anzurühren und dazu die viel versprechende Verpackungsaufschrift zu kreieren. Manchmal lockt das sogar Profis in die Falle, die sich durch Brenn-, Kratz- und Schlagvorführungen haben überzeugen lassen. Leider zeigen sich schon kurze Zeit nach der Anwendung und nach wenigen Autowäschen starke Farbunterschiede, besonders bei Buntlacken. Die Schutzschicht ist dann gänzlich dahin.

PROFITIPP: Ob eine Lackpflege, egal ob Politur oder Versiegelung, hält, was sie verspricht oder ob sie ordnungsgemäß ausgeführt wurde, ist mit einem einfachen Test festzustellen. Etwas Fleckenentferner oder Waschbenzin auf einen Wattebausch geben. Die Lackoberfläche damit abwischen. Zeigen sich helle Flecken, ist das Mittel untauglich und/oder die Lackbehandlung nicht fachgerecht durchgeführt worden. Oder Sie geben etwas Fleckenentferner auf eine große Fläche (Motorhaube) und wischen mit einem Tuch drüber. Wenn Sie dann Wasser über die behandelte Fläche laufen lassen, zeigt sich sofort, ob eine fachgerechte Behandlung stattgefunden hat. Nach einer sachgerechten Behandlung perlt das Wasser ab.

Schleifpolituren

Schleifpolituren werden auch als Schleifpaste bezeichnet. Vorsicht mit solchen harten Sachen, zumal sich auch im Laufe der Jahre gezeigt hat, dass Schleifpolituren und -pasten nur selten benötigt werden. Ein hochwertiger Lackreiniger mit Schleifanteilen ist in seiner Wirkung genauso erfolgreich. Bei allen Mitteln dieser Art kommt es immer auf die Verarbeitung an. Kleine Schrammen und Kratzer lassen sich mit diesen Produkten zufriedenstellend beseitigen. Damit dem Lack kein Schaden zugefügt wird, dürfen diese Materialien nur im äußersten Notfall angewendet werden. Die Lackoberfläche, besonders bei Buntlacken, wird dermaßen beansprucht, dass nach mehrmaliger Behandlung keine Aktivierung der Farbpigmente mehr möglich ist. Auch Metalliclackierungen nehmen eine häufige Behandlung damit sehr übel. Die Oberfläche kann mit der Zeit ein stumpfes Aussehen erhalten. Hinzu kommt, dass die Haltbarkeit einer solchen Auffrischmethode nur von geringer Dauer ist. Die oberste Lackschicht wird abgetragen und die darunter liegenden weicheren Schichten sind dann um so anfälliger für jede Art von Schmutz. Beispiel: Ein roter, ausgebluteter Lack, der niemals solchen Polierstrapazen ausgesetzt wurde, ist nach einer Bearbeitung mit Schleifpolitur und

Daraus lässt sich doch etwas machen! Deutlich wird sichtbar, dass es sich lohnt, in ein bisschen Arbeit und das richtige Mittel zu investieren.

anschließender Versiegelung wieder wie neu. Jedoch wenn der Fahrzeugbesitzer schon mehrmals scharfe Lackreiniger oder Polituren verwendet hat, wird auch trotz der Versiegelung die Lackoberfläche wieder ausfärben und es wird helle Schatten und Flecken geben. Auf dem Schleifpastenmarkt gibt es nur wenige Produkte, die für solch eine Behandlung geeignet sind.

WARNUNG: Nach jeder Verwendung von schleifmittelhaltigen Polituren muss der Lack anschließend grundsätzlich konserviert oder versiegelt werden.

ROT WEISS Schleifpaste Rubin
Seit Jahrzehnten gibt es diese Paste zum Abtragen von hartnäckigen Belägen und zum Auspolieren von Lackdefekten.
Im Lackierfachbereich findet dieses Produkt schon lange seine erfolgreiche Verwendung.

Lackreiniger

Eine Lackreinigung wird erforderlich, wenn der Lack starke Auskreidungen und Ausblutungen aufweist. Buntlacke hinterlassen in so einem Fall auf dem Polierschwamm oder dem Putzlappen deutliche Spuren. Bei weißen Lacken fühlt sich der Schwamm schmierig und stumpf an. Sichtbar wird die Auskreidung auch mit dem Fingertest. Streichen Sie mit einem Finger fest über den Lack und reiben Sie dann die Finger gegeneinander. Gibt es einen hellen, fast weißlichen Staub, der sich anfühlt wie Kreide, dann hat die Lackierung eine Grundreinigung dringend nötig. In renommierten Profibetrieben wird schon seit Jahren meistens auf Lackreiniger verzichtet. Statt dessen wird eine spezielle Kunstharzpaste eingesetzt, die reinigt und glättet. In Messverfahren wurde kein nennenswerter Abrieb der Lackschicht festgestellt. Die Reiniger unterscheiden sich erheblich von den härteren Schleifmitteln. Dennoch kann es auch bei der Verwendung solcher Hilfsmittel Lackbeschädigungen geben. Oft enthalten schädigende Produkte Schlämmkreide und einen hohen Anteil an Lösemittel, die zu starkem Abrieb der Farbpigmente oder zum Auslösen der Pigmente führen können. Zu kraftvoll ausgeführte Scheuerbewegungen hinterlassen Wolken in der Lackoberfläche. Auch gefährlich sind lackanlösende Inhaltsstoffe, die dazu dienen, abgestorbene Farbpigmente und oxidierte Schichten zu entfernen.

WARNUNG: Lackreiniger dürfen nur im Notfall verwendet werden. Nach einer Lackreinigung muss zwingend eine Lackversiegelung oder Konservierung erfolgen. Nach der Bearbeitung mit dem Lackreinigungsmittel hat sich eine Fahrzeugwäsche bewährt, um die Restsubstanzen und Partikel aus den Poren auszuschwemmen. Sie könnten sonst bei der Versiegelung störende Schatten hinterlassen. Für eine Weiterbehandlung muss der Lack absolut trocken sein.

Sonax Lackreiniger
Aufwendige Lackreinigungen benötigen eine gründliche Lackreinigung. Der Lackreiniger entfernt gründlich alle abgestorbenen Farbpigmente, Auskreidungen und Verunreinigungen von der Lackoberfläche. Für die Nassverarbeitung bestens geeignet.

Metallic-Politur

Metalliclacke benötigen nicht mehr und nicht weniger Schutz und Pflege als normale Buntlacke bzw. Unilacke. Profis benutzen keine Metallicpolitur, für sie ist das herausgeworfenes Geld. Die Inhaltsstoffe solcher Mittel unterscheiden sich nur unwesentlich von denen milder Polituren. Auch können so genannte Kombiprodukte mit einer leichten Reinigungswirkung und Konservierung den gleichen Zweck erfüllen. Diese Lackpflegemittel sind ebenso effizient wie wirksam.

Farbpolitur

Auch auf eine Farbpolitur können Sie getrost verzichten. Sie helfen in keiner Weise gegen Schrammen, Kratzer oder abgestorbene Farbpigmente. Spätestens nach der zweiten Autowäsche ist diese Politur von der Oberfläche verschwunden. Außerdem lassen sich Kunststoffteile, die mit solchen Mitteln in Berührung gekommen sind, nur sehr mühsam wieder reinigen.

Lackverschmutzungen

Die Beurteilung der Lackoberfläche

Lackverschmutzungen analysieren und entfernen
Bevor Sie sich an die Reparatur oder Oberflächenperfektionierung machen, müssen Sie alle Verschmutzungen auf der Lackierung entfernen. Dafür ist eine sehr genaue Analyse nötig. Befinden sich nicht nur hartnäckige Beläge, sondern auch daraus resultierende Beschädigungen auf der Oberfläche, ist der Besuch eines Fachbetriebs auf jeden Fall zu empfehlen.

WARNUNG: Wird eine Lackbearbeitung ohne eine vorherige Beseitigung der Schmutzbeläge vorgenommen, ist die mit Mühe durchgeführte Arbeit sofort wertlos. Die Arbeit war vergeblich und im schlimmsten Fall bleibt ein dauerhafter Schaden zurück.

Analysehilfe

Baumharz zeichnet sich durch unregelmäßig verteilte, gelbliche bis bräunliche Flecken und strichähnliche Anlagerung aus, die auch mit bloßem Auge leicht zu erkennen sind. Unter der Lupe betrachtet, handelt es sich um unterschiedlich große Punkte und längliche Gebilde, die an ihren Rändern einen hellen, gelblichen Schatten werfen. Je stärker die Schattenbildung, desto tiefer haben sich die lackzerstörenden Inhaltsstoffe bereits in der Lackierung verewigt.
Je nach Baumart und Jahreszeit kann das gesamte Auto mit einer gleichmäßigen, pickelähnlichen Schicht überzogen sein. Baumharze haben einen lösemittelähnlichen Charakter. Sie zerstören durch ihre Inhaltsstoffe die Lackschichten und können sich langsam bis auf das blanke Blech durchfressen. Langanhaftende und durch Hitzewirkung, besonders im Sommer, aufliegende Baumharzverschmutzungen hinterlassen in der Lackoberfläche farbliche Veränderungen, die in Extremfällen nur durch eine Neulackierung zu entfernen sind. Auch können bleibende Krater die Folge sein. Selbst die beste und gründlichste Fahrzeugwäsche entfernt diese Verunreinigungen nicht.

Bienenkot ist wie Baumharz ein ebenso großes Problem. Auch hier wirken die Inhaltsstoffe der Bienenausscheidungen gnadenlos auf die Lackierung ein. Im Gegensatz zum Baumharz lassen sich die Bienenausscheidungen mit dem Fingernagel abkratzen. Beim Abkratzen zeigt sich eine bröselige, schorfähnliche Absplitterung, die an eine mit Grind verschlossene Hautverletzung erinnert. Auf dem Lack bleibt ein heller, gelblicher Fleck zurück, der durch Farbstoffe verursacht wurde.
Je nach Lackqualität und Witterungsverhältnissen fangen diese stark konzentrierten Exkremente schon nach Stunden an, den Lack durch ihre ätzende Wirkung zu zerstören. Ein Teil dieser Tierexkremente reagiert auf der ungeschützten Oberfläche so aggressiv, dass der Lackfilm bis auf die Grundierung durchdrungen wird. Die Wirkung wird durch den sogenannten Gärungsprozess bei besonders warmer und feuchter Witterung erhöht.

P **PROFITIPP:** Nehmen Sie eine Leselupe zur Hand.

Ein frischer Bienenkotfleck erscheint gelb oder leicht bräunlich. Die Ränder erscheinen wie ein ausgefranstes Stück Papier. Im frischen Zustand lässt sich die Beseitigung noch relativ leicht bewerkstelligen und die Beschädigung kann sich in Grenzen halten. Durch eine einfache Autowäsche ist das Entfernen ausgeschlossen. Sie benötigen reinigende Hilfsmittel und mechanische Unterstützung.
Wenn Sie eine gerissene, an den Seiten schon farblich veränderte Schadensfläche bemerken, müssen Sie unter Umständen mit einer Neulackierung rechnen.

Baumsäfte sind Absonderungen unterschiedlichen Ursprungs, z.B. von Blüten oder Knospen. Sie zeichnen sich durch eine klebrige Oberfläche aus. Für starke Absonderungen ist vor allem die Linde bekannt. Diese Verschmutzungen sind nicht mit Baumharzflecken zu vergleichen.
Wenn Sie mit der Hand über die Fläche streichen, werden Sie eine klebrige Schicht spüren. Lagert sich auf dieser Schicht Schmutz ab, wird dieser wie ein Magnet daran festgehalten und lässt sich auch nicht mehr durch eine gründliche Wäsche entfernen. Das Auflösen dieser schmierigen Masse ist eine langwierige Angelegenheit. Zuerst muss der obenliegende Schmutz entfernt werden. Dann erst kann mit dem entsprechenden Reinigern die Baumsaftschicht entfernt werden. Reinigungsknete eignet sich hier nur für die schon in den Lack eingedrungenen Reste. Die Arbeit mit lösemittelhaltigen Produkten sowie der Einsatz von Schleifpasten ist dann unumgänglich. Bei starkem Befall ist es ratsam, diesen von einem Fachbetrieb entfernen zu lassen.

Insektensekrete sind im Gegensatz zum Bienenkot als nicht so dramatisch einzustufen. Ausscheidungen von Fliegen und Mücken etc. verursachen in der Regel keinen nennenswerten Schaden und lassen sich mit einer sorgfältigen Autowäsche beseitigen.

Honigtau ist ein besonders gefährlicher Lackkiller. Ameisen melken Blattläuse, dabei herabtropfende Sekrete verursachen bereits kurz nach dem Auftreffen auf dem Lack einen empfindlichen Schaden. (Dafür waren langjährige Erfahrungen und Analysen nötig.) Die Verschmutzungen ähneln dem Bienenkot in ihrer Substanz, unterscheiden sich jedoch durch ein milchiges, klebriges Aussehen. Besonders in der trockenen, heißen Sommerzeit härten diese aus und fressen sich langsam, aber sicher durch die Lackschichten. Der Decklack beginnt abzuplatzen und muss dann neu lackiert werden. Unter der Lupe betrachtet, erscheint Honigtau als etwa 2 bis 3 Millimeter kleine Punkte, die an ihren Rändern fast immer klecksähnlich auslaufen.

Insektenkörper sind meistens nur am Vorderwagen und an der vorderen Dachkante zu finden. Bei aerodynamisch ungünstig geformten Fahrzeugen können sie sich nach einer rasanten Autofahrt auch über die ganze Dachfläche ziehen. Bei Fahrzeugen mit stark angewinkelter Motorhaube schlagen die Insekten so stark ein, dass sie den Lack unwiederbringlich zerstören. Abhilfe kann nur eine Teillackierung durch einen Fachbetrieb schaffen.

P **PROFITIPP:** Bei einem Blick durch die Lupe werden Sie erkennen: Je heller der Einschlag, desto tiefer konnten das Insekt und dessen Enzyme und Säuren in die Lackschicht eindringen. Helle, besonders stark zerklüftete Einschläge lassen sich nur durch Neulackierung bearbeiten. Dünne, sichtbare und minimale Formierungen können mit etwas Geschick ausgebessert werden.

Farbnebel lassen sich sehr einfach feststellen: Tasten Sie die Lackoberfläche mit der flachen Hand langsam ab. Typischer Weise spüren Sie eine klebrige, gleichmäßig raue, picklige Oberfläche ohne besondere Erhebungen.
Farbnebel ist entweder deutlich sichtbar oder aber er wird erst bei einer zufälligen Berührung entdeckt. Herkunft und Zusammensetzung können oft nicht sicher bestimmt werden. Am einfachsten ist die Beseitigung, wenn Sie genau wissen, mit welcher Farbe der Schaden verursacht wurde. Mit der Lupe sehen Sie meist Pünktchen unterschiedlicher Größe in unregelmäßiger Anordnung.

Zur Analyse der Farbflecken:

Arbeitsmittel
Heißes Wasser, Watte, Nitroverdünnung, Reinigungsknete, einige Tropfen Geschirrspülmittel, ein weiches Tuch

So wird's gemacht
1. Versuch: Tauchen Sie einen Zipfel des Tuchs in heißes Wasser und reiben Sie vorsichtig über die befallene Fläche. Löst sich die Farbe, handelt es sich hier um einen wasserlöslichen Belag.

2. Versuch: Etwas Nitroverdünnung auf Watte geben und eine Stelle vorsichtig damit abreiben. Zeigt die Behandlung eine

Reaktion, können Sie entweder mit der Verdünnung oder besser mit der Reinigungsknete ans Werk gehen.

3. Versuch: Watte mit Nitroverdünnung langsam und mit leichtem Druck auf die ausgewählte Teststelle auftragen. Ein paar Minuten einwirken lassen und nochmals abreiben. Wenn es keine Reaktion gibt, sollten Sie einen Fachbetrieb aufsuchen.

Industrieemissionen wie **Flugrost** oder **Metallstaub** sind ungefährlich, solange sie nicht mit Feuchtigkeit in Verbindung geraten. Mit einer Ausnahme: direkter Befall durch erhitzte Partikel. Sie brennen sich sofort ein, treffen sie auf die Lackoberfläche. Eine Entfernung ist meistens nicht möglich und eine Neulackierung erforderlich.
Metallstaub lässt sich im trockenen Zustand leicht abfegen. Sobald allerdings eine bestimmte Menge an Luftfeuchtigkeit vorhanden ist, setzen sich diese Verunreinigungen sofort fest und fangen an, in den Lack zu rosten. Je länger sie auf dem Lack verweilen, desto ärger die Beschädigung.
Unter der Lupe erscheinen Metallstaub und Flugrost als dunkelbraune bis schwarze Punkte, an denen sich leichte Rostansammlungen erkennen lassen. Handelt es sich um starken Befall, sollten Sie auf jeden Fall einen Fachbetrieb mit der Beseitigung beauftragen.

WARNUNG: Befinden sich frische Staubansammlungen auf dem Lack? Waschen Sie das Auto nicht, sondern fegen den Staub vorsichtig mit weichen Naturborsten von der Oberfläche.

Magic Clean Reinigungsknetmasse gehört in jeder Autopflegemittelsammlung. Die Knete bleibt durch häufiges Durchkneten immer wieder einsatzfähig. Die behandelte Oberfläche wird glatt und schmutzfrei. Das erleichtert die Lackpflege oder Lackaufarbeitung enorm!

Beton oder **Zement** lassen sich leicht identifizieren. Die sehr festhaftenden Beläge lassen sich nicht mit dem Fingernagel beseitigen. Unter der Lupe ist ein grauer Fleck zu erkennen, der meist am Rand etwas hellere Schatten zeigt. Die Beseitigung sollte in jedem Fall einem Fachbetrieb überlassen werden. Wird so eine Anlagerung nicht sofort entdeckt, ist die Neulackierung meist das einzige Mittel der Schadensbeseitigung.

Teer oder **Bitumen** finden sich an fast jedem Fahrzeug. Die schwarzen Pünktchen und Striche sammeln sich vornehmlich im unterem Fahrzeugbereich an. Mit der Lupe lässt sich Teer sofort identifizieren: als dunkle Anlagerungen, oft mit einem bräunlichgelben Rand.
Beim Abtasten fühlt er sich klebrig und picklig an.

PROFITIPP: Geringer Teerbefall lässt sich mit etwas Fleckentferner oder auch flüssigem Hartwachs beseitigen.

Kalkflecken finden sich in der Regel an Scheibenwaschdüsen, hervorgerufen durch austretendes, angetrocknetes Wasser. Kalkablagerungen hingegen entstehen oft durch eine unsachgemäße Trocknung nach einer Autowäsche, begünstigt durch Sonneneinstrahlung, nach Verdunstung des verbleibenden Restwassers oder aber auch durch Wasser, das aus Ritzen und Rillen austritt. Großflächige Verschmutzungen werden meist durch die Nähe eines Betonwerks oder eines Betonmischers verursacht. Kommt der Kalkstaub mit Feuchtigkeit in Verbindung, entsteht auf dem Lack eine klecksige, graue Fleckenlandschaft. Die Beseitigung kann nur mit säurehaltigen Reinigern durchgeführt werden. Im Anschluss daran muss eine sorgfältige Lackbearbeitung erfolgen.Wird die Lackierung häufiger mit Kalkablagerungen belastet, quillt der Lack durch Zersetzung der Alkalien durch Kohlendioxid langsam auf. Der Schaden kann nur durch eine Neulackierung abgewendet werden. Auf keinen Fall darf auf diesen Anlagerungen gescheuert werden. Gelöste Kalkreste wirken wie Schleifpapier und hinterlassen eine mit Mikrokratzern geschädigte Lackfläche.

Um Kalkflecken zu entfernen:

Arbeitsmittel
Scheibenreiniger, ein leichtes Lackreinigungsmittel, ein weiches Tuch, bei hartnäckigem Befall Haushaltsentkalker z.B. Cilit

So wird's gemacht
Scheibenreiniger auf die betroffene Stelle sprühen.

WARNUNG: Scheibenreiniger nicht antrocknen oder herunter laufen lassen, sonst können sich weitere hässliche Flecken bilden.

Lackreinigungsmittel auf den Lappen geben und die Kalkränder langsam und ohne Druck wegreiben. Bei Bedarf müssen Sie den Vorgang wiederholen. Bei hartnäckigen Belägen: Kalkentferner auf den Putzlappen auftragen und die Kalkumrandung durch leichtes Reiben lösen. Mit viel klarem Wasser nachwischen.
Für beide Anwendungen gilt: Anschließend mit einem Lackpflegemittel nachbehandeln.

PROFITIPP: Für leichte Kalkflecken können Sie Essig oder Zitronensäure benutzen. Anschließend mit viel Wasser nachwaschen. Bei ausgeblichenen Lacken ist diese Behandlung nicht empfehlenswert.

Vogelkot ist überall! Leider können wir unsere gefiederten Freunde nicht dazu erziehen, ihre Ausscheidungen um unsere Autos herum zu platzieren. Jede Vogelsch... hat ein anderes Aussehen, so banal es auch klingt. Auch ist die zerstörerische Qualität und

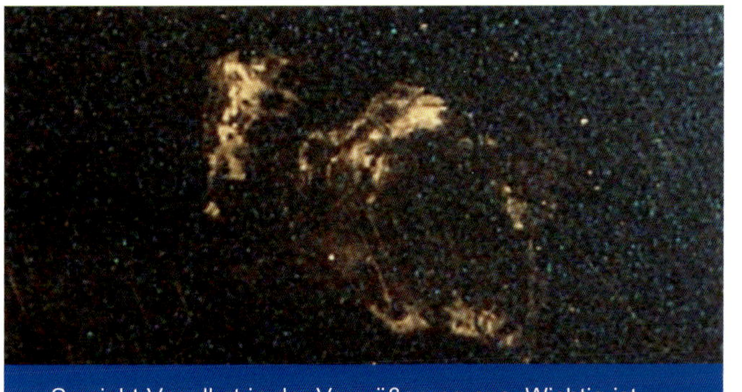

So sieht Vogelkot in der Vergrößerung aus. Wichtig ist, dass er schnell entfernt wird, weil er oft ätzende Substanzen enthält und sich in den Lack einarbeitet.

Menge von Vogel zu Vogel unterschiedlich. Ein Aspekt ist die Nahrung der Vögel. Tauben und Möwen scheiden stark kalkhaltige Ablagerungen aus, die sich aus mehreren Komponenten der

Verdauungssäfte zusammensetzen. Sie wirken besonders ätzend.
Vogelkot muss sofort nach seiner Entdeckung beseitigt werden. Schon nachdem er einen Tag angetrocknet ist, kann er im Lack Schäden hinterlassen.
Die Schäden ähneln einem Spinnennetz oder andere gleichen der Oberfläche einer Warze. Der Klarlack ist dadurch ruiniert und splittert nach kurzer Zeit weg. Auf Unilacken kann sich eine Lackschädigung bis in die Grundierung ausbreiten.
Ein gut geschützter, konservierter Lack ist der beste Schutz.

Die Beseitigung von Lackverschmutzungen

Die folgenden Ratschläge, die sich im Laufe vieler Jahre bewährt haben, geben Auskunft darüber, wie lackschädigende Verschmutzungen leicht entfernt werden können. Bei unsachgemäßem Vorgehen kann der Lack erheblichen Schaden nehmen.

WARNUNG: Alle Lackverunreinigungen müssen grundsätzlich vor der eigentlichen Polierarbeit, Versiegelung oder Konservierung entfernt werden. Für Lackreparaturen müssen alle lackschützenden Substanzen mit Silikonentferner sorgsam beseitigt werden. Nur so haben Sie die Gewissheit, dass kleine Ausbesserungen dauerhaften Belastungen, besonders durch die Fahrzeugwäsche, stand halten.

Hinweis: Treffen die genannten Verunreinigungen nicht zu, finden Sie weitere Anweisungen in dem Buch „Autopflege – Tipps und Tricks von Profis“. Eine Beschreibungen aller möglichen Verschmutzungen würde den Rahmen dieses Buches sprengen.

Für Verschmutzungen aller Art gibt es die Reinigungsknete. In dem Buch Autopflege wurde diese innovative Technik zur Reinigung von Fahrzeugoberflächen schon beschrieben.
Reinigungsknete wurde speziell für die Automobilindustrie entwickelt, wobei die Aufgabenstellung folgende war: Entfernung von Eisenstaubpartikeln, Flugrost, entstanden durch Schienenfahrzeuge, Farbnebelanhaftungen nach Lackreparaturen sowie das Entfernen von Baumharzen und die Verunreinigung durch Insekten. Mit der Reinigungsknete lassen sich die unterschiedlichsten Ablagerungen und Verschmutzungen von Lack, Glas und Kunststoffoberflächen einfach und ohne Chemie entfernen. Die Knete reinigt alle Lackoberflächen schonend, entfernt hochstehende Verschmutzungen ohne dabei Lack abzutragen. Ein weiterer wichtiger Aspekt ist die Schonung Ihrer Gesundheit. Im Gegensatz zu allen möglichen Mitteln hat die Knete keinerlei Nebenwirkungen auf Atemwege, Haut und andere Organe.

Arbeitsmittel
Reinigungsknete, eine Sprühflasche mit Wasser, reichlich Geschirrspülmittel, ein weiches Tuch

So wird's gemacht
Lassen Sie das Fahrzeug gründlich in einer Autowaschanlage (möglichst in einer Textilwaschanlage) waschen. Ist keine Textilanlage in ihrer Nähe, können Sie die Wäsche auch in einer Selbstwaschbox durchführen. Wichtig ist, dass die Wäsche gründlich durchgeführt wird. Verzichten Sie unbedingt auf Konservierungsmittel wie z. B. Heißwachs u. ä. Sprühen Sie etwas Geschirrspülmittel-Wasser-Lösung auf einen kleinen Abschnitt der verschmutzten Fläche, alternativ können Sie auch einen weichen Schwamm zum Auftragen der Lösung benutzen. Dann schieben Sie die Reinigungsknete langsam und mit leichtem Druck auf der Oberfläche hin und her. Die Knete ist in der Lage, den Schmutz zu lösen und aufzunehmen. Die so gelösten Verschmutzungen werden auf der Unterseite der Knete eingeschlossen. Kneten Sie zwischendurch die Knetmasse kräftig durch, so dass die aufgenommenen Schmutzpartikel ins Innere der Masse gelangen können. So wird die Knete wieder aufnahmefähig für neue Schmutzpartikel und Sie können die Arbeit fortsetzen, bis alle Beläge entfernt sind. Wischen Sie die bearbeiteten Abschnitte mit einem weichen Tuch trocken.

WARNUNG: Sie müssen die behandelten Teilflächen grundsätzlich immer feucht halten. Trockene Flächen können stumpf und glanzlos wirken und müssen nach der Behandlung mühsam aufpoliert werden.

Reinigungsanweisung für hartnäckige biologische Verschmutzungen:

Bleiben Rückstände, hervorgerufen durch biologische Farbstoffe, die sich mit der Knete nicht restlos beseitigen lassen, müssen Sie mit Lösemitteln nachhelfen.

WARNUNG: Versuchen Sie niemals, diese Verunreinigung mit der rauen Seite eines Haushaltsschwamms, einem Insektenschwamm oder ähnlich harten Hilfsmitteln zu entfernen.

Arbeitsmittel
Nitroverdünnung, Fleckenentferner, Watte, ein weiches Tuch

SICHERHEITSTIPP: Arbeiten Sie nur in ausreichend belüfteten Räumen oder unter freiem Himmel. Handschuhe tragen ist Pflicht.

WARNUNG: Haben Sie mit Nitroverdünnung gearbeitet, müssen die Flächen mit Fleckenentferner nachbehandelt werden.

So wird's gemacht
Das Fahrzeug muss unbedingt vor der Behandlung gründlich gewaschen werden, entweder in einer Selbstwaschbox oder in einer guten Waschanlage.
Geben Sie Nitroverdünnung auf ein großzügiges Knäuel Polierwatte. Wischen Sie die betroffenen Stellen großflächig, gleichmäßig und – ganz wichtig – ohne Druck langsam und geduldig ab.

WARNUNG: Wenden Sie Nitroverdünnung niemals auf nachlackierten Flächen an.
Versuchen Sie nicht, die Verunreinigungen mit Scheuerbewegungen zu entfernen. Die Nitroverdünnung kann den Lack anlösen und böse Kratzer hinterlassen. Schütteln Sie vor der Behandlung unbedingt ihren Arm und ihr Handgelenk aus. Das verhindert den Einsatz von zuviel Muskelkraft.

Nach einigen Minuten lösen sich die Flecken. Wenn Sie sämtliche Flecken entfernt haben, wird die behandelte Fläche mit einem in Fleckenentferner getränkten, weichen Tuch ohne Druck nochmals abgerieben. Nach der Behandlung mit stark lösungsmittelhaltigen Reinigern muss grundsätzlich eine komplette Lackpflege erfolgen. Gut erhaltene Lacke kommen mit einem Kombiprodukt aus. Alle anderen müssen mit den entsprechenden Lackreinigungsprodukten und anschließend mit einer Versiegelung/Konservierung behandelt werden.

Sonax Clay Reinigungsknete
Ein unverzichtbares Arbeitsutensil. Entfernt Insektenreste- und spuren, Baumharz, Industrieemissionen, Farbnebel und vieles mehr. Wichtig: Die Knete darf niemals trocken über den Lack geführt werden, sonst gibt es böse Kratzspuren. Wasser und ein paar Spritzer Geschirrspülmittel eignen sich hervorragend.

Geschirrspülmittel
Ein einfaches Spülmittel reicht vollkommen aus. Es hilft bei der Arbeit mit Reinigungsknete und sorgt dabei für eine ausreichend benetzte Oberfläche. Spülmittel hinterlässt keine unerwünschten Spuren auf dem Lack. Einfach mit etwas Wasser nachwischen, fertig.

Sonax Silikon & Wachsentferner
Für eine tiefgreifende Lackreinigung mit anschließender Lackaufarbeitung und Versiegelung ein perfektes Mittel. Damit werden alle Rückstände von Silikonen und Wachsen entfernt. Vor jeder Lackreparatur zu empfehlen.

Stockmeier Chemie Polierpaste
Ein wichtiges Utensil für jede Lackbehandlung. Egal, ob Lackaufbereitung oder Reparatur. Bei sachgerechter Anwendung ist der Glanzerfolg garantiert. Die Polierpaste verträgt sich mit allen von uns empfohlenen Lackpflegeprodukten.

Sonax Schleifpaste
Entfernt leichte bis mäßige Kratzer, reinigt und glättet den Lack tiefgründig. Bestens geeignet für die Arbeit mit einer Poliermaschine bei niedriger Drehzahl. Lässt sich auch im Nassverfahren verarbeiten.

Stockmeier Chemie Fleckenentferner ist für Entfettungen bei Reparaturen anzuwenden. Es entfernt zuverlässig alles, was klebt, schmiert und die perfekte Haftung von Klebstoff usw. verhindert. Auf Weichplastikscheiben darf der Fleckenentferner nicht verwendet werden.

Stockmeier Chemie Lackreiniger
Eine Lackbehandlung erfordert immer eine gründliche Reinigung. Im Nassverfahren lässt sich dieser Lackreiniger besonders leicht und effektiv verarbeiten. Nach dem Lackreinigungsvorgang die Lackoberfläche einfach mit viel Wasser abwaschen. Das reduziert garantiert die Rückstände.

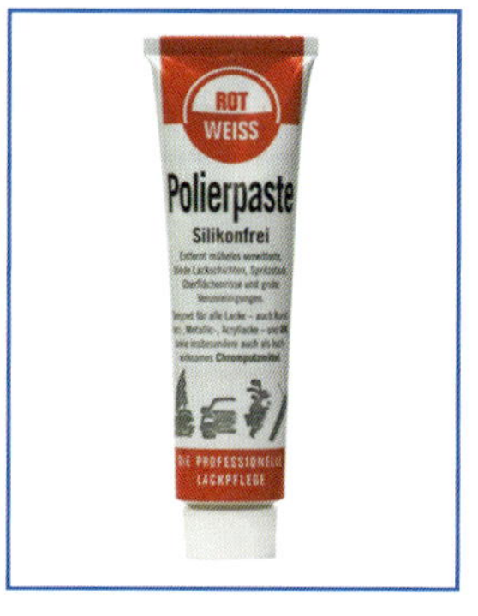

ROT WEISS Polierpaste
Das Produkt für alle bedürftigen Lackoberflächen. Zusammen mit Cartec Perfekt Polish bildet die Polierpaste ein perfektes Paar! Keine Schatten, keine Schleier oder sonstige Spuren bleiben auf der Lackierung zurück!

Petzoldt`s Microfaser-Poliertuch
Ohne dieses feine Mikrofaser-Poliertuch ist die Erzeugung einer perfekten Lackoberfläche nicht möglich. Im Gegensatz zu anderen Tüchern nimmt es Fingerspuren, Staub und natürlich Politurreste ab und hinterlässt keine feinen Mikrokratzer.

Sonax Lackreiniger eignet sich gut für verwitterte und matte Lackoberflächen. Dieser Lackreiniger entfernt „tote“ Lackschichten und bringt die Farbtiefe, ganz besonders bei roten und blauen Lacken wieder zum Vorschein. Für Neufahrzeuge ist das Produkt nicht geeignet!

Lackbeschädigungen

Stumpfer, matter Lack

Wie die menschliche Haut, so entgeht auch der Lack eines Autos nicht dem gnadenlosen Alterungsprozess.
Stumpfe und matt wirkende Lackoberflächen entstehen durch Umwelteinflüsse aller Art und vor allem durch mangelhafte Pflege. Das Bindeharz, die eigentliche Lackbasis, wird durch Abgase, Kraftstoffrückstände, Industrieniederschlag sowie Chemikalien, Salze und Mineralien angegriffen. Bei Regen oder hoher Luftfeuchtigkeit entsteht eine regelrechte Lauge, die auf der Oberfläche negativ zu wirken beginnt. Durch Luft getrocknet und von der Sonne eingebrannt, findet langsam aber sicher ein schleichender Prozess der Lackschädigung statt.
Je länger der Schmutz auf der Fahrzeugoberfläche verbleibt, um so eher wird die Lackierung unansehnlich und nicht mehr nur durch eine Autowäsche zu reinigen sein.

Eine gründliche Wäsche pro Woche ist die beste Lösung gegen auftretende Mattigkeit und Lackschäden.
Eine Autolackierung glänzt nicht umsonst. Oder würden Sie es schöner finden, wenn ihre Lackfläche das Aussehen eines Panzerfahrzeugs der Bundeswehr hätte?

Lassen Sie sich nicht blenden! Schöne Werbeversprechen mit Mikrofaserwundertüchern werden ihrer Lackierung nicht wieder zum Glanzerlebnis verhelfen. Solche Aussagen sind fatal und führen nur dazu, den Herstellern solcher Mogelpackungen die Taschen zu füllen. Im Kleingedruckten nämlich finden Sie den Hinweis, dass starke Verschmutzungen eben doch gründlich abgewaschen werden müssen. Solche Lackglanzmacher sind wirklich nur für neuwertige und unbeschädigte Lackierungen anzuwenden.

Lackschadenanalyse

Sind bereits starke Farbveränderungen an der Lackoberfläche sichtbar, kann schon von einer Lackreparatur gesprochen werden.
Ist die Lackierung in diesem traurigen Zustand, wird Ihnen eine harte Geduldsprobe abverlangt. Eben mal schnell Glanz herbeizaubern ist nicht möglich, wenn das Ergebnis von Dauer sein soll und Sie sich auch noch nach Wochen daran erfreuen möchten. Hat die Lackierung bereits Schaden genommen, ist eine regelmäßige Pflege etwa alle drei bis sechs Wochen notwendig. Das bedeutet, dass Sie dem Lack in relativ kurzen Abständen eine Lackkonservierung gönnen müssen. Das kann zum einen durch manuelles Auftragen mit einem Lackkonservierer geschehen oder aber durch hochwertige Zusatzprogramme während einer maschinellen Autowäsche (Textil) erfolgen. Hochwertige Waschanlagen bieten auch eine akzeptable Lackpflege an. Leider muss darauf hingewiesen werden, dass für bereits stark in Mitleidenschaft gezogene Lackierungen auf eine Bürstenwäsche unbedingt zu verzichten ist (SB-Anlagen sind erlaubt). Auch eine gute Versiegelung ist mehrmals im Jahr notwendig. Lackreiniger und Schleifpasten dürfen bei stark beschädigten Lacken, die an Auskreidung und an Ausblutung gelitten haben, nur noch eingeschränkt oder gar nicht mehr zum Einsatz kommen. Wird eine erneute Lackreinigung nötig, können Sie diese mit einem Kombiprodukt erledigen, vorausgesetzt, Sie warten nicht wieder bis zum bitteren Ende. Eine regelmäßige Pflege ist immer noch billiger als eine Neulackierung.

Die Wahl des richtigen, für den Lack angemessenen Mittels ist der erste Schritt. Bei bereits geschädigten Lackoberflächen muss vor allen Dingen unterschieden werden, ob es sich um einen Unilack handelt, ob dieser zusätzlich mit einem Klarlack überzogen wurde oder ob es sich um einen Metalliclack handelt. Die Schäden unterscheiden sich schon in ihrem Aussehen voneinander. Bei allen Arten der Lackflächenbeschädigung ist jedoch eine klare Spiegelung im Lack nicht mehr möglich.

Unilacke zeigen ein milchiges, trübes, fleckiges Aussehen. Die eigentliche Farbe ist wesentlich heller geworden und zeigt in unterschiedlichen Formationen sogar ein deutliches Weiß.
Starke Sonneneinstrahlung, selten konservierte oder versiegelte Lackflächen und abgestorbene Farbpigmente hinterlassen nach einigen Jahren ihre Spuren auf dem einst so glänzenden Lack. Besonders die Motorhaube bleicht regelrecht aus. Die ewige Motorwärme von unten tut noch ein Übriges dazu. Hier findet sich im Allgemeinen die am stärksten geschädigte Lackoberfläche. Auch das Fahrzeugdach kann stark betroffen sein. Besonders auffällig wird dies bei Fahrzeugen, die ständig unter triefenden Bäumen (Linden) oder im Freien ohne Schatten geparkt werden.
Sieht der Lack so aus, ist es fast schon zu spät. Nur mit sehr großer Anstrengung und einem penibel durchgeführten Pflegerhythmus lässt sich die Beschädigung in den Griff bekommen und dauerhaft unter Kontrolle halten. In ganz schwierigen Fällen müssen Sie mit einer Neulackierung rechnen.
Schieben Sie nicht der Waschanlage die Schuld in die Schuhe. Das liegt einzig und allein an mangelnder Lackpflege.

Bearbeiten Sie die Lackfläche immer von Abschnitt zu Abschnitt. Der Druck auf die Oberfläche muß möglichst gleichmäßig erfolgen, damit sich keine Schatten bilden.

Metalliclackierungen vermitteln dem Betrachter in geschädigtem Zustand einen so genannten Grauschleier. Die Lackierung kann sogar in fortgeschrittenem Stadium einem ausgeblichenen Unilack ähneln. Im Gegensatz zu Unilacken lassen sich Metalliclackierungen wesentlich effektvoller und vor allem mit dauerhaftem Erfolg bearbeiten.

Befindet sich die Lackoberfläche erst in solch traurigem Zustand, bedeutet das für den Autobesitzer harte Arbeit. Was für stumpfe und matte Lacke in der Anwendung gilt, hat auch hier seine Gültigkeit. Der Unterschied besteht lediglich in der Verarbeitung eines zusätzlichen Reinigungsmaterials. Mit Geduld und Geschicklichkeit erreichen Sie dennoch den gewünschten Effekt.

Die Aufarbeitung der Lackoberfläche erfordert einige Mühe. Die beste und wirksamste Methode besteht in der Verwendung einer Poliermaschine. Das erleichtert die Arbeit ungemein und sorgt für ein gleichmäßiges Oberflächenergebnis. Die Arbeit mit der Maschine verhindert Lackschatten und Wolkenbildung, die durch unregelmäßigen Druck erzeugt werden. Besonders wichtig ist das Wechseln der Polierhilfsmittel wie Schwamm und Tuch.
Einer jeden Lackreinigung muss eine gründliche Fahrzeugwäsche vorangehen. Ohne diese Wäsche ist die Lackbehandlung zum Scheitern verurteilt. Nicht nur abgestorbene Farbpigmente, sondern auch Schmutz aller Art wird über die Lackfläche verteilt. Mit Lackreiniger oder Schleifmaterialien behandelte Lackflächen müssen grundsätzlich mit einer Versiegelung oder Konservierung nachbehandelt werden. Der Lack wird durch die Inhaltsstoffe mehr als beansprucht und braucht deshalb eine sorgfältige Nachsorge, um Schutz und Glanz zu erhalten. Geizen Sie nicht beim Kauf der Pflegemittel. Das billigste Produkt ist nicht unbedingt auch das Beste. Die hier von uns vorgeschlagenen Produkte wurden über viele Jahre in der professionellen Praxis erprobt und haben bei den unterschiedlichsten Lackbeanspruchungen und Lackqualitäten hervorragende Ergebnisse erzielt.

Cartec Spraywachs
Eine wichtiges Hilfsmittel für die Pflege zwischendurch! Entfernt Fingerspuren, fest haftenden Staub sowie kleine Lackschleier und Schatten!

Sauberkeit in Ecken und Kanten
Kein Problem! Wenn Sie sich erst einmal an die Arbeit gemacht haben, finden auch die Problemzonen Beachtung. Kleine Helfer wie die Zahnbürste oder Wattestäbchen erleichtern Ihnen die perfekte Fahrzeugpflege ganz erheblich. Faule Tricks wie Zahnpasta oder sonstige Zaubermittel sind völlig unnötig, Sie brauchen nur das entsprechende Mittel und ein wenig Mechanik. Egal, welche Ecke gereinigt werden muss, überlegen Sie, ob eine Behandlung in der Nassphase sinnvoll ist. Besonders Verschmutzungen an Gummileisten und rund um die Türgriffe lassen sich schon beim Waschen leicht entfernen. Auch die Reinigung von Emblemen geht viel leichter von der Hand, wenn Sie die Zahnbürste bei der Wäsche zu Hilfe nehmen.

P **PROFITIPP:** Helle Lackfarben und Weiß: Mit ein wenig Lackreiniger schaffen Sie auch im hintersten Winkel schnell Sauberkeit. Geben Sie nur etwas davon auf eine Zahnbürste und behandeln Sie damit die unzugänglichen Ecken und Kanten. Anschließend mit Wasser gründlich abwaschen.

WARNUNG: Achten Sie besonders auf die Kunststoffteile. Vermeiden Sie jegliche Berührung mit Lackreinigern und Schleifpasten. Wenn Sie trotz aller Vorsicht den Kunststoff beschmiert haben, müssen Sie die Rückstände sofort mit heißem Wasser und einem Frotteetuch entfernen. Wie Sie Lackpflegemittelreste vom Kunststoff beseitigen können, lesen Sie auch unter dem Kapitel Kunststoff oder auch im Buch „Autopflege – Tipps und Tricks von Profis“.

P **PROFITIPP:** Ecken, Rillen, Embleme und Typenbezeichnung lassen sich kinderleicht mit der Zahnbürste bearbeiten.

EXTRATIPP: Haben Sie mit einem scharfen Lackreinigungsmittel gearbeitet?
Auf der behandelten Oberfläche können Farbungleichheiten entstehen. Geben Sie etwas Fleckenentferner auf ein Tuch. Die Lackfläche damit sparsam abwischen.
Bei mäßig verschlissenen Lackflächen können Sie oftmals auf die Behandlung mit Fleckenentferner verzichten. Benutzen Sie einfach ein weiches Tuch mit sehr heißem Wasser. Anschließend müssen Sie die Oberfläche mit Tüchern trocknen. Handschuhe tragen!

Kratzer, Steinschlag, Hologramme

Stellen Sie sich vor, Sie haben Schrammen und Kratzer im Gesicht, zugefügt vielleicht von der Katze auf ihrem Sofa? Ist nicht schlimm, sagen Sie! Nun, Ihr Gesicht kostet ja auch nicht mehrere Tausend Euro. Außerdem hat die menschliche Haut eine tolle Angewohnheit, sie regeneriert sich selbst. Das kann die Lackierung leider nicht. Da müssen Sie schon nachhelfen. Glauben Sie aber nicht, so etwas wäre genauso schnell erledigt, wie es in den Lack hineingekommen ist. Auch eine farbige Schummelpolitur oder ein bunter Wachsmalstift in Wagenfarbe helfen Ihnen leider nicht.
Die Ursachen von Lackbeschädigungen umfassen ein weites Feld von Möglichkeiten, alle aufzuzählen wäre ein Kapitel für sich.
Die am häufigsten anzutreffenden Schäden sind u.a. Steinschlag, Schäden durch Waschmaterialien, Kratzer von Sträuchern mit Stacheln, Beschädigungen durch Dritte wie etwa die Begegnung mit dem Einkaufswagen auf Parkplätzen, unachtsam geöffnete Türen des Nebenparkers, die Berührung mit feststehenden Gegenständen (Pfosten), unsachgemäßes Entfernen von hartnäckigen Verschmutzungen mit kratzigen Utensilien usw.

Manchmal gibt es auch Glück im Unglück. Unterschieden wird zwischen Schrammen und Kratzern.

Schrammen sind Lackverletzungen, die „nur“ die obersten Lackschichten betreffen, es also nicht geschafft haben, bis auf die Grundierung oder sogar bis auf das Blech durchzudringen. Sie lassen sich relativ leicht beseitigen und sind nach einer sorgfältig durchgeführten Lackreparatur gar nicht oder kaum noch sichtbar.

Steinschläge sind nicht nur hässlich, sondern auch gefährlich. Ein leichter Rostansatz ist nicht zu übersehen.

Hier lässt sich die unterschiedliche Schadenstiefe deutlich erkennen!

Derartige Beschädigungen finden sich auf fast allen Fahrzeuglackierungen wieder. Bei näherem Hinsehen lassen sich solche Schäden wieder beheben!

Im Allgemeinen lassen sich solche Lackverunstaltungen mit einer Schleifpaste und etwas Muskelkraft schnell beseitigen. Allerdings können solche Defekte auch aus zwei unterschiedlichen Komponenten bestehen. Zum einen sind sie Schrammen, zum anderen tiefe Kratzer, an den Enden nur oberflächlich, in der Mitte jedoch als tiefe Wunde sichtbar. In diesem Fall müssen Sie zuerst die Schrammen beseitigen, dann erst dürfen Sie sich an das Ausfüllen mit Farbe oder Klarlack machen.

WARNUNG: Verdrehen Sie die Anweisung, ist ihre Auffüllarbeit umsonst gewesen. Die Schleifpaste holt dann die mühsam eingebrachte, noch nicht ganz durchgetrocknete Farbe wieder heraus.

Kratzer sind in die Lackschichten tief eingedrungene Beschädigungen, die oft schon das Blech berühren. Die punktgenaue Beseitigung ist nur mit sehr viel Geschick und den dementsprechenden Werkzeugen möglich. Es spielt eine große Rolle, wo sich der Kratzer befindet oder aber wie lang und breit er ist. Tiefe Kratzer auf den so genannten aufliegenden Flächen wie Motorhaube, Dach-, Heck- oder Kofferklappe können leider oft nicht ohne Spuren beseitigt werden. Der Grund dafür liegt in der Lichtbrechung und auch in der Qualität des umgebenden Lackfilms. Trotz Sorgfalt und guten Willens kann wie bei der Haut eine sogenannte Narbe zurückbleiben.

Tiefe Kratzer an den Fahrzeugseiten sind einfacher zu kaschieren. Bei sachgerecht durchgeführter Reparatur lassen sich solche Gemeinheiten mit großem Erfolg auffüllen.

Allerdings hängt das auch an der Tiefe und vor allen Dingen an der Form solcher Lackverletzungen.

Gerade verlaufende Kratzer mit einer Länge von etwa fünf Zentimetern sind recht einfach wegzuzaubern. Ist der Kratzer dummerweise auch noch krumm und länger als zehn Zentimeter, bleiben mit Sicherheit immer Spuren übrig. Für derartige Beschädigungen ist der Besuch eines Lackierfachbetriebs zu empfehlen.

PROFITIPP: Machen Sie die Nagelprobe! Nehmen Sie ihren Zeigefinger. Streichen Sie ohne Druck ganz langsam von oben nach unten über den Kratzer! Steckt der Fingernagel fest? Dann ist der Schaden tief in der Lackierung. Merken Sie nur einen kleinen Widerstand, können sich freuen, der Kratzer befindet sich nur in der oberen Lackschicht.

Tasten Sie den gesamten Hässlichmacher in seiner ganzen Länge ab. Sie werden merken, dass unterschiedliche Tastresultate zu spüren sind. Schlangenähnliche Gebilde sind an den Enden weniger tastbar. In der Mitte jedoch steckt der Fingernagel fest. Bei einer Ausbesserung müssen Sie mehrere Anwendungen in Kauf nehmen. Einfach nur überpinseln geht nicht.

EXTRATIPP: Mit einer stark vergrößernden Leselupe können Sie Verlauf und Tiefe noch besser erkunden.

Steinschlag ist in der Regel eine tiefe Absplitterung meist des gesamten Lackfilms und geht bis auf die Fahrzeuggrundierung. Die Lacknarbe muss vor der Reparatur gereinigt und mit Lack aufgefüllt werden. Nur so ist eine zufriedenstellende Lackausbesserung möglich.

Hologramme werden durch unsachgemäß durchgeführte Putz- oder Polierangriffe verursacht und zeichnen sich durch kreisrunde Lackverletzungen ab.
Verursacht durch zum Teil fehlerhaften Einsatz von Maschinen oder zu grobkörnigen Lackreinigern, durch Handwäschen mit harten ungeeigneten Werkzeugen und viel zu wenig Wasser. Polieren oder Konservieren mit schwer zu verarbeitenden Produkten, die mit ungeeigneten, kratzigen Tüchern und kreisrunden Bewegungen aufgetragen oder abpoliert werden, hinterlassen ebenfalls diese Art Lackschäden in putzempfindlichen Oberflächen. Bei näherem Hinsehen erinnert die Lackoberfläche an ein Spinnennetz.

Vogelkotspuren schädigen den Lack in seiner gesamten Struktur. Je nach Nahrungsangebot und Wohngebiet der lieben Tierchen zeigt sich der Einschlag als aufgeblätterte, rissige Schadensstelle. Verwendete Poliermittel verfangen sich in den zerklüfteten Beschädigungen. Wird die befallende Lackfläche nicht bei Zeiten behandelt, kann sogar der Klarlack mit dem Fingernagel abgekratzt werden. Bei Unilacken entsteht eine helle, bröselige Stelle, die je nach Schadentiefe oft nur noch vom Lackierer beseitigt werden kann.

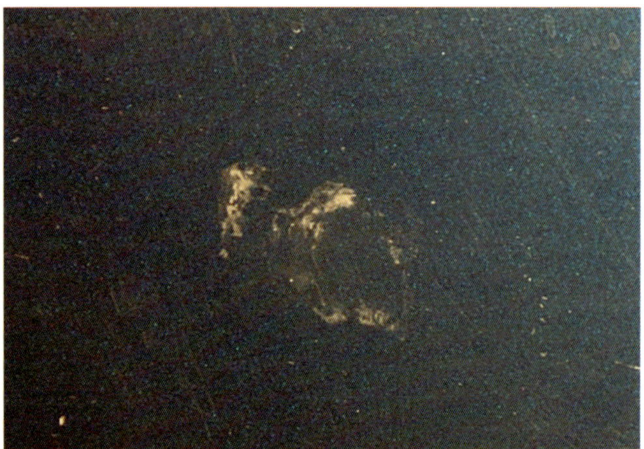

Der Schaden liegt ganz deutlich in der Tiefe!
Da hilft nur noch der Lackierfachbetrieb!

Baumharz und **Bienenkot** verewigen sich, im Gegensatz zu Vogelkot, als kleine Krater mit meist gelblichen Verfärbungen. Flache Vertiefungen lassen sich relativ einfach mit einem feinen Schleifpad oder Schleifklotz behandeln. Tiefer liegende Beschädigungen können oft nur noch von einem Fachbetrieb durch eine Teillackierung beseitigt werden. Diese naturbedingten Verunreinigungen sind fast immer über Motorhaube, Dach und Kofferklappe verteilt. Besonders extrem wird es, wenn Baumharz und Bienenkot sich auf ungeschützte, bereits strukturgeschädigte Lackierungen niederlassen. Dann ist fast immer der Weg zum Lackierer unumgänglich.

Insektenkörper – Einschläge dieser bereits im Aufprall verstorbenen Spezies können schreckliche Lackbeschädigungen zur Folge haben. Dagegen ist so gut wie nichts zu machen, es sei denn Sie verzichten grundsätzlich auf hohe Geschwindigkeiten während des intensiven Flugverkehrs der Insekten.

Abdrücke von Blättern (Blattsäure) Derartige Beschädigungen sind in der ersten Zeit ihrer Entstehung nicht so leicht auszumachen. Wird die Fahrzeuglackierung einer gründlichen Reinigung und anschließender Lackpflege unterzogen, erscheinen plötzlich wie aus dem Nichts eigenartige Gebilde mit Spinnennetzcharakter. Zuerst verewigen sich diese ätzenden Rückstände nur in der oberen Lackschicht. Die Schädigung schreitet mit der Zeit langsam fort wie eine unbehandelte Krankheit und kann dann nur noch vom Lackierer beseitigt werden. Blattsäureflecken lassen sich im Anfangsstadium mit sehr einfachen Handgriffen beseitigen. Schon eine etwas grobkörnige Schleifpaste und etwas Fingerspitzengefühl können dem Lackschaden entgegenwirken.
Auch bei dieser Lackschädigung zeigt sich, wie wichtig eine regelmäßige und gründliche Reinigung (Wäsche) des Lackes ist.

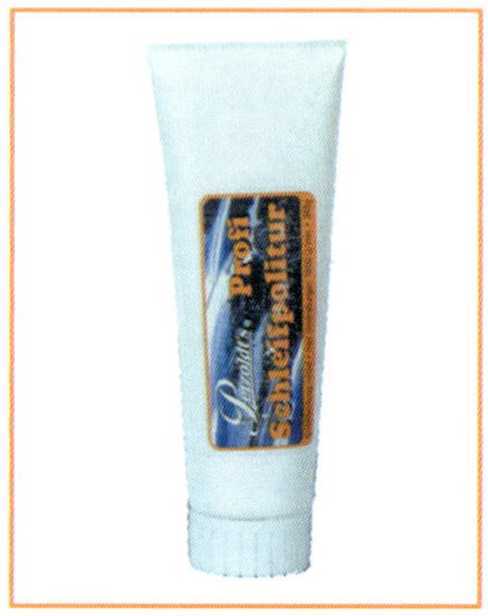

Petzoldt`s Schleifpoliturpaste für die sichere Entfernung von Schleifspuren und leichten Lackdefekten. Sie eignet sich hervorragend nach einer Weiterbearbeitung mit grober Schleifpaste. Auch für Schleifarbeiten im Nassverfahren verwendbar.

Schrammen und Kratzer beseitigen

Lackschäden können in zwei Gruppen unterteilt werden. Zur einen Gruppe gehören alle Lackoberflächendefekte, die sich durch leichten Lackabtrag reparieren lassen. Die anderen Schäden gehen wesentlich tiefer und müssen mit Lack aufgefüllt oder sogar beilackiert werden.
Leichte Schrammen lassen sich oft durch etwas aufwendigeres Polieren mit einer feinkörnigen Polierpaste erfolgreich ausgleichen. Dazu zählen auch leichte Ränder von Vogelkotspuren, Oberflächeneinschläge von Insektenkörpern und so mancher Blattsäurefraß. Die effektivste und einfachste Methode ist der Einsatz einer guten Poliermaschine. Wie das geht können Sie auch unter dem Abschnitt „Die Poliermaschine" oder unter „So polieren Sie richtig" lesen.

WARNUNG: Für alle Lackreparaturen mit schleifmittelhaltigen Produkten gilt: Grundsätzlich mit einer Konservierung oder einer speziellen Lackversiegelung nachbehandeln. Sparen Sie sich diese Mühe, ist schon nach wenigen Autowäschen für jedermann sichtbar, mit welchen Polierkünsten der Lack behandelt wurde.

Feinschleifpapier wirkt besser und sicherer im nassen Zustand. Dabei werden ungewollte Schleifspuren erheblich minimiert. Gute Qualität ist auch bei den einfachen Dingen von Vorteil.

Leichte Schrammen und Hologramme beseitigen

Arbeitsmittel
Schleifpaste mit feiner bis mittlerer Körnung (entspricht etwa dem Nassschleifpapier 2000er bis 3000er Körnung) Polierpaste mit mikrofeiner Körnung, Kombipolitur, vier kleine, sehr feine Schwämme, Mikrofaserpoliertuch ultra fein, Scheibenreiniger, ein sehr weiches Tuch, eine Leselupe

PROFITIPP: Wenn Sie zu den Geizigen gehören, können Sie den Schwamm in mehrere handgerechte Stücke schneiden. Seien Sie beim Zerschneiden nicht zu knauserig, sonst können Extrakratzer durch Fingernägel den Lack erneut mit Schrammen verzieren.

So wird's gemacht
Etwas Scheibenreiniger auf ein weiches Tuch geben. Die beschädigte Lackstelle und deren Umgebung damit gründlich abwischen. Etwas Schleifpaste mit mittlerer Körnung auf dem weichen Schwamm verteilen. Mit leichtem Druck, in geraden Bewegungen entlang der Schramme vorsichtig hin und her schleifen. Niemals Scheuerbewegungen ausführen! Nochmals etwas Scheibenreiniger auf das weiche Tuch sprühen und die Paste vorsichtig abwischen. Erschrecken Sie sich nicht! Jetzt sehen Sie eine matte Stelle. Nehmen Sie sich eine Lupe zur Hand. Ist die Schramme noch deutlich sichtbar, können Sie mit der grobkörnigeren Paste den Vorgang wiederholen. Achten sie unbedingt darauf, dass immer genug Paste zwischen Schwamm und Lack vorhanden ist! Nochmals mit Scheibenreiniger überwischen. Legen Sie den benutzten Schwamm beiseite.

WARNUNG: Schwämme mit Schleifpaste dürfen nur mit der gleichen Paste benutzt werden! Für feinkörnige- und andere Poliermittel müssen Sie immer einen neuen Schwamm nehmen. Sonst werden Sie die matten Stellen nie wieder los!

Nehmen Sie einen neuen, sauberen Schwamm und etwas von der feinkörnigen Schleifpaste. Nochmals mit langsamen, geraden Bewegungen über die matte Fläche reiben. Abermals mit Scheibenreiniger abwischen und den Vorgang bei Bedarf wiederholen. Langsam bekommt die Stelle wieder Glanz. Nehmen Sie wieder einen neuen, sauberen Schwamm. Reichlich Polierpaste darauf geben und mit den gleichen Bewegungen die Schadensstelle blank polieren. Jetzt müssen Sie die behandelte Fläche mit einem Mikrofaserpoliertuch nachwischen.

WARNUNG: Benutzen Sie niemals nach einer Lackreparatur, egal welchen Umfangs, harte Tücher. Die aufpolierte, weiche Schadensstelle würde erneut mit Mikrokratzern übersät!

Für die Feinarbeit nehmen Sie wieder einen neuen Schwamm. Einen großen Klecks Kombipolitur auf die bearbeitende Fläche mit etwas Druck auftragen und auf Hochglanz polieren. Sie können den Vorgang solange wiederholen, bis Sie mit dem Ergebnis zufrieden sind. Alle Polierreste mit dem weichen Mikrofaserpoliertuch abwischen.

PROFITIPP: Was nützt Ihnen eine schöne blanke, von Schrammen befreite Lackoberfläche? Für ein perfektes Ergebnis der gesamten Lackierung empfehlen wir Ihnen eine komplette Politur mit einer anschließenden hochwirksamen Lackversiegelung. Dann haben Sie mit Sicherheit wieder Freude am Glanz ihres Fahrzeugs.

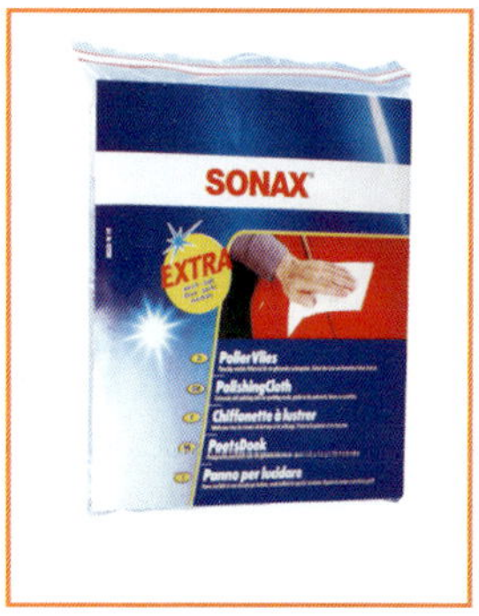

Sonax Poliervlies
Für alle Lackarbeiten sind jede Menge Tücher nötig. Für kleine Ecken und Kanten, zum Auftragen von Versiegelungen oder Hartwachs leisten diese Tücher beste Dienste. Auch für andere Reinigungszwecke geeignet.

Leichte Lackdefekte beseitigen

Trotz sorgfältiger Schadstellenbekämpfung können Verletzungen wie Schrammen, Ränder von Vogelkotspuren, Krater von Baumharz, Bienenkot oder Verätzungen von Blattsäuren zurückbleiben. Dann hilft Ihnen nur noch die wahre Schleifarbeit. Um diese hässlichen Störfaktoren zu beseitigen, müssen Sie sanft mit feinsten Nassschleifpapieren Lack von der Oberfläche abtragen. Nach vollbrachter Behandlung, und auch bei der Bearbeitung mit Schleifpaste, wird dem Lack mit Poliermittel wieder zum Glanz verholfen. Haben Sie keine Angst vor dem Nassschleifpapier! Mit einer Stärke von 2000er oder 3000er Körnung wird nur sehr geringfügig Lack abgetragen. Wenn Sie sehr vorsichtig arbeiten, brauchen Sie keine Schleifspuren im Lack zu fürchten.

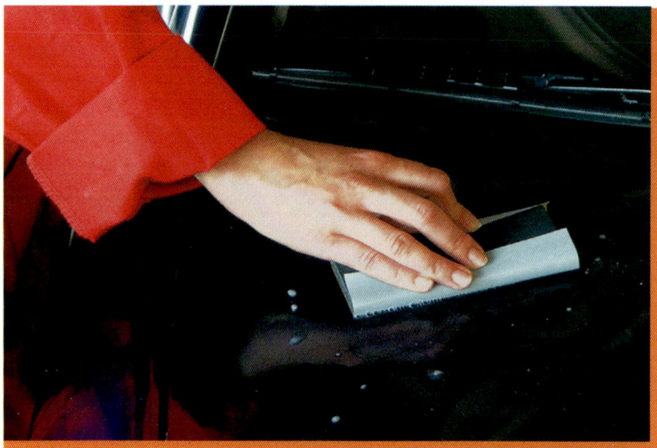

Muskelkraft ist hier fehl am Platz! Keine Angst! Wenn Sie sich an die Anweisungen halten, kann wirklich nichts passieren.

Erschrecken Sie nicht! Das Schleifpapier zeigt deutlich ein feines, sauberes Schleifbild. Mit feiner Schleifpaste und einem Poliermittel wird die behandelte Lackfläche wieder glänzend!

WARNUNG: Arbeiten Sie grundsätzlich bei allen Schleifarbeiten aus dem Handgelenk! Niemals dürfen Sie mit brachialer Gewalt und Ungeduld vorgehen. Dann haben Sie schnell tiefe Riefen in die Lackierung gezaubert, die Sie nur mit großer Mühe oder von einem Profi wieder entfernen lassen können.

Arbeitsmittel
Nassschleifpapier 2000er bis 3000er Körnung, ein Schleifblock, Schleifpaste mit mittlerer bis feiner Körnung, Polierpaste, Kombipolitur, zwei sehr weiche Schwämme, ein Mikrofaserpoliertuch ultra fein, ein kleines Gefäß mit Wasser und mit einigen Spritzern Geschirrspülmittel, ein weiches Baumwolltuch, Scheibenreiniger.

PROFITIPP: Nassschleifpapier wird schön biegsam und flexibel, wenn Sie es mindestens eine Stunde vor Gebrauch in einer Schüssel mit Geschirrspülmittel einweichen. Durch das Einweichen wird das Schleifbild wesentlich verbessert und das Papier hat dadurch eine längere Haltbarkeit. Vor dem Einweichen kann das Schleifpapier in handgroße Stücke geschnitten werden.

So wird's gemacht
Scheibenreiniger auf ein weiches Baumwolltuch geben und damit die zu reparierende Fläche gründlich abwischen. Eine saubere Sprühflasche mit Wasser und einigen Spritzern Geschirrspülmittel füllen. Nassschleifpapier um einen möglichst weichen Schleifblock (Schaumgummi) legen. Mit reichlich Geschirrspülmittel-Wasser-Mischung und unter leichtem Druck in geraden Bewegungen den beschädigten Lack abtragen. Zwischendurch immer wieder die Stelle mit einem weichen Tuch abwischen, um zu kontrollieren, ob die Beschädigung gleichmäßig entfernt wurde. Zeigt sich eine sehr matte, milchige, gleichmäßig aussehende Fläche, ist die Arbeit erst mal getan. Jetzt müssen Sie den Lack wieder „hochpolieren", also den Glanzzustand wieder herstellen.

WARNUNG: Achten Sie unbedingt darauf, dass das Nassschleifpapier niemals auf eine unbewässerte Fläche rutscht. Die Reparaturstelle muss immer unter Nässe gehalten werden. Keine kreisenden Scheuerbewegungen ausführen!

Die Poliermaschine als Erfolgsgarantie! Mit dem richtigen Wundergerät ist eine Lackbehandlung fast so leicht wie Scheiben putzen!

Die Schleifstelle mit einem weichen Tuch und etwas Scheibenreiniger vorsichtig abwischen. Polierpaste auf einen sauberen, feinen Schwamm geben. Mit langsamen und gleichmäßigen Bewegungen und wenig Druck über die bearbeitete Fläche reiben. Mit dem Mikrofasertuch die Polierpastenreste wegwischen. Kontrollieren Sie, ob die matte Fläche langsam wieder glänzend wird. Ist noch kein Glanz sichtbar, wiederholen Sie den Vorgang. Hat die Fläche wieder etwas Glanz erhalten, ist aber noch nicht so ganz spiegelblank, mit einem sauberen Schwamm und etwas Kombipolitur so lange weiterarbeiten, bis das gewünschte Glanzergebnis erreicht ist. Zum Schluss mit dem ultrafeinen Mikrofaserpoliertuch alle Reste des Poliermittels sorgfältig entfernen.

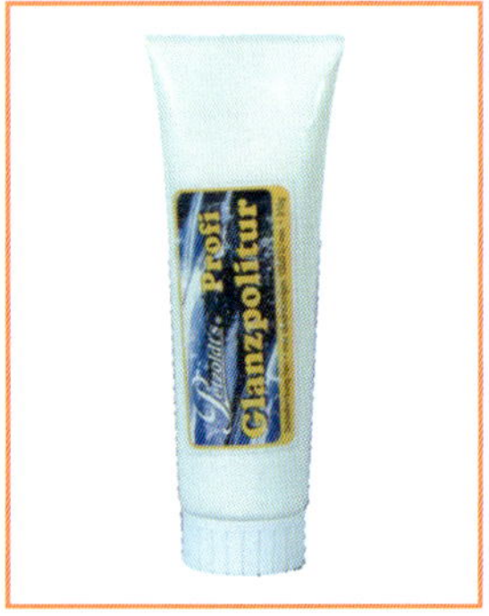

Petzoldt`s Glanzpolitur-Paste
entfernt Haarlinienkratzer, Holografien und Polierspuren ganz besonders auf dunklen Lackoberflächen. Zur Nachbehandlung für alle Schleifpasten geeignet.

Kleine Lackschäden ausbessern

Ist allerdings ein Kratzer so tief, dass Sie ihn mit dem Fingernagel spüren können, dann geht es ohne das Auffüllen des Lackdefekts nicht mehr. Wie schon bei „Schrammen und Kratzer" erwähnt, gibt es auch hier Unterschiede. Zum einen sind es solche Lackverletzungen, die nur mit einem Klarlack aufgefüllt werden müssen, zum anderen aber bei durchdringenden Beschädigungen mit Farbe und zusätzlichem Klarlack. Um welche Art es sich handelt, lässt sich leicht erkennen:
Geben Sie etwas Universalverdünnung auf ein Stück Watte. Streichen Sie quer über den Kratzer. Verfärbt sich die Fläche leicht in Wagenfarbe, reicht Klarlack aus. Bleibt die Kratzstelle dagegen blendend weiß, müssen Sie Farbe und Klarlack auftragen.

WARNUNG: Bei Unilacken ohne Klarlacküberzug dürfen Sie selbstverständlich nur Farbe benutzen!
Im Zweifel können sie in einer Lackiererei oder bei Ihrem Autohaus nachfragen.

Eine unsichtbare Reparaturstelle lässt sich nur erzeugen, wenn Sie mit größter Sorgfalt arbeiten. Mal eben übergepinselt, leuchtet der Kratzer nach dem Reparaturangriff noch schlimmer als vorher.

Lackreparatur von Hand
Wenn Sie keine Poliermaschine besitzen, reicht die Verwendung eines Lackstifts in Wagenfarbe.
Allerdings ist diese Methode nur für kleinere Defekte geeignet.

Möchten Sie die Lackoberfläche nach Reparatur mit einer Poliermaschine aufpolieren, muss der Lack auf 2-K-Basis (zwei Komponenten) sein und von einem Lackierfachbetrieb besorgt werden. Lacke auf 2-K-Basis werden in sich wesentlich härter und lassen sich somit nicht so schnell aus der getupften Stelle wieder herauspolieren.

Unumgänglich! Entfernen Sie unbedingt vorsichtig alle Absplitterungen z. B. mit einem Skalpell aus der Steinschlagbeschädigung!

Reinigen ist Pflicht!
Die Farbe kann nur auf einem wirklich sauberen Untergrund haften!

Rühren Sie die Farbe solange, bis diese wirklich gleichmäßig vermischt ist. Nur so vermeiden Sie ein unbefriedigendes Tupfergebnis!

Petzoldt`s Microfaser-Poliertuch
Ohne dieses feine Mikrofaser-Poliertuch ist die Erzeugung einer perfekten Lackoberfläche nicht möglich. Im Gegensatz zu anderen Tüchern nimmt es Fingerspuren, Staub und natürlich Politurreste ab und hinterlässt keine feinen Mikrokratzer.

Lackausbesserung für Unilacke

Arbeitsmittel
Lackstift in Wagenfarbe vom Autohersteller, Universalverdünner, ein kleiner, dünner Malpinsel, Stärke etwa 0 bis 1, Q-Tipp (Wattestäbchen), ein sauberer kleiner Behälter (Deckel oder Ähnliches), eine Leselupe, etwas Reinigungsalkohol, Fleckenentferner oder Silikonentferner, ein Haarfön

WARNUNG: Zum Reinigen der Lackdefekte ist die Universalverdünnung verboten! Die Inhaltsstoffe lassen den aufgetragenen Lack nicht haften! Die Arbeit war umsonst!

Wichtig! Verwenden Sie niemals den riesigen Flächenpinsel vom Lackstift, außer Sie wollen einen Fahrradrahmen damit streichen. Für diese punktgenaue Arbeit ist dieser Pinsel zu hart und viel zu dick!

PROFITIPP: Besorgen Sie sich den Pinsel in einem Bastelladen oder einem Schreibwarengeschäft. Auch im Modellbau werden Sie fündig!

Der kleine Pinsel erlaubt ein punktgenaues Auffüllen der Lackabsplitterung (Steinschlag) oder des Kratzers. Nehmen Sie sich auch eine Leselupe zur Hand und Sie werden sehen, vorausgesetzt Sie geben sich wirklich Mühe, dass die Stelle kaum noch zu sehen ist.

So wird's gemacht
Vor der Ausbesserung muss die beschädigte Stelle zuerst gründlich gereinigt werden. Das geht gut mit einem Q-Tipp-Wattestäbchen und etwas Reinigungsalkohol oder ähnlichem (keine Verdünnung).
Unter der Lupe genau betrachten, ob sich an den Rändern lose Absplitterungen befinden. Wenn ja, müssen Sie diese sehr vorsichtig mit einer Nadel absprengen.
Etwas Lack aus dem Lacktupfstift in einen kleinen sauberen Behälter füllen. Mit etwa ein bis zwei Tropfen Universalverdünner (Baumarkt oder Lackierer) dem Lack ein sämiges Aussehen verleihen. Mit dem Pinsel gründlich durchrühren, bis die Konsistenz erreicht ist. Ist der Lack zu dickflüssig, bleibt nach dem Auffüllen ein dicker Wulst wie eine schlecht zusammengewachsene Narbe, die sich nur durch anstrengendes Abschleifen glätten lässt.

Das Malpinselchen darin eintauchen und am Rand abstreifen. Keine Tropfenbildung zulassen. In die eine Hand die Leselupe nehmen und mit der anderen Hand vorsichtig und zielgenau die Lackbeschädigung sehr dünn ausfüllen. Je dünner der Pinsel, desto besser. Mit einem Haarfön langsam trocken fönen.

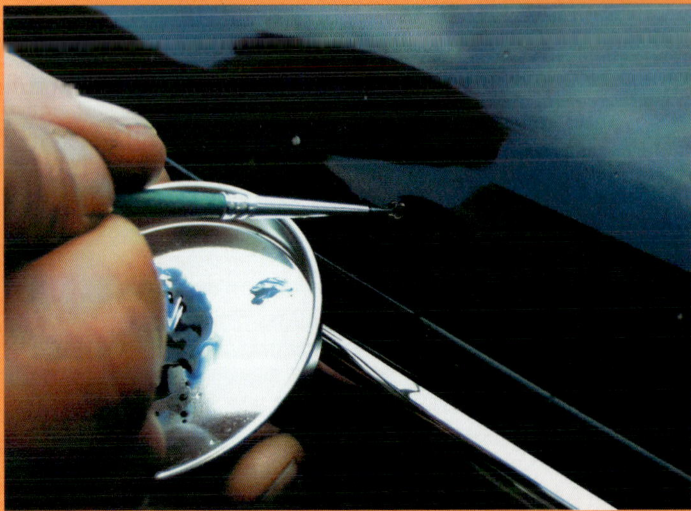

Weniger ist mehr! Seien Sie geizig!
Tragen Sie die Lackschichten nur sehr, sehr dünn auf!

Eine Lupe verhilft Ihnen zu einer absoluten Treffsicherheit. Der Blick durch das Vergrößerungsglas zeigt Ihnen auch genau, wieviel Farbe Sie noch auflegen dürfen!

PROFITIPP: Wenn Sie die Farbmischung aus dem Gefäß entnommen haben, können Sie es mit einem festen Gegenstand zudecken oder mit Alu-Folie verschließen. Das verhindert weitestgehend die Verdunstung des Lösemittels.

Durch die Lösemittelverdunstung fällt der Lack in sich zusammen. Die Profis nennen diesen Vorgang „beifallen". Nach etwa zwei Stunden müssen Sie deshalb den Tupfvorgang nochmals sehr vorsichtig und supergenau wiederholen. Ist der angemischte Tupflack zu dickflüssig, können Sie nochmals einen Tropfen Universalverdünnung dazugeben und durchrühren.

Lassen Sie die Reparaturstelle durchtrocknen. Am besten warten Sie bis zum nächsten Wochenende damit. In dieser Zeit darf das Auto keine Waschanlage von innen sehen!

Ist eine leichte Erhöhung vorhanden, können Sie diese vorsichtig mit Nassschleifpapier (Schleifblock einlegen) oder einem kleinen Schleifblöckchen mit 2000er bis 3000er Körnung beischleifen. Anschließend müssen Sie den Lack, wie beschrieben, auf Hochglanz polieren.

PROFITIPP: Das Arbeiten mit Nassschleifpapier und einem Schleifblock sorgt für genaueres Arbeiten und verhindert durchgedrückte Finger oder unbeabsichtigt erzeugte Schrammen.

Kaum zu glauben! Was vorher eine Kraterlandschaft war, ist jetzt wieder eine schön glänzende Lackfläche!

Die wichtigsten Utensilien für eine perfekte Schönheitskorrektur! Noch ein bisschen Lack in Wagenfarbe und kleine Lackschäden verschwinden auf nimmer Wiedersehen!

Sonax Silikon & Wachsentferner beseitigt alle silikonhaltigen Störfaktoren, die bei einer Lackausbesserung auftreten können.

Lackausbesserungen für Metallic-Lacke

Arbeitsmittel

Ein Wattestäbchen (Q-Tipp), etwas Reinigungsalkohol, Metallic-Basislack in Wagenfarbe, Klarlack, Universalverdünner, zwei Malpinsel Stärke 0 bis 1

PROFITIPP: Gehen Sie zu einer Lackiererei. Lassen Sie sich dort den Farbton genau bestimmen. Anhand dieses Farbtons kann der Lackierer Ihnen ein wenig Farbe verkaufen. Außerdem können Sie dort auch Klarlack und Härter bekommen.

So wird's gemacht

Eine Metallic-Lackierung besteht aus etwa einem Drittel Basislackierung und zwei Dritteln Klarlack. Zuerst müssen Sie testen, ob die Beschädigung wirklich bis zur Metallicbasis durchgedrungen ist.

Das funktioniert wie folgt: Mit einem Wattestäbchen, getaucht in etwas Reinigungsalkohol, den Kratzer oder die Beschädigung (Steinschlag) befeuchten. Jetzt wird die Schadensstelle transparent und damit ersichtlich, ob nur die Klarlackschicht beschädigt wurde.

WARNUNG: Füllen Sie niemals zu viel und zu dickflüssigen Lack auf! Überflüssiger Lack ist anschließend nur sehr schwer zu entfernen und verrät optisch schon von weitem den Reparaturversuch.

Wenn nach dem Anfeuchten der Metallicbasislack wieder sichtbar wird, benötigen Sie nur etwas Klarlack, eins zu eins gemischt mit Universalverdünner. Lackdefekt mit dem kleinen Malpinsel vorsichtig auffüllen (Lupe zur Hand nehmen) und trocknen lassen. Je präziser Sie arbeiten, desto weniger müssen überstehende Klarlackschichten wieder mit Schleifutensilien abgetragen oder beipoliert werden.

Bleibt nach dem Anfeuchten ein heller Kratzer oder Punkt (Steinschlag): Metallic-Basislack zwei zu eins mit Härter mischen. Einen bis zwei Tropfen Universalverdünner dazurühren, bis sich eine sämige Konsistenz gebildet hat.

WARNUNG: Achten Sie unbedingt darauf, dass der aufzutragende Lack nicht so dickflüssig ist wie Honig. Die Lackflüssigkeit muss ungefähr das Aussehen eines verdickten Fruchtsafts annehmen. Verwenden Sie niemals Lackmaterialien ohne diese zu verdünnen!

Mit einem spitzen, feinen Malpinsel etwas verdünnten Metallic-Basislack auf den Grund der Vertiefung auftragen und etwa zwei Stunden trocknen lassen. Anschließend den Rest der Vertiefung mit Klarlack (verdünnt) auffüllen. Überstehende Lackreste können Sie wie beschrieben beipolieren.

PROFITIPP: Wenn Sie mehrfach verdünnten Lack aufgetragen haben, können Sie die Reparaturstelle mit einem Haarfön trocknen. Das beschleunigt den Vorgang ganz erheblich. Die Durchtrocknung einer Lackreparatur kann auch durch eine Infrarot-Bestrahlungslampe beschleunigt werden.

Profi Moosgummi-Schleifunterlage. Für alle Schleifarbeiten eine erhebliche Erleichterung. Der flexible aber feste Klotz ermöglicht ein fehlerfreies Abtragen von Lackdefekten. Er hinterlässt keine unbeabsichtigten Fingerabdrücke oder tiefe Schleifspuren.

Lackreparatur Unilacke

Arbeitsmittel

Ein Wattestäbchen, Reinigungsalkohol, Rostschutzgrundierung, zwei sehr feine Malpinsel Stärke 0 bis 1, 2-K-Lack in Wagenfarbe (vom Lackierfachbetrieb besorgen), Härter, Universalverdünnung, eine Nadel oder ein Bastelskalpell, ein kleines Gefäß zum Anmischen

So wird's gemacht

Kleine, tiefe Kratzer und Lackabsplitterung bei Unilacken zuerst gründlich mit einem Wattestäbchen und Reinigungsalkohol säubern. Mit der Nadel oder ähnlichem alle Absplitterungen und den sichtbaren Rostbefall sehr vorsichtig abkratzen. Keine Gewalt ausüben. Nehmen Sie zur Sicherheit eine Leselupe zur Hand. Dann sehen Sie besser, was Sie da absprengen.

Nochmals mit Reinigungsbenzin und einem neuen Wattestäbchen die Lackwunde reinigen.

Liegt das blanke Metall im Lackschaden frei, mit einem sauberen, feinen Malpinsel vorsichtig etwas Rostschutzgrundierung auftragen und trocknen lassen.

WARNUNG: Benutzen Sie niemals sog. Roststifte. Diese kleinen Drahtbesen zerkratzen auch die umliegenden Lackflächen.

Zwei Teile 2-K-Lack (Wagenfarbe) plus einen Teil Universalverdünner kurz durchmischen. Sofort mit dem feinem Malpinsel auffüllen und etwa 15 bis 20 Minuten antrocknen lassen. Wiederholen Sie den Vorgang solange, bis die Lacknarbe aufgefüllt ist.

Nach einer Trocknungszeit von mindestens zwölf Stunden kann die Reparaturstelle mit feinem Nassschleifpapier oder einem Schleifklötzchen (Körnung 1500 bis 2000) beigeschliffen werden. Damit erhalten Sie eine plane Oberfläche und können diese anschließend wie beschrieben blank polieren.

Wenn der Farbton genau getroffen wurde und Sie wirklich supergenau gearbeitet haben, werden Sie mit einer unsichtbar ausgebesserten Lackstelle belohnt.

PROFITIPP: Wenn Sie zu den Geschickten gehören, können Sie Lackreparaturen auch mit einer sehr feinen Airbrush-Pistole durchführen. Wie das geht, können Sie im Kapitel „Airbrush" nachlesen.

Lackreparatur – Metallic-Lacke

Arbeitsmittel

Ein Wattestäbchen, Reinigungsalkohol, Rostschutzgrundierung, drei sehr feine Malpinsel Stärke 0 bis 1, 2-K-Lack in Wagenfarbe (vom Lackierfachbetrieb besorgen), Härter, Klarlack, Universalverdünnung, ein kleines Gefäß zum mischen, eine Nadel oder ein Bastelskalpell

So wird's gemacht
Säubern und Grundieren wie unter Anweisung Unilacke beschrieben durchführen.
Den angemischten Basislack (zwei Teile Farbe, ein Teil Verdünnung) sehr sparsam in den Lackdefekt mit dem Malpinsel einbringen.
Diesen Farbauftrag etwa 15 bis 20 Minuten antrocknen lassen. Wichtig: bei Temperaturen um 20°C ist die angegebene Trocknungszeit ausreichend. Ist es jedoch kühler, z.B. im Winter, muss die Trocknungszeit verlängert bzw. verdoppelt werden. Das liegt vor allen Dingen an der Verdunstung des Lösemittels. Am sichersten ist die Benutzung einer Infarotlampe.
Die durchgetrocknete, verbleibende Lacknarbe mit 2-K-Klarlack (zwei Teile Klarlack, ein Teil Härter, ein Teil Verdünnung) auffüllen. Bedenken Sie: Etwa zwei Drittel der gesamten Lackschicht ist Klarlack! Deshalb dürfen Sie den Basisfarbton nur sehr dünn auftragen. Trocknung und Weiterverarbeitung genauso wie unter dem Abschnitt Unilack beschrieben.

P **PROFITIPP:** Wenn Sie die Lackdefekte mit großer Mühe beseitigt haben, ist eine komplette Lackangleichung der gesamten Lackierung zu empfehlen. Dadurch verschwinden unter Umständen auch noch die letzten Unebenheiten im Nichts.

Und was ist mit Rost?

Nun, darauf können wir nur eine Antwort geben: Ist das teure Lackkleid erst mal dem Rostfraß zum Opfer gefallen, hilft wirklich nur noch der Lackierer.
Für kleine Rostfraßschäden gibt es Möglichkeiten, diese wirksam zu bekämpfen. Jedoch muss das sofort nach Entdeckung geschehen, sonst sind Hopfen und Malz verloren, sprich Lack und Blech.
Legt ein Kratzer das nackte Blech frei, gilt Alarmstufe rot. Schon innerhalb weniger Stunden beginnt der Rostteufel, sich satt zu essen. In den ersten Tagen ist das noch harmlos, der Rostbefall lässt sich leicht von außen bekämpfen. Wird der Befall nicht entdeckt oder ungeachtet sich selbst überlassen, wird daraus mit Sicherheit ein teurer Schaden, der sich wie ein Geschwür ausbreitet. Auch die Garantie gegen Durchrostung ist kein Argument. Sind die Lackverletzungen sehr stark, nützt das sowieso nichts. Fahrzeuge der neuen Generation sind vielleicht nicht so anfällig, betagtere Oldies jedoch reagieren gnadenlos. Erst wenn der Zahn der Zeit an den einzelnen Elementen nagt, bekommt auch Rostfraß ein Gesicht, nämlich dann, wenn der TÜV mal wieder besucht werden muss. Deshalb können wir Ihnen nur raten, nicht zu warten, sondern sofort mit der Bekämpfungsarbeit zu starten! Selbst Hand anlegen sollten Sie aber wirklich nur bei überschaubarem Rostbefall. Ist jedoch schon ein auffälliger Pickelbefall eingetreten, lassen Sie diese Arbeit am besten von einem Fachbetrieb ausführen.

Wasserschleifpapier und Schleifpad sind unentbehrlich für die Lackbearbeitung. Durch die feine Struktur lassen sich mit 3000er Körnung ausgezeichnete Ergebnisse erzielen. Kleine Oberflächenbeschädigungen, verursacht z. B. durch Waschbürsten, lassen sich damit beseitigen.

Cartec Wax Polish
Hochglanzkonservierung mit Waschanlagenfestigkeit. Löse- und Schleifmittelfrei. Besonders gut geeignet nach einer kleinen Lackreparatur für die gesamte Lackoberfläche.

Sonax Rost-Umwandler & Grundierung
Für starke Rostansätze an Lackdefekten empfiehlt sich immer der Auftrag von Rostumwandler und Grundierung. So kann die Farbe sicher auf der Schadstelle haften. Eine gründliche Entrostung ist selbstverständlich.

Stockmeier Chemie Polierpaste
Auf den Inhalt kommt es an! Das Produkt kann wärmstens empfohlen werden. In Verbindung mit Cartec Perfekt Polish werden im Profibereich die besten Glanzergebnisse erzielt!
1, 2 oder 3, diese Polierpaste ist in unterschiedlichen Körnungen erhältlich.

Cartec Perfect Polish
Garantiert einwandfrei! Was oft bei einer Lackreparatur schattig und glanzlos wirkt, erhält mit dieser Politur ein echtes Glanzerlebnis!

Werkzeuge und Techniken für perfekte Lackoberflächen

Schichtstärken-Messgerät

Viele Autolackierwerkstätten und Profis in der Lackbranche verfügen über ein Lackschichtstärken-Messgerät. Mit diesem technischen Wunderding lässt sich exakt die vorhandene Lackschichtstärke messen. Das Messgerät wird z. B. dazu benutzt, um bei Fahrzeuglackierungen festzustellen, wie stark oder dünn eine Lackschicht ist.

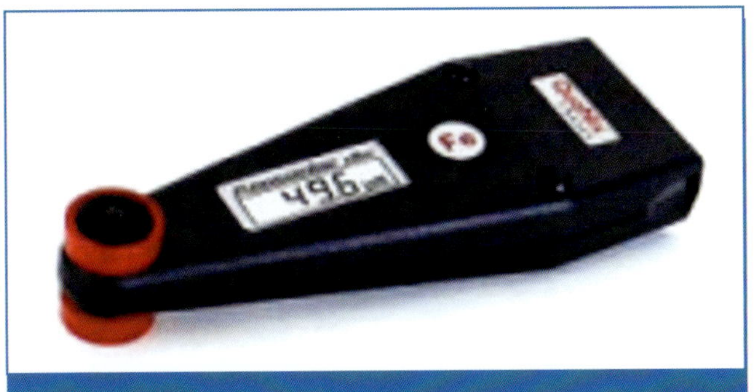

Ohne dieses Hilfsmittel ist eine sichere Schichtstärkenanalyse nicht zu empfehlen!

Interessant wird es bei Gebrauchtfahrzeugen. Mit Leichtigkeit lässt sich ein nachlackierter Schaden identifizieren. Sind Sie beim Kauf eines Gebrauchten misstrauisch geworden, ob das Fahrzeug wirklich unfallfrei an Sie verkauft wurde, dann hilft der Blick auf die Anzeige dieses Geräts. Schnell kann der Profi erkennen, ob nur eine kleine Schadensstelle behoben wurde, oder ob es sich um eine größere Beschädigung gehandelt hat.
Verdächtig sind immer Farbunterschiede und unterschiedliche Lackstrukturen an der Lackierung. In diesem Fall sollten Sie sich schleunigst auf den Weg zu einem Lackierfachbetrieb machen. Auch gespachtelte Blechflächen lassen sich damit prima entlarven.
Sie haben dann die Möglichkeit, den Verkäufer mit der Beschädigung zu konfrontieren. Wurde Ihnen unter Umständen ein Unfallschaden verschwiegen, können Sie eventuell noch den Preis mindern oder im schlimmsten Fall das Fahrzeug zurückgeben und Ihr Geld wiederbekommen.
Ein weiterer Vorteil so eines Messgeräts ist, dass Sie genau erfahren, wie stark oder dünn die Lackierung an dem Fahrzeug ist. Das hilft bei allen Lackreparaturen, teure Schäden, die durch ein Durchpolieren entstehen können, zu verhindern.
Allerdings ist auch eine Originallackierung nicht überall gleichmäßig stark. Lackschicht-Stärkenunterschiede können z. B. an verschiedenen Karosserieteilen auftreten. So ist die Lackschicht auf der Motorhaube oft dünner als an den Türen. Das Messgerät zeigt dann unterschiedliche Werte an, die in µ-Stärken gemessen werden. Für eine Lackreparatur haben Sie maximal 20µ (20/100 Millimeter) Lackschicht zur Verfügung. Mehr nicht! Schleifen Sie weiter, wird die UV-Schicht des Lacks empfindlich gestört. Der Lack bleicht schon nach kürzester Zeit aus. Auch die Anfälligkeit der Schadensstelle gegen alle Einflüsse wie Wäsche oder Umweltverschmutzungen wird dadurch verstärkt. Zur Sicherheit ist eine hochkarätige Lackversiegelung der Reparaturstelle unumgänglich.

Glanzgrad-Messgerät

Um solch ein innovatives, superteures Gerät brauchen Sie sich im Grunde nicht zu kümmern. Es sei denn, Sie wollen einen Lackschaden feststellen. So ist auch der Test auf Lackausbesserungen wie schon bei dem Schichtstärken-Messgerät nur dann sinnvoll, wenn Sie den Verdacht haben, dass an dem Fahrzeug irgendwann einmal ein größerer Schaden vorhanden war.
Der Glanzgradmesser erkennt den Glanz einer Lackierung. Für das menschliche Auge sind jedoch die Messdaten völlig ohne Bedeutung. Jeder Mensch, also auch jedes Auge sieht und empfindet anders. Einige Hersteller von Poliermitteln werben mit diesen Messdaten. Das jedoch ist völliger Unsinn. Es hat sich bei verschiedenen Tests herausgestellt, dass immer unterschiedliche Aussagen, auch ohne diese Messung, über den Glanzgrad einer Lackierung gemacht wurden. Das hat mit den unterschiedlichen Blickwinkeln des Betrachters wie auch mit dem vorhandenen Licht zur Zeit der Feststellung zu tun.
Ob eine Lackfläche tatsächlich tausendmal glänzender ist als eine andere, das müssen Sie entscheiden. Glänzender als glänzend geht nicht.

! ANMERKUNG: Sowohl das Schichtstärken-Messgerät als auch der Glanzgradmesser sind unverschämt teure Gerätschaften. Die Anschaffung steht in keinem Verhältnis zum Nutzen. Ein freundlicher Lackierfachbetrieb hilft ihnen bestimmt gern für ein kleines Entgelt, an die benötigten Messdaten zu gelangen.

Arbeitsmaterialien

Je empfindlicher die zu pflegende Lackoberfläche ist, desto wichtiger wird es, ganz besonders auf weiche, absolut kratzfreie Werkzeuge und Utensilien zu achten. Dunkle Fahrzeuglackierungen, egal welcher Herstellungsart, leiden ganz besonders, wenn Sie mit harten Frotteetüchern, alten und auch noch fusseligen Bettlaken dem Lack zu Leibe rücken.
Wertvolle Oldtimer mit Originallacken, bei denen durch das jahrelange Reinigen und Pflegen der Lackfilm oft schon sehr dünn geworden ist, vertragen solche kratzbürstigen und scheuerwütigen Angriffe überhaupt nicht. Das gilt eigentlich für alle dunklen Lackoberflächen, die immer von ihrem Besitzer aufwendig gepflegt

und mit Respekt behandelt wurden. Das ist doch ein Teufelskreis, denken Sie jetzt. Dies ist fast richtig. Auf der einen Seite raten wir Ihnen immer und immer wieder, die wertvolle Fahrzeuglackierung regelmäßig von jeglichem Schmutz zu befreien. Und nun sagen wir Ihnen auch noch, dass zu viel Pflege den Lack dünner macht. Doch gerade hier liegt der Teufel im Detail. Wir machen uns Gedanken, damit Sie eine dauerhaft schöne Lackierung genießen können. Aber bitte nur mit den richtigen Arbeitsmaterialien. Dann klappt es auch mit dem Dauerglanz und der (fast) kratzfreien Oberfläche. Nur so verhindern Sie Spuren von harten Putzutensilien, die dann nur noch mit lackabtragenden Mitteln zu korrigieren sind. Jede Lackierung wird es Ihnen mit Tiefenglanz danken.

Jede Menge Tücher. Ohne einen ordentlichen Vorrat lässt sich eine sachgerechte Lackbehandlung nicht bewerkstelligen.

Harte Lappen wirken wie Schmirgelpapier! Feinste Microfasertücher, speziell für Lackoberflächen, sind ein Garant für eine glanzvolle und kratzerlose Oberfläche.

Tücher: Verwenden Sie nur weiche Baumwolltücher mit Schlaufenstruktur. Derartiges Material hat den Vorteil, dass alle Politurreste und Sandpartikel in der Struktur aufgenommen werden können. Die aufgenommenen Partikel werden so nicht in den Lack zurückgepresst und verursachen dadurch keine Spuren, die Sie dann mit Schweiß und Mühe zusätzlich wegpolieren dürfen.

Mikrofasertücher: Mikrofaser ist nicht gleich Mikrofaser. Haushaltstücher für Bad und Küche sind absolut tabu. Sie verkratzen die Oberfläche mit feinen Haarlinien, ähnlich den Waschbürsten. Der Unterschied ist nur, dass die Waschmaterialien in der Waschanlage immer auf einen sicheren Anpressdruck eingestellt sind, Ihre Hände jedoch nicht. Auch hochgepriesene Mikrofasertücher für das Auto halten nicht, was Sie versprechen. Immer wieder müssen wir erleben, wie schädlich diese doch angeblich so harmlosen Tücher und Handschuhe sind. Sparen Sie sich am besten das Geld und investieren Sie es in etwas wirklich Gutes. Ein Profi-Mikrofasertuch können Sie unbedenklich einsetzten, auch nach der aufwendigsten Lackreparatur. Leider eignet es sich nicht für die Fahrzeugwäsche oder zum Trockenreiben.
Für die Scheibenreinigung ist ein Mikrofasertuch bestens geeignet. Auch hier gibt es erhebliche Qualitätsunterschiede. Für die Scheibenreinigung benutzte Tücher dürfen nicht mit anderen zusammen gewaschen werden. Versteckte Rückstände können Schlieren auf den Scheiben hinterlassen.

Sonax Staubtücher
Weiche Tücher werden immer gebraucht. Staubtücher sind auch für das Entfernen von Politurresten geeignet. Sie hinterlassen keine feinen Haarlinienkratzer. Sie sind auch eine günstige Alternative zu teuren Mikrofaserpoliertüchern. Tücher immer separat waschen!

Waschanleitung für Mikrofaser- und Baumwolltücher
Tücher, egal welcher Art, sind wieder verwendbar. Sie können alle Tücher mit ganz normalem Waschmittel waschen. Am besten eignen sich dazu Flüssigwaschmittel. Für starke Flecken auf den Tüchern wird etwas Waschmittel auf die betroffenen Stellen gegeben und das Tuch gegeneinander gerieben. In die Waschmaschine damit und auf 60 °C im Hauptwaschgang waschen.

WARNUNG: Keine Weichspüler benutzen! Tücher, die für eine Lackbehandlung benutzt werden, können durch Weichspülmittel zu Schatten und Schlierenbildung auf der Lackoberfläche führen.

Vliestücher: Diese Spezialtücher sind fast ausschließlich für das Auftragen von Poliermitteln, allen Lackkonservierern und Versiegelungen zu nutzen.
Sie eignen sich auch für das schnells Wegwischen von Farben jeglicher Art, bei der Verwendung von Lösemitteln, bei übergeschmierten Konservierungen und Imprägnierungen etc.

WARNUNG: Diese Tücher dürfen niemals mit anderen, für die Lackbehandlung verwendeten Mikrofasertücher in Berührung kommen. Auch nicht in der Waschmaschine! Wenn Sie die Tücher nicht wegwerfen, sondern aus Sparsamkeit noch mal durchwaschen möchten, müssen Sie die Vliestücher immer separat waschen. Auch hier ist der Weichspüler im letzten Spülgang verboten!

Für jedes Mittel das richtige Tuch! Je empfindlicher und glatter die Oberfläche, desto feiner muss ein Tuch sein! Lumpen jeglicher Art haben hier nichts zu suchen!

Mit den Schwämmen ist es wie mit den Tüchern. Die richtige Schwammauswahl sorgt für ein optimales Bearbeitungsergebnis.

Was ein einfacher Haushaltsschwamm doch so alles kann! Nicht nur zum Reinigen, sondern auch für Färbearbeiten sind diese kleinen Helfer bestens geeignet!

Schwämme: Für die Fahrzeugwäsche von Hand eignen sich am besten Naturschwämme. Die weichsten, feinsten und lackschonendsten sind Badeschwämme. Künstliche Schwämme hinterlassen auf dunklen, weichen, putzempfindlichen Lacken Spuren und Schlieren. Sie können die Schwämme nach jeder Wagenwäsche gründlich auswaschen (auch in der Waschmaschine bei 30 °C, ohne Weichspüler), um Sand- und Schmutzpartikel zu entfernen.

Für alle anderen Arbeiten mit Polituren, Färbemitteln, Kunststoffpfleger usw. sind kleine, weiche Synthetikschwämme die besseren Helfer. Die Schwämme lassen sich einfach und bequem mit etwas Geschirrspülmittel unter dem Wasserhahn auswaschen.

Schwämme werden immer gebraucht. Besonders für alle Lackarbeiten ist eine ausreichende Stückzahl von Vorteil. Diese Schwämme sind aus Synthetikmaterial und lassen sich gut auswaschen.

WARNUNG: Sind die benutzten Schwämme mit lösemittelhaltigen Stoffen, wie sie in Polituren vorkommen, stark verschmutzt, müssen diese im Sondermüll entsorgt werden. Schonen Sie die Umwelt und kaufen Sie lieber einen neuen Schwamm.

Leder- oder Kunstledertücher: Ein gutes Autoleder ist nur solange brauchbar, wie es gereinigt und gepflegt wird. Stinkende, glitschige Exemplare, die obendrein noch nass und schmutzig im Kofferraum vor sich hin gammeln, eignen sich in keinem Fall für eine schlierenfreie Trocknung der Lackoberfläche.

Waschanleitung für Naturledertücher
Mit etwas Kern- oder Neutralseife das Leder gründlich auswaschen und sorgfältig mit lauwarmem Wasser klarspülen. Von Zeit zu Zeit 12 Stunden in warmes Wasser legen und etwas Kern- oder Neutralseife zugeben. Anschließend klarspülen und freihängend trocknen lassen. Dadurch entsteht eine Rückfettung und das teure Leder bleibt weich und geschmeidig.

Kunstleder oder auch Vinylledertücher sind die preisgünstigere und auch die einfachere Alternative zu den teuren Naturledertüchern. Jedoch ist die Reinigung genauso aufmerksam durchzuführen. Schmutzige Kunstledertücher fangen nach einer gewissen Zeit nicht nur an extrem zu riechen, sie entwickeln sogar (feucht aufbewahrt im Kofferraum) Schimmelpilze. Um das zu verhindern, sollten Sie das Tuch immer nach Gebrauch gründlich mit etwas Geschirrspülmittel auswaschen und zum Trocknen an die frische Luft hängen. Manche Produkte vertragen sogar eine Waschmaschinenwäsche bei 30 °C. Allerdings muss auch hier auf Weichspüler verzichtet werden. Auch den Schleudergang vertragen manche Tücher nicht.

Pinsel und **Bürsten:** Für fast jede Arbeit am und im Fahrzeug sind sie unentbehrlich. Sogar die Zahnbürste ist seit einer netten Fernsehwerbung im Automobilbereich endlich salonfähig.
Die Auswahl der Pinsel und Bürsten sollte nicht der Sparsamkeit zum Opfer fallen. Gute Produkte zahlen sich letztendlich doch aus, nicht nur in ihrer Wirksamkeit, sondern auch in der Haltbarkeit. Pinsel, egal ob kleine, feine für die Lackreparatur oder für das Auftragen von Färbemitteln, sollten aus Naturfasern bestehen. Bürsten für die Cabriodachreinigung aus Naturborsten sind in sich weicher und schädigen dadurch nicht die empfindlichen Stoff-Fasern.
Die einzige Ausnahme ist die Zahnbürste. Je billiger, desto besser. Zahnbürsten für alle Gelegenheiten, in denen keine andere Bürste hinkommt, sind schnell verbraucht und müssen deshalb auch nicht viel kosten. Für alle Fälle können Sie sich 3 verschiedene Stärken bereit legen.

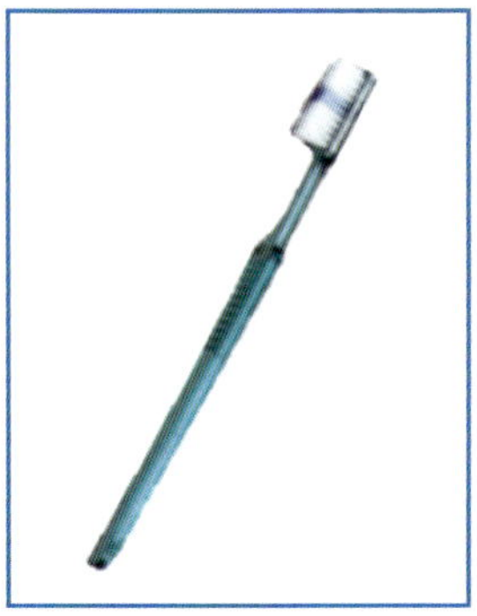

Die **Zahnbürste** ist der Helfer in der Not. Jede kleinste Vertiefung wird damit porentief gereinigt! Politurreste haben auch in den unzugänglichsten Ritzen keine Chance!

So polieren Sie richtig

Der Schein trügt gewaltig. Pfuschpolituren an Gebrauchtfahrzeugen sind einem Betrug gleichzusetzen und locken die armen Gebrauchtwagenkäufer skrupellos in die Falle. Was schön glänzt, ist leider nicht immer auch eine sachgerechte Politur und obendrein ein dauerhafter Lackschutz. Gebrauchtwagenhändler lassen selbsternannte „Profis" für billiges Geld diese Arbeit durchführen. In sieben Minuten eine Lackaufbereitung, das ist schier unmöglich und kann getrost in die Pfuschecke einsortiert werden. Schon nach wenigen Autowäschen, wenn überhaupt, befindet sich der teuer erworbene „neue" Gebrauchte in einem erbärmlichen Pflegenotstand. Die Last liegt bei Ihnen. Entweder Sie nehmen das hin und machen sich an die Arbeit oder Sie gehen zu Ihrem Autohaus und verlangen eine Nachbesserung. Zum Glück gibt es ja die Gewährleistung! Auch solche Dinge spielen da mit hinein, Sie müssen es nur reklamieren. In unseren Ausführungen haben wir Sie deshalb auch auf einen Politurwirksamkeitstest (siehe Kapitel Dauerglanz...) hingewiesen.
Für eine sachgerechte Politur ist es unerlässlich, dass Sie sich unbedingt an die Regeln halten.
Wir haben es bereits erwähnt: Polieren ist das Erzeugen hochglänzender Oberflächen mit mechanischen Verfahren. Dabei spielt selbstverständlich auch der Einsatz von Poliermitteln, Schwämmen, Temperatur, Zeit und natürlich eine gleichmäßige Auftragetechnik eine große Rolle.

> **WARNUNG:** Für jede Lackbehandlung gilt: Niemals in der Sonne oder in feuchten Räumen arbeiten und immer für gute Lichtverhältnisse sorgen.

Sie haben die Wahl! Entweder die Lackierung mit der Hand, also mit Muskelkraft, zum Glänzen zu bringen oder diese Arbeit einer Poliermaschine zu überlassen.
Die wirksamste und auch dauerhafteste Methode ist ohne Zweifel die richtige Poliermaschine.

So sieht er aus, der mit Poliermittel wahllos beschmierte Wagen. Hier ist ganz deutlich die Pfuschhandschrift und Unprofessionalität des Polierteufels zu sehen.

Die Poliermaschine

Keine Angst, wir verlangen von Ihnen nichts Unmögliches! Unsere Ratschläge basieren auf langjährigen eigenen Erfahrungen, Tests und Untersuchungen aller erdenklichen Möglichkeiten zum Erzeugen blitzblanker Oberflächen. Mit sicheren und aussagekräftigen Ergebnissen.
Wenn Sie bereits so einen tollen Glanzhelfer besitzen, lesen Sie trotzdem weiter. Vielleicht können Ihnen unsere Resultate so manche Fragen beantworten.

Unterschiedliche Maschinen-Typen erzeugen unterschiedliche Poliererergebnisse.
Billigprodukte, wie sie immer wieder unter die Leute gebracht werden, sind reine Geldverschwendung.
Die einen sind nur Spielzeug und lassen sich mit der Hand anhalten, die anderen bestechen durch ihre Unwirksamkeit gegen verwitterte Lackierungen.
Im mittleren Preissegment finden sich Maschinen, mit denen Sie allenfalls eine Konservierung (Wachs) auftragen können. Mit einer Politur haben diese Geräte wenig am Hut.
Unterscheiden müssen Sie bei den Drehbewegungen, die das eigentliche Geheimnis darstellen. Wie schon erwähnt, sind orbitale (ein bisschen kreisen, ein bisschen rotieren) Maschinen völlig ungeeignet. Sie sollen, laut Werbeversprechen, die Bewegungen der Hand nachmachen. Der Kraftakt, den Sie aufbringen müssen, um das Gerät überhaupt auf dem Lack zu halten, ist enorm. Hinterher haben Sie mit Sicherheit Muskelkater, aber keine glänzende Lackoberfläche.
Ein anderes Modell ist der Exzenterschleifer, den Sie in jedem guten Baumarkt als Markengerät kaufen können. Dafür müssen Sie dann ein bisschen mehr zahlen, aber letztendlich ist das eine gute Geldanlage. Der Exzenterschleifer ist nicht ganz so schnell beim Lackabtrag, macht das aber nahezu fehlerfrei. Für Ungeübte ist das eine relativ kostengünstige Alternative für alle Lackreinigungs- und Polierarbeiten und auch für kleine Lackreparaturen. Außerdem ist diese Maschine auch für andere Zwecke zu gebrauchen. Ein weiteres Plus ist die Ersatzteilbeschaffung. Billiggeräte können Sie nach einem technischen Defekt entsorgen und auch die so wichtigen Polierscheiben sind nicht zu beschaffen.
Exzenterschleifer sind im Gegensatz zu den orbitalen oder kreisrund drehenden Maschinen recht leicht zu handhaben. Wunder dürfen Sie aber nicht erwarten. Immerhin hängt das Erfolgserlebnis von mehreren Faktoren ab, die Sie bei deren Gebrauch aufmerksam beachten müssen. Das Zusammenspiel von richtigem Poliermittel, Polierschwamm und Auftragetechnik ist bei diesem

Außer Spesen nichts gewesen! Polieren Sie lieber von Hand. Solche Geräte sind in keinem Fall zu empfehlen!

Eine fast echte Alternative zur richtigen Poliermaschine! Der Exzenterschleifer! Wer so ein Gerät besitzt kann damit beachtliche Erfolge herauspolieren.

Diese Maschine ist der Hit! In jahrelangem Profidauereinsatz konnte der Beweis erbracht werden: Ein Poliergerät mit Erfolgsgarantie. Vorausgesetzt Sie halten sich an die Polierregeln! Nachteil: Der sehr hohe Anschaffungspreis.

Gerät besonders wichtig. Kreisrund drehende Maschinen sind für eine fehlerfreie Lackpolitur gänzlich ungeeignet. Das Gerät hinterlässt durch seine kreisenden Bewegungen runde Spuren im Lack, sogenannte Schwabbelhiebe. Diese Maschine ist außerdem ungeeignet, Holografien, also kreisförmige Lackdefekte, zu entfern-en. Im Gegenteil, sie zaubert diese noch in die Lackierung hinein. Ein weiteres Manko ist das Gewicht. Noch schlimmer ist die Tatsache, dass, wenn Sie nur eine Sekunde nicht aufpassen, die Lackierung bis aufs Blech durchpoliert werden kann. Aber nicht nur das: Kunststoff- und Gummileisten sind dem Tellerrand schutzlos ausgeliefert. Berühren Sie versehentlich Zierleisten und Ähnliches, bleibt der Schaden für immer sichtbar. Leider werden diese so genannten Profimaschinen immer noch in Fahrzeugreinigungsbetrieben eingesetzt. Das hat mit Sicherheit etwas mit Marktbeherrschung und Unwissenheit zu tun. Auch zentimeterdicke Polierschwämme (womöglich noch abgesägt) zeugen nicht von einer fachgerechten Fahrzeugpolitur.
Wir wollen diese Maschine nicht gänzlich mies reden. Für eine gezielte Lackreparatur, also kleine Lackflächen, ist die kleine, leichte Variante ein nützlicher und wertvoller Helfer.
Die klassische Drehbewegung erzielt den schnellsten Lackabtrag und entfernt Schleifspuren und grobe Kratzer in kurzer Zeit. Möchten Sie Lackschäden wieder loswerden und wirkungsvoll Kratzer und Schrammen verschwinden lassen oder auch mattgeschliffenen Lack wieder aufpolieren, dann brauchen Sie ein Profigerät mit Durchzugsvermögen und Kraftmoment. Die Anschaffung ist nicht ganz billig. Wenn Sie es jedoch auf 10 Jahre hochrechnen und sich überlegen, wie viele Kratzer und Schrammen Sie damit beseitigen könnten, dann lässt es sich rechnen.

Das allerbeste Bewegungsprofil erreichen Maschinen mit Kreisbahnbewegung, etwa die Schleif- und Poliermaschine Rotex von Festo. Sie ist kraftvoll und schonend zugleich. Mit solchen Maschinen erzielen Sie sogar auf den putzempfindlichsten, weichen und dunklen Lacken perfekte Ergebnisse bei der Lackreinigung und jeder Art Lackpolitur.
Allerdings verzeiht dieses Gerät keine Anwendungsfehler. Die Auftragetechnik ist das A und O! Ein weiterer Aspekt ist das Zusammenspiel der Kreisbahn(Rotex-)bewegung, des Polierschwamms und des Poliermittels, sowie dessen Menge. Ein paar Kleckse Poliermittel genügen, um ein perfektes Sauberkeits- und Glanzergebnis zu erzielen. Abschreckend ist nur der Preis! Im Gegensatz zu allen anderen Maschinen müssen Sie mit etwa 350 Euro (und mehr) rechnen. Von einer namhaften, renommierten Automobilzeitschrift wurde dieses Profigerät als bestes aber teuerstes getestet. Wie beim Exzenterschleifer können Sie die Maschine auch für andere Zwecke verwenden. Ein weiterer Vorteil ist, dass sie zwei Geräte in einem bietet: Kreisbahn- oder Rotex-Bewegung zum Grobschleifen oder Polieren und Exzenter-Bewegung zum Feinschleifen.
Das Beste jedoch ist, dass sie, egal was Sie damit machen, perfekt funktioniert. Wenn Sie die Regeln beachten! Eine Poliermaschine mit Erfolgsgarantie. Es besteht keine Gefahr des Durchpolierens bis aufs Blech und auch keine Verletzungsgefahr von Zier-, Gummi- und Kunststoffleisten. Sogar Lammfellaufsätze werden für eine Lackpolitur überflüssig.
Bohrmaschinen sind gänzlich ungeeignet. Sie drehen viel zu hoch, sind extrem unhandlich und auch die Bestückung mit wirkungsvollem Zubehör lässt zu wünschen übrig.
Die Investition in eine vernünftige und wirksame Poliermaschine darf nicht dem Geiz zum Opfer fallen. Damit erreichen Sie fast nichts und hätten sich die Ausgabe gänzlich sparen können.

PROFITIPP: Profi-Werkzeuge unterscheiden sich in der klassischen Dreh-, Exzenter- und Rotexbewegung. Überlegen Sie sich vor dem Kauf genau, wofür Sie das Gerät einsetzen möchten.

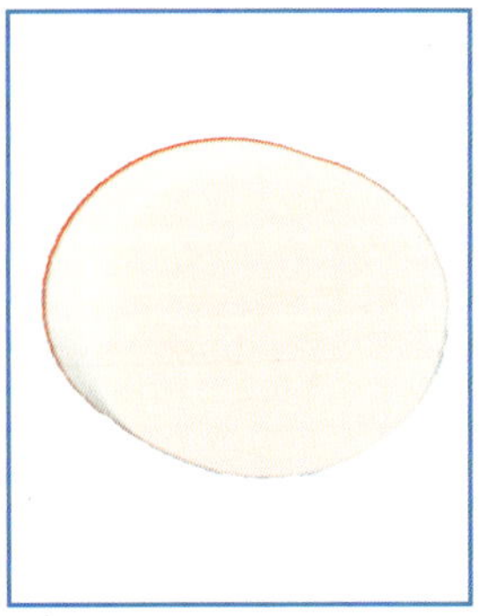

Der besondere **Polierschwamm** arbeitet wie ein Depot. Wird der Druck erhöht, kommt die aufgetragene Restpolitur heraus. Der Schwamm hat einen Klettverschluss und ist waschbar.

Politur von Hand

Ein sehr wichtiges Gebot für putzempfindliche Lacke ist der Einsatz von weichen Putzutensilien und leicht zu verarbeitenden Produkten. Was nützt Ihnen ein billiger Lackreiniger, der sich nur mit Muskelkraft beseitigen lässt. Dadurch werden erneut Spuren in den Lack gezaubert, die Sie im Nachhinein noch mühevoller wieder beseitigen müssen.

Unnötiger Druck und kraftvoll kreisende Bewegungen sind ebenfalls bei einer sachgerechten Politur nicht angebracht. Das Schlimme ist dabei, dass solche Holografie-Effekte und Wolkenbildung meist erst nach einigen Shampoowäschen zum Vorschein kommen, und zwar dann, wenn die oberflächlich aufgeschmierte Politur abgetragen ist.

Immer wieder können wir mit Erstaunen beobachten, wie weit doch diese Poliertechnik Verbreitung findet. In Zeiten der Nitrolacke war diese kreisende Scheuertechnik erforderlich, damit diese Lackflächen glänzen konnten. Heute jedoch ist das mehr als fatal. Sie erreichen damit so gut wie gar nichts, außer schönen kreisrunden Schlieren, die in der Sonne erst richtig zur Geltung kommen.

Arbeitsmittel

Mehrere saubere, sehr weiche Synthetikschwämme, Poliermittel oder dem Lackzustand entsprechende Polierpasten, eine Zahnbürste für die Embleme und Rillen, ein weiches Mikrofaserpoliertuch und ein Baumwolltuch, ein weiches Tuch zum Auspolieren unzugänglicher Kanten.

So wird's gemacht

Vorbereitung für jede Lackbehandlung!

Vor der Lackbehandlung muss das Fahrzeug gründlich gewaschen werden. In automatischen Waschanlagen unbedingt auf Wachs- oder Glanzzusätze verzichten. Prüfen Sie den Lack auf Verunreinigungen wie Baumharz, Insekten oder Ähnliches. Entfernen Sie diese Beläge unbedingt vor der Lackreinigung wie unter den entsprechenden Stichworten beschrieben. Sorgen Sie dafür, dass die gesamte Lackierung wirklich knochentrocken ist. Auch die Pflege aller Kunststoff- und Gummiteile muss vor dem Polieren erledigt werden! Als Arbeitsplatz empfiehlt sich ein trockener Ort mit guter Beleuchtung.

WARNUNG: Wenn Sie draußen arbeiten müssen, suchen Sie sich unbedingt ein schattiges Plätzchen. Lackpflege, egal welcher Art, verträgt keine Hitze und niemals Sonnenbestrahlung!

PROFITIPP: Für die Verwendung aller Polier- und Pflegemittel ist die Polierwatte absolut ungeeignet!

Alle Putz- und Polierbewegungen müssen immer diagonal gegen vorhandene Waschspuren und andere auffällige Lackschädigungen ausgeführt werden und das auch nur mit sehr weichen Schwämmen oder Tüchern. Im Diagonalverfahren werden ganz kleine Kreise ausgeführt. Die Drehungen sind immer zusammenhängend. Poliert und gereinigt wird in Längs- und Querrichtung und umgekehrt.

WARNUNG: Wechseln Sie während des Poliervorgangs unbedingt mehrmals den Schwamm, nicht ausspülen! Polier- und Pflegemittel vertragen keine Nässe! Abgetragene Farbpigmente, Abrasionen und Verschmutzungen werden so nicht über die nachfolgenden Lackflächen verschmiert.

Ein gut durchdachter Ablauf erleichtert die Arbeit:
Motorhaube – Kotflügel rechts und links – linke oder rechte Dachhälfte bis zur Mitte – hinterer Kotflügel rechts oder links von oben nach unten – Türseite rechts oder links von oben nach unten – Heck- oder Kofferraumklappe – Kotflügel hinten gegenüber liegende Seite – die unbehandelte Dachhälfte – Türen der gegenüber liegenden Seite von oben nach unten.

Dem Lackzustand entsprechendes Lackmittel auf den Schwamm geben. Abschnittweise, an der Motorhaube beginnend, das Fahrzeug behandeln. Mit leichten und gleichmäßigen, winzig kleinen, kreisenden Bewegungen in Längs- und Querrichtung und umgekehrt das Lackmittel verteilen.

Mit dem Mikrofaser-Poliertuch nur leicht nachwischen. So werden Unterschiede in der Verarbeitung sofort sichtbar. Ist der Schwamm mit starken Farbpigmenten und Abrieben des Lacks verschmutzt, muss er durch einen sauberen ersetzt werden.

Verteilen Sie das gewählte Mittel immer sehr sparsam. Durch leichten Druck auf den Schwamm kommen noch erstaunliche Depots zum Vorschein. Erst wenn der Schwamm fast nichts mehr hergibt, dürfen Sie einen weiteren Klecks Lackmittel nachgeben.

PROFITIPP: Arbeiten Sie sich immer nur in kleinen Segmenten vorwärts. Das Lackmittel darf niemals trocken werden. Dadurch wird es unwirksam! Nur so lange dieses noch Feuchtigkeit enthält, kann es auch seine Wirkung voll entfalten.

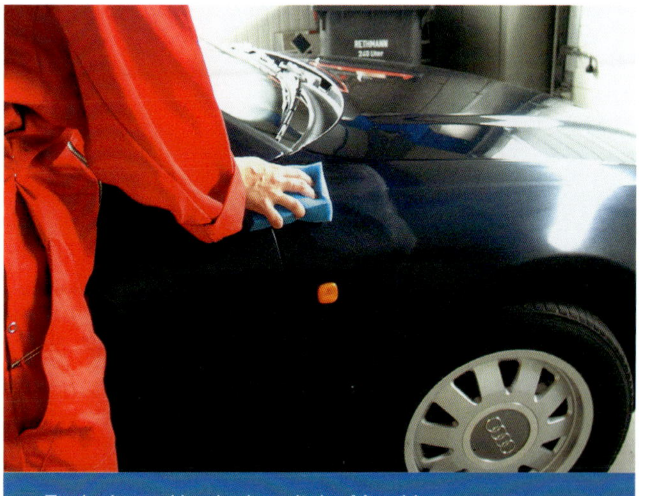

Egal, ob von Hand oder mit der Maschine: auf die Bearbeitungstechnik kommt es an!

Unumgänglich: die Zwischendurchkontrolle! Mit einem superfeinen Microfaserspezialtuch können Sie nachsehen, ob Sie gleichmäßig poliert haben.

Wenn das gesamte Fahrzeug behandelt ist, ein weiches Vliestuch und eine Zahnbürste zur Hand nehmen. Arbeiten Sie alle unzugänglichen Ecken noch einmal gründlich nach.

Abnehmen der Poliermittelreste:
Gehen Sie wieder den gleichen Weg, den Sie schon für das Einreiben gegangen sind. So werden vergessene Lackflächen vermieden. Nehmen Sie das Mikrofaserpoliertuch in die eine Hand. In die andere nehmen Sie ein weiches Baumwolltuch.
Zum Abputzen wird das Poliertuch benutzt.
Das Baumwolltuch dient dazu, keine Fingerabdrücke im Lack zu hinterlassen und die obersten Schichten des Lackmittels abzutragen. Das Mikrofasertuch besorgt dann den Rest.
Schütteln Sie die Tücher zwischendurch immer wieder aus.
Nehmen Sie eine saubere Zahnbürste. Damit werden alle versteckten und unerreichbaren Ecken von störenden Lackmittelresten rückstandslos befreit.

P **PROFITIPP:** Lassen sich Poliermittelreste schwer abwischen z.B. bei nachlaufendem Wasser oder gibt es zu dicke Politurschichten, hilft etwas Trockenwäsche. Wichtig: Die Trockenwäsche darf nur mit einem weichen Poliervlies oder einem Mikrofaserpoliertuch aufgetragen werden. Harte Lappen verursachen hässliche Haarlinienkratzer auf der frisch polierten Lackfläche.

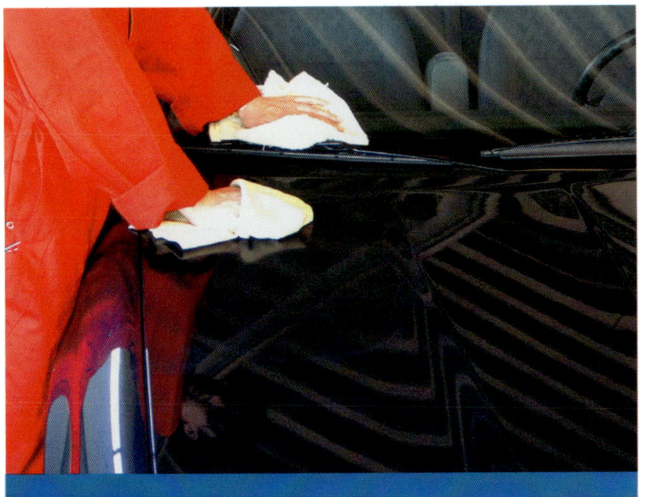

Zwei Hände, zwei Tücher. Schweiß und Fett haben so keine Chance, sich erneut auf der blitzblanken Oberfläche abzusetzen.

Lackbehandlung mit der Poliermaschine
Sind Sie glücklicher Besitzer eines solchen Wundergerätes, wird es Ihnen leicht fallen, sich für diese Arbeit zu motivieren. Der richtige Umgang damit ist allerdings Übungssache. Wenn Sie mehrmals Erfolge erzielen konnten, wird die Behandlung der Lackoberfläche fast zum Kinderspiel.

Arbeitsmittel
Mehrere weiche Schaumstoffpolierscheiben, Poliermittel oder dem Lackzustand entsprechende Polierpasten, eine Zahnbürste für die Embleme und Rillen, ein weiches Mikrofaserpoliertuch, ein weiches Tuch zum Auspolieren unzugänglicher Kanten.

WARNUNG: Niemals harte Aufsätze für Poliermaschinen verwenden!

Sonax Auto Hartwax
Ein langlebiges Produkt mit Wirkung. Nur auf gereinigte Lackoberflächen auftragen! Funktioniert bei regelmäßiger Anwendung als perfekte Lackversiegelung. Hartwachs eignet sich bestens zum Entfernen von Teer und Bitumen.

So wird's gemacht
Vorbereitung wie bei Handpolitur

WARNUNG: Die Poliermaschine verursacht Vibrationen auf der Lackoberfläche. Prüfen Sie sehr genau, ob wirklich alle Ritzen und Rillen von sämtlicher Nässe befreit sind! Sonst läuft Ihnen während des Poliervorgangs das Wasser direkt in den Schwamm und der wird dann fürs Weiterarbeiten unbrauchbar! Gegebenenfalls müssen Sie das Auto bis zum nächsten Tag trocken und staubfrei parken.

Was für den Schwamm gilt, ist auch für den Schaumstoffpolierteller der Maschine zutreffend. Bei starkem Abrieb und Ausbluten oder Auskreiden des Lackes muss die Scheibe häufig gewechselt werden. Es kann durchaus passieren, dass ein stark beanspruchter Lack bis zu acht neue Scheiben benötigt. Das Auswechseln verhindert, dass die abgestorbenen und alten Lackschichten auf der Fläche regelrecht verschmiert und erneut eingerieben werden. Das Ablaufschema ändert sich auch bei einer Maschinenpolitur nicht. Nur bei dem verwendeten Lackmittel müssen Sie auf die Körnung achten, je nachdem, was Sie damit erreichen wollen. Setzen Sie die Poliermaschine immer möglichst plan mit der Polierscheibe auf die Lackfläche. Schräg angekippte Scheiben verursachen Schatten im Lack. Ausnahme sind nur Kanten und Holme. Pressen Sie die Maschine nicht mit Gewalt auf die Oberfläche, sondern lassen Sie diese mit leichtem Druck über die Oberfläche gleiten. Platzieren Sie die Kante der Polierscheibe immer so, dass diese auf keinen Fall raue Kunststoffteile berührt.
Geben Sie etwas Lackmittel auf den Polierteller, nicht auf den Lack. Verreiben Sie mit der nicht eingeschalteten Poliermaschine das Mittel kurz auf der Lackoberfläche. Drücken Sie die Maschine nur leicht auf und setzen Sie diese in Betrieb. Das verhindert ein unkontrolliertes Spritzen des Lackmittels. Arbeiten Sie abschnittweise und besonders gleichmäßig. Versuchen Sie sichtbare Übergänge zu vermeiden. Führen Sie die Poliermaschine in einer Längs- und Querbewegung über die Oberfläche.

PROFITIPP: Zu viel Lackmittel erschwert nur die Arbeit und freut den Hersteller! Versuchen Sie so zu polieren, dass kaum noch Lackmittelreste sichtbar sind.
Bei geringerer Körpergröße sollten Sie für die Dachflächen eine standfeste kleine Trittleiter benutzen.

Arbeiten Sie mit dem verwendeten Lackmittel so lange, bis die Maschine nicht mehr einwandfrei über die Fläche gleitet. Drücken Sie die Maschine gegen die Lackoberfläche. Erst wenn kein austretendes Lackmittel mehr zu sehen ist, dann dürfen Sie einen weiteren Klecks Lackmittel verwenden, und das bitte nur auf die Polierscheibe, niemals auf die Lackoberfläche! Schwer zugängliche Ecken und Kanten müssen mit der Hand, etwas Lackmittel, einem weichen Tuch und der Zahnbürste nachgearbeitet werden. Keine Poliermaschine vermag dorthin zu gelangen. Auch die beste nicht!
Nach der Maschinenbehandlung alle angetrockneten Materialreste mit dem Mikrofaserpoliertuch sorgfältig abnehmen. In die andere Hand ein Baumwolltuch nehmen, damit die aufwendige Arbeit nicht wieder durch Fingerabdrücke zunichte gemacht wird. Für alle Ecken und Kanten eine saubere Zahnbürste benutzen.

WARNUNG: Berühren Sie in keinem Fall mit dem Polierteller die Gummileisten oder die Kunststoffteile. Lackmittelspuren möglichst sofort mit heißem Wasser und einem Frotteetuch entfernen. Ansonsten hilft auch noch ein Radiergummi.

Lackversiegelung mit der Maschine
Das Auftrageverfahren ist das gleiche wie bei allen anderen Lackmitteln. Achten Sie auf sparsamen Verbrauch und gleichmäßige Flächenbehandlung. Sind Trocknungszeiten auf der Packung angegeben, müssen diese selbstverständlich eingehalten werden.

Die Arbeit erfolgt immer nach dem bereits bekannten Ablaufschema. Konservierungsmittel wie flüssiges Hartwachs oder ähnliche Produkte dürfen nur sehr sparsam zum Einsatz kommen. Das Entfernen der angetrockneten Konservierungsmittel kann bei zu großzügiger Verabreichung zum echten Problem werden. Schleier sowie Putzspuren auf dem Lack und vor allen Dingen der Einsatz erheblicher Muskelkraft sind die Folge.

Auftragen von Konservierung und Versiegelung
Wenn Sie sich mit dem Gedanken tragen, eine solche spezielle Lackversiegelung oder Langzeitkonservierung zu benutzen, müssen Sie sich unbedingt an die Packungsanweisung halten.
Die Dauerhaltbarkeit einer Behandlung ist meistens nicht identisch mit dem, was auf der Packung angegeben ist. Es spielt eine ganz wichtige Rolle, welche Waschmöglichkeiten Ihnen zur Verfügung stehen. Fahren Sie mit Ihrem Fahrzeug regelmäßig in eine Bürstenanlage, werden Sie mit Sicherheit die Hälfte der angegebenen Haltbarkeitsdauer des Lackschutzes einbüßen. Sie können sich dieses Geld sparen, wenn Sie einmal im Jahr einen Fachbetrieb aufsuchen und dort eine professionelle Lackpflege durchführen lassen. Dafür zahlen Sie dann zwischen ca. 100 bis 300 Euro je nach Beschaffenheit der Lackoberfläche. Dafür haben Sie dann einen reellen Gegenwert.
Pflegen Sie Ihr Fahrzeug regelmäßig, haben Sie immer ein optimales Glanzerlebnis!

Arbeitsmittel
Eine hochkarätige Lackversiegelung oder Langzeitkonservierer, einen weichen Schwamm oder ein weiches Vliestuch, ein Micropoliertuch und ein Baumwolltuch, eine Zahnbürste für die Ecken.

Das beste Rezept für eine erfolgreiche Lackpolitur: Die beste Poliermaschine, der am besten geeignete Polierschwamm und das beste Poliermittel.

Nicht nur die Poliertechnik, sondern auch das Handling der Poliermaschine gehört dazu! Halten Sie den Schwamm immer plan auf die Lackoberfläche. Muskelkraft ist ebenfalls fehl am Platz!

Auch an seitlichen Flächen lässt sich die Poliermaschine ohne Schwierigkeiten über die Lackoberfläche führen. Ein Krafttraining im Fitnessstudio ist dafür nicht nötig!

Das **Frotteetuch** ist ein unentbehrlicher Helfer im Kampf gegen grobe Politur und Schleifpastenreste.
Je besser die Qualität, um so sicherer ist eine spurenfreie Bearbeitung.

So wird's gemacht
Fahrzeug immer gründlich waschen. Auf Konservierungsmittel wie Heißwachs und Glanzkonservierer verzichten. Die Lackoberfläche muss für die Behandlung absolut trocken sein. Bevor Sie sich ans Werk machen, müssen alle fühlbaren Verschmutzungen wie etwa Teer entfernt werden (siehe unter Lackverschmutzungen). Einer Konservierung oder Versiegelung muss immer eine gründliche Lackpolitur mit reinigender Wirkung vorausgehen.
Wenn Sie eine Lackreinigung durchgeführt haben, überzeugen Sie sich, dass alle Reste des Lackreinigungsmittels entfernt sind. Für alle anderen verwendeten Lackmittel gilt das Gleiche.
Beginnen Sie die Lackversiegelung nach demselben Ablaufschema wie bei der Lackpolitur.
Sie brauchen das Produkt zwischendurch nicht abzureiben. Achten Sie auf eine übergangsfreie Verarbeitung. Der Arbeitsdruck muss immer gleichmäßig ausgeübt und das Mittel möglichst sparsam aufgetragen werden. Lassen Sie das Lackpflegematerial optimal austrocknen. Es bleibt ein weißlich-grauer Film auf dem Lack. Diese Rückstände werden mit einem weichen Tuch entfernt.
Nehmen Sie einen sauberen Schwamm oder ein weiches neues Vliestuch (für eine Versiegelung ist sogar die gute alte Polierwatte erlaubt). Beachten Sie unbedingt die Trocknungszeiten des Produktherstellers!
Wenn das Fahrzeug komplett behandelt ist, wird mit einem weichen Tuch der entstandene Staub sorgfältig entfernt.

P **PROFITIPP:** Zeigen sich trotz sorgfältiger Arbeit noch Schatten auf der Oberfläche, können Sie diese mit einem Spraywachs (Showroom-Wachs) entfernen. Dazu wird das Wachs hauchdünn aufgesprüht. Wenn die Wachsschicht trocken ist, mit einem weichen Tuch nachreiben.

Stockmeier Chemie Scheibenreiniger
Nicht nur ein Scheibenreiniger! Auch kleine Verschmutzungen (z.B. Insektenreste) an allen Materialien entfernt das Produkt mühelos.

ROT WEISS Polierpaste
Nicht nur auf der Erde sondern auch im All! Tatsächlich wurde bei einem aufwendigen Test mit einem Satellitenspiegel die enorme und außerordentliche Wirksamkeit dieser Polierpaste nachgewiesen! Im Profibereich ist dieses Produkt nicht mehr wegzudenken!

Sonax Kratzerentferner-Set
Für kleine Kratzer ein zuverlässiges Hilfsmittel. Die Anwendung ist denkbar einfach. Im Set befinden sich alle Utensilien, die für eine Kratzerbeseitigung nötig sind. Für schadfreies Arbeiten unbedingt einen extra Schleifblütenhalter besorgen.

Sonax Baumharzentfernertuch
Man glaubt es kaum. Auch Naturprodukte können erheblichen Schaden auf dem Lack anrichten. Mit diesem Tuch lässt sich Baumharz im Handumdrehen entfernen. Betroffene Flächen unbedingt mit einer Politur nachbehandeln.

Ohne **Schwämme** geht gar nichts. Für eine perfekte und glanzvolle Lackbehandlung unentbehrlich.
Auf Autopolierwatte verzichten wir schon seit Jahren. Schwämme fusseln nicht und lassen sich wiederverwenden!

Stockmeier Chemie Lackversiegelung
Reinigung und Versiegelung für alle Lackoberflächen. Das Produkt lässt sich einfach auftragen und schützt die Lackierung dauerhaft vor Umwelteinflüssen.

Leder

Von der Kuhhaut bis zum hochwertigen Bezugsmaterial

Kennen Sie den Spruch: „Das geht auf keine Kuhhaut"! Projiziert auf die Lederausstattung heißt das einfach nur, dem Leder (der Kuhhaut) Schaden zuzufügen.

In der Autoindustrie wird für die Lederausstattung von Serienfahrzeugen hauptsächlich Rindleder eingesetzt. In seltenen Fällen kommt auch Büffelleder zum Einsatz, das natürlich seinen Preis hat und damit nicht für alle Käuferschichten erschwinglich ist.
Bis in die 50er-Jahre wurden Tierhäute ausschließlich mit pflanzlichen Stoffen gegerbt, danach kam die Ablösung durch das Chromgerbverfahren. Manche Exklusiv-Leder werden auch heute noch mit dem alten Gerbverfahren behandelt. Die Anforderungen an die Lederausstattungen in Fahrzeugen haben sich über die Jahre stark verändert.
Die Lederausstattung soll gegen auslaufende Getränke, Verschmutzungen durch Schokolade und andere Lebensmittel, Schweiß und Körperausdünstungen aller Art resistent sein.
So wird heute von der Autoindustrie fast eine kunststoffähnliche Lederoberfläche bezüglich Reinigung und Pflege gefordert, wodurch allerdings leider der alte Ledercharakter verloren geht.

Leder und Farbe -
neues Aussehen für beschädigte Lederbezüge
Lederbezüge erfreuen sich immer größerer Beliebtheit. Was früher nur gegen Aufpreis zu haben war, ist heute schöne Normalität. So mancher Autobesitzer kauft ein Fahrzeug mit Lederausstattung, um unliebsame Verunreinigung durch Hund, Kinder und Nikotin zu minimieren. Natürlich gibt es auch die edleren Beweggründe. Leder ist einfach schön und wertet den Innenraum eines Fahrzeuges erheblich auf. Trotz aller Vorzüge benötigen Lederbezüge eine angemessne Pflege. Viele Autobesitzer wissen nicht einmal, dass es auch für das Autoleder gute Pflegemittel gibt.
In der letzten Ausgabe haben wir über Zusatzgeschäfte berichtet. Darunter fällt selbstverständlich auch die sachgerechte Behandlung von Lederbezügen. Die Pflege und Reinigung ist relativ einfach. Heutzutage wird nicht mehr die Lederqualität in den Fahrzeugen verbaut, wie es noch vor 20 Jahren der Fall war. Die Lederausstattung muss so manchen Belastungen standhalten. Ein weiterer Faktor ist die Farbe. Früher wurden hauptsächlich dunkle Farben bevorzugt. Heute sind eher helle Farben die Favoriten. Das bedeutet, dass die Verschmutzung auf der Lederoberfläche wesentlich schneller sichtbar wird und somit das Leder öfter gereinigt werden muss. Ein weiterer Aspekt sind Beschädigungen, die oft auf Grund der Lederqualität störende Schadstellen hinterlassen und nur noch mit einer ausgiebigen aber effektvollen Reparatur zu beseitigen sind. Es macht keinen Sinn, sich mit teueren oder überteuerten Produkten einzudecken. Es gibt sehr preiswerte Reparatursets, die alle Probleme aus der Welt schaffen können.
Zuerst muss festgestellt werden, in wie weit das Leder beschädigt ist. Handelt es sich nur um eine Farbveränderung oder ist die obere Lederfarbschicht beschädigt. Gibt es Risse oder Löcher?

Deutlich sichtbar, das Leder ist nicht durchgefärbt, sondern nur die Lederoberfläche wurde hier mit Farbe belegt.

Viel feiner und durchgefärbt! Dieses Leder hat eine höhere Qualität und ist natürlich dementsprechend teurer.

Gepflegtes Leder lässt sich ohne Falten eindrücken. Es ist geschmeidig und glatt. Nur die richtige Pflege wird das Leder so erhalten wie am ersten Tag.

Neue Farbe

Die einfachste Reparaturmethode ist ein neuer Farbauftrag. Dafür muss das Leder unbedingt extrem sauber und fettfrei sein.
Die zu färbende Oberfläche mit einem rauen Schwamm oder feinkörnigem Schmirgelpapier anrauen. Abgeriebene Oberflächenpartikel sorgfältig entfernen.
Die gewünschte Farbe an den Originalfarbton der Lederbezüge anpassen. Je genauer die Farbwahl, desto besser das Färbeergebnis. Es ist möglich, nahezu alle Farben zusammen zu mischen.
Je nach Hersteller wird die Farbe möglichst hauchdünn auf die Schadstelle und ihre Umgebung aufgetragen. Die Farbe muss nach dem Auftragen unbedingt trocknen. Empfehlenswert sind etwa 12 Stunden.
Hat die Farbe die Schadstelle nicht zufrieden stellend überdeckt, kann der Vorgang mehrmals wiederholt werden. Die Trocknungszeiten sollten unbedingt eingehalten werden.
Für eine schnelle Trocknung hilft ein Heißluftgebläse. Nach der vollständigen Austrocknung kann ein Lederpflegemittel aufgetragen werden.

Oberflächenrisse und Abschürfungen reparieren

Farbe allein hilft nicht. Wenn die obere Lederfarbschicht oder Lederhaut sichtbare Risse und Abschürfungen aufweist, muss die betroffene Stelle mit einer Lederreparaturmasse vorbehandelt werden. Auch hier finden sich unzählige Anbieter, die leider nichts weiter versprechen als einen hohen Preis für ihre Reparaturprodukte. Es geht auch einfacher; wer sich aufmerksam umschaut, findet ziemlich schnell die günstige und vor allen Dingen wirksamste Methode. Egal, ob eine Reparaturmasse teuer oder günstig ist, die Gebrauchsanweisung muss unbedingt beachtet werden. Kleine Abweichungen sind jedoch erlaubt. So hat es sich als eine sehr wirkungsvolle Reparaturmethode erwiesen, die Reparaturstelle mit einer dementsprechenden Lederfarbe zu überziehen. Dadurch werden eventuelle Unebenheiten und Farbabweichungen geschickt kaschiert.

Löcher stopfen

Jetzt wird es etwas komplizierter! Nur wer wirklich über Geduld und handwerkliches Geschick verfügt, sollte sich an derartige Schadstellen heranwagen. Auch hier gilt es, die Gebrauchsanweisung des Herstellers genau zu lesen und zu befolgen. Handelt es sich um tiefe Löcher oder Risse, die durch das Leder hindurchgehen, dann ist der Sattler bzw. Autosattler gefragt. Große Reparaturstellen stehen, besonders an Sitzflächen, ständig unter Spannung. Das hat sehr oft zur Folge, dass übermütige Reparaturversuche in einem noch größeren Desaster enden. Für durchdringende Risse bis ca. 5 cm und Löcher bis 1 cm Durchmesser kann eine Reparatur Wunder wirken. Nach jeder erfolgten Reparatur ist das Auftragen einer Farbschicht unbedingt anzuraten. Nur so lassen sich Farbunterschiede durch Reparaturmaterialien ausschließen.

Wer mutig und geschickt ist kann so manchen Schaden beheben und damit unnötig hohe Kosten sparen, die durch einen neuen Lederbezug verursacht worden wären. Ein sehr sorgfältiges Arbeiten ist die Grundvoraussetzung.

Leder ist nicht gleich Leder

Wenn Sie eine Reparatur durchführen müssen, benötigen Sie auch dafür ein wenig Grundwissen. Schleichen sich Fehler ein, können Sie leichter nachvollziehen, warum die Schönheitspflege nicht so gewirkt hat, wie Sie sich das vielleicht ausgemalt haben. Eine regelmäßige Pflege dieses Naturprodukts ist für viele Besitzer eine lästige Pflicht, trägt aber dazu bei, dass schon im Vorfeld eine Beschädigung der Lederbezüge in Grenzen gehalten oder sogar ausgeschlossen werden kann. Der Vorteil einer Lederausstattung liegt besonders in der relativ einfachen Pflege.
Überlassen Sie jedoch das Leder sich selbst, trocknet es aus und wird mit der Zeit brüchig und unansehnlich. Eine sträflich vernachlässigte Lederausstattung bekommt Risse, Abschabungen und leidet an Elastizitätsverlust.
Verfärbungen oder Farbunterschiede, begünstigt durch starke Schwankungen der Innenraumtemperatur und Sonneneinstrahlung, Feuchtigkeitseinwirkungen sowie Kontakt mit spitzen Gegenständen, ausfärbenden Kleidungsstücken wie z.B. Lederjacken und farbigen Jeans, groben Stoffen und verschmutzter Kleidung sorgen mit der Zeit garantiert für eine unansehnliche Oberfläche.
Von all diesen Beschädigungen am stärksten betroffen sind meistens die Flächen, auf denen eine starke Belastung ausgeübt wird. Während die Rücksitze und sogar der Beifahrersitz oft wie neu wirken, zeigt der Fahrersitz starke Abnutzungserscheinungen.
In dem Kapitel über die Fahrzeuglackierung haben wir Ihnen erklärt, warum eine regelmäßige Pflege unumgänglich ist. Beim Leder verhält es sich fast genauso. Leder lebt, was beim Lack nicht der Fall ist. Cremen Sie Ihre Haut, etwa bei einem Besuch in wärmeren Gefilden unserer Erde, nicht ausreichend ein, wird sie durch die Sonne und Hitze trocken, rau und faltig. Das gleiche passiert auch bei Minustemperaturen. Beim Tier wird die Haut durch das Fell und seine Fettschicht geschützt. Leder hat diese natürlichen Schutzmechanismen nicht mehr. Trotz chemischer Aufbereitung durch Gerben, um die Haut weich, geschmeidig, formbar und haltbar zu machen, ist die verarbeitete Tierhaut nicht mehr in der Lage, sich selbst mit schützenden und pflegenden Substanzen zu versorgen. Das muss nun der neue Besitzer erledigen.

Vor jeder Lederbehandlung muss eine Entscheidung zwischen Lederpflege oder Lederreinigung getroffen werden. Dieser Unterschied ist denkbar groß. Bei der Lederreinigung werden alle derben Verschmutzungen von der Oberfläche entfernt. Bei der Pflege kann zwar auch ein gewisser Verschmutzungsgrad von der Lederoberfläche beseitigt werden, bei stärkeren Gebrauchsspuren ist sie jedoch unwirksam und versiegelt bestenfalls den Schmutz. Das Pflegemittel dient eher dazu, dem Leder Schutz und Geschmeidigkeit zu verleihen. Kombi-Produkte reinigen und pflegen das Leder in einem Arbeitsgang. Durch deren Inhaltsstoffe sind diesen Mitteln jedoch Grenzen gesetzt. Sie eignen sich vor allem für leicht verschmutzte und relativ neuwertige und gepflegte Lederausstattungen.
Hierbei sei erwähnt, dass manche im Handel erhältlichen Pflegemittel sich für bestimmte Lederarten nicht eignen und nicht wieder gut zu machende Schäden hinterlassen. Dies gilt ganz besonders für Alcantara und alle Raulederarten. Faule Tricks aus Großmutters Nähkästchen haben auf teuren Lederausstattungen nichts zu suchen. Glauben Sie das niemals! Einreiben mit Buttermilch oder Sonnencreme zum Schutz gegen UV-Strahlen sind nicht mehr als ein schlechter Scherz. Oder schmieren Sie ihrer Katze oder Ihrem Hund auch solche Mittel ins Gesicht? Es gibt noch allerlei Kurioses an gut gemeinten Ratschlägen wie Bienenwachs, Butter, Niveacreme und Ähnliches. Das Leder braucht sachgerechte Nahrung, die speziell auf die verwendeten Gerbstoffe, Öle und anderen chemischen Zusätze im Leder abgestimmt ist.
Eine Lederaufarbeitung wird nötig, wenn das Leder so unansehnlich geworden ist, dass weder eine intensive Reinigung, noch die Pflege ein zufrieden stellendes Ergebnis liefern. Für solche extremen Fälle gibt es Spezialbetriebe, die entweder die Lederbezüge erneuern oder aber in der Lage sind, das Leder fachgerecht auf-

zuarbeiten. Dort verfügt man über die speziellen Aufbereitungsmaterialien und über das fachliche Know-how. Für kleine Schäden oder Oberflächenbeschädigungen wie Abschabungen, Verfärbungen usw. können Sie selber Hand anlegen. Hierfür stehen Ihnen im Handel einige gute und vor allen Dingen wirksame Produkte zur Verfügung, die auch im Anschaffungspreis akzeptabel sind. Der Erfolg liegt allerdings nur bei Ihnen. Halten Sie sich nicht exakt an die Gebrauchs-anweisung, ist der Misserfolg garantiert. Bevor Sie sich ans Werk machen, lesen Sie bitte aufmerksam die folgenden Ausführungen, nur so lassen sich durch unterschiedliche Lederqualitäten Reparaturfehler vermeiden.

WARNUNG: Stärker gerissenes und beschädigtes Leder gehört zur Reparatur in einen Fachbetrieb!

Ledervarianten

In der folgenden Beschreibung möchten wir Ihnen nur einen kurzen Überblick verschaffen und Sie mit dem Wichtigsten vertraut machen. Genaue Details würden den Rahmen dieses Kapitels und auch dieses Buchs sprengen. Wenn Sie noch weitere Fragen haben, können Sie bei ihrem Sattler oder einem Leder verarbeitenden Fachbetrieb nachfragen. Dort wird man Ihnen gern Auskunft geben.

Glatt- oder Rauleder
Die Qualität von Ledermaterialien richtet sich im Großen und Ganzen nach der verwendeten Lederhaut. Feines Leder wird aus verschiedenen Bereichen der Rinderhaut oder auch Büffelhaut gewonnen, vom Nacken bis zum Bauch. Sehr raues und festes Leder aus Rückenteilen. Eine wichtige Rolle spielt die Färbung. Durchgefärbte Ledermaterialien sind weniger anfällig für Beschädigungen und Verfärbungen als Flächen, die nur an der Oberfläche mit Farbe beschichtet wurden. Die einzelnen Qualitätsunterschiede lassen sich erst nach einiger Zeit an Erfahrung ausmachen.

Wenn Sie Zweifel haben, welche Lederart in Ihrem Fahrzeug verarbeitet wurde, scheuen Sie sich nicht, im Autohaus oder noch besser bei einem Sattler oder auch bei einem Leder verarbeitenden Betrieb nachzufragen. Je mehr Informationen Sie sich verschaffen, desto besser wird das Ergebnis.

WARNUNG: Bevor eine Lederreparatur oder Verschönerung durchgeführt wird, müssen die Lederflächen gründlich gereinigt werden. Geschieht das nicht, wird der Schmutz für immer versiegelt und die aufgetragene Farbe wird schon nach kurzer Zeit wieder verschwinden! Jedes Lederpflegemittel ist vor der Behandlung tabu!

In den angeführten Beschreibungen der einzelnen Lederarten lassen sich einige Schwierigkeiten sehr einfach ausmachen. Bei genauer Befolgung der Reinigungsanweisung und aufmerksamer Beachtung der Ausführungen ist eine wirkungsvolle Lederbehandlung mit großem Erfolg gekrönt.

Glattleder
Glattleder hat immer, wie das Wort schon sagt, eine glatte, fast Kunststoff ähnliche Oberfläche. Das Leder wird entweder durchgefärbt, oder nur an seiner Oberfläche mit Farbe belegt. Die Farbschicht ist sehr empfindlich gegen alle aggressiven Angriffe. Obendrein wird das Leder glatt geschliffen, so dass kaum noch Narbungen sichtbar sind. Durch das Schleifen werden alle natürlichen Merkmale vernichtet. Solche Lederbezüge sind wesentlich billiger, denn hier kann auch schlechtere Rohware (Rinderhaut) verarbeitet werden.
Die oben liegende Farbschicht ist nur sehr dünn, durch Reiben oder Kratzen verschwindet die Farbe und es entsteht im nassen Zustand ein dunkler Fleck. Trocknet das Leder wieder, wird aus dem dunklen ein heller Fleck.
Farbabriebe zeigen sich auf trockenen Lederflächen meist in dunklen Schattierungen, bevor sie gereinigt werden. Erst nach der Schmutzbeseitigung werden diese etwas heller. Da hilft nur Farbe! Solche kosmetischen Eingriffe sind relativ leicht durchzuführen.

Bemerkung:
Im normalen Sprachgebrauch werden alle Lederarten, die keine raue Oberfläche aufweisen, als Glattleder bezeichnet. Lassen Sie sich also nicht irritieren, eine Glattlederpflege, ein Reinigungsmittel oder auch Reparaturverfahren sind eben für all diese verschiedenen Glattlederarten geeignet. Dazu zählen: Nappaleder, genarbtes Leder und natürlich geschliffenes Glattleder.

WARNUNG: Glattleder, also geschliffenes Leder, ist sehr anfällig gegen grobe Scheuerangriffe! Ist eine Schadenstelle vorhanden, fängt sie an, sich in Windeseile auszubreiten.

Nappaleder
Feines Nappaleder zeichnet sich durch eine leichte Strukturierung der Oberfläche aus. Das Leder gibt auf Druck sofort nach, lässt sich zusammendrücken und fühlt sich beim Drüberstreichen weich und glatt an. In fast allen Herstellungsverfahren wird Nappaleder im Ganzen eingefärbt. Das erleichtert die Reinigung ganz erheblich. In einigen Fällen, ganz besonders bei unregelmäßiger Pflege, kann eine Grundreinigung mit erheblichem Zeitaufwand verbunden sein. Nappaleder ist ein sehr feines Material und bedarf deshalb guter und regelmäßiger Pflege.

effax LederCombi
Das beste Lederpflegemittel, das es gibt! Die Verarbeitung ist wie Staubwischen! Es klebt und schmiert nicht und macht sogar ein bisschen sauber! Jahrelanger Einsatz im Profibereich bewahrt dem Leder seine Schönheit. Das Produkt ist auch für alle beanspruchten Lederausstattungen geeignet.

Genarbtes Leder
Die Oberflächenstruktur lässt sich mit bloßem Auge ausmachen. Eine starke Narbung ist leicht zu erkennen und zu erfühlen. Das Leder gibt auf Druck kaum nach und auch ein Zusammendrücken ist nur mit Mühe möglich. Grob genarbte Leder sind meistens nur in der Lederoberfläche gefärbt. Beschädigungen zeigen in einer gerissenen oder gebrochenen Oberfläche helle Farbunterschiede. Bei starker Verschmutzung zeichnen sich solche Verletzungen des Leders auch durch dunkle Schichten aus. Hier ist der Schmutz bereits in die ungefärbte Lederschicht eingedrungen. Beim Reinigen kann das zu erheblichen Verunsicherungen führen. Bevor mit der Reinigung begonnen wird, ist eine genaue Analyse erforderlich, damit keine weiteren Beschädigungen des Leders möglich werden. Auch das Bearbeiten mit scharfen Reinigern oder mit harten Schwämmen kann zu Abrieben an der Lederfarbe führen.

Naturleder
Diese Ausstattung findet sich fast ausschließlich in Oberklassefahrzeugen. Es ähnelt dem genarbten Leder, ist aber bei näherem Hinsehen sehr leicht zu identifizieren. Die Oberfläche ist fast matt und fühlt sich beim Drüberstreichen sehr weich an. Auch eine Verwechslung mit Rauleder ist hier nicht ausgeschlossen. Im Zweifel ist auf jeden Fall beim Fahrzeughersteller nachzufragen. Diese Lederart wird außerdem sehr selten verarbeitet, so dass eine vorschnelle Analyse fatale Folgen haben kann. Das Reinigen ist besonders problematisch. Es dürfen nur spezielle Produkte genutzt werden. Die üblichen Lederpflegemittel eignen sich hier nicht. Eine Lederpflegemilch oder Emulsion zerstört garantiert die Oberfläche. In solchen Fällen ist eine Benutzung von Hersteller eigenen Reinigungs- und Pflegeprodukten unumgänglich.

Rauleder
Diese Lederart wird entweder von der Narbenseite oder von der ehemaligen Fleischseite angeschliffen. Je nach Bearbeitungsart nennt man dieses Leder auch Nubuk oder Velours. Diese Art Leder ist aus Kostengründen in Fahrzeugen kaum anzutreffen. Auch hier ist eine Behandlung mit üblichen Lederpflegeprodukten verboten. Die Reinigung solcher Lederflächen ist bei Beachtung bestimmter Kriterien relativ einfach. Bewährt hat sich hier ein ganz normales Wollwaschmittel oder Haarshampoo. Die Waschmittel müssen sehr stark aufgeschäumt werden. Nässe verträgt dieses Material nicht. Auf dem Reinigungsmittelmarkt befindet sich ein Produkt, was für solche Prozeduren geeignet und sehr kostengünstig ist (Polyboy).

Alcantara
Das Material zeichnet sich durch seine weiche und flauschige Oberfläche aus. Es ähnelt dem Rauleder, ist aber eine Kunstleder-Mikrofaser. Je nach Faserdichte lässt sich das Material nur mit großem Aufwand reinigen. Eine Behandlung mit herkömmlichen Reinigern ist nicht ohne Schaden möglich und muss deshalb unbedingt vermieden werden. Wie schon bei Rauleder, eignet sich ein Fein-, Woll- oder Haarwaschmittel hervorragend. Allerdings darf auch dieses Material niemals durchnässt werden. Nur mit Geduld und einer starken Schaumbildung des Waschmittels lässt sich ein zufrieden stellendes Ergebnis erzielen.

Kunstleder
Diese Ausstattungsvariante wird oft mit genarbtem Leder oder Feinnappa verwechselt. Bei einem Drucktest gibt es kaum nach und lässt sich nur schwer zusammendrücken. Die Oberfläche besteht aus einer gefärbten Kunststoffschicht mit dezenter bis hin zu grober Struktur. Auf deren Unterseite befindet sich textiles Material. Dadurch ist das Kunstleder sehr dehnbar, flexibel und zusätzlich sehr widerstandsfähig.
Schon seit Jahrzehnten nutzt die Automobilindustrie den Bezugsstoff deshalb für viele Bauteile im Fahrzeug. Es eignet sich zum Bespannen von Sitzen und Verkleidungen, Armaturenbrettern und Lenkrädern oder als Cabrio-Verdeckstoff. Taxen, Polizeifahrzeuge und Transporter werden wegen der großen Verschmutzungsgefahr gern mit diesem Material ausgestattet.

P **PROFITIPP:** Kunstleder lässt sich sehr leicht mit der Lupe identifizieren. Durch die Lupe sind glänzende Fäden an Löchern und Nähten deutlich zu sehen.

Die Reinigung dieser Bezüge ist relativ einfach und lässt auch größere Reinigungsaktionen zu. Trotzdem sollten Sie nicht achtlos mit diesem Bezugsstoff umgehen. Für eine Grundreinigung eignet sich einfacher Mehrzweckreiniger in einer etwas höher verdünnten Form. Bei starken Verschmutzungen kann jedoch auch auf eine 1:10-Verdünnung zurückgegriffen werden, ohne einen Schaden zu verursachen. Wie auch bei tierischen Lederarten ist bei Kunstlederbezügen, egal wo sie sich befinden, eine ausreichende und damit regelmäßige Reinigung und Pflege unerlässlich. UV-Strahlen sowie Temperaturschwankungen bleichen und verspröden den Kunststoff. Mit der Zeit wird er hart, brüchig und es gibt äußerst hässliche Risse.
Kunststoffpflegemilch, wie sie in guten Fachbetrieben verwendet wird, schafft ein optimales Pflegeergebnis. Lederpflegemittel können auf diesen Oberflächen zu Schattenbildungen führen und sind für dieses Material gänzlich ungeeignet. Wenn Sie genauere Infos benötigen, können Sie diese im Buch „Autopflege – Tipps und Tricks von Profis“ nachlesen.

P **PROFITIPP:** Ist Ihnen die Kunstlederoberfläche zu glänzend, können Sie mit einem feuchten Mikrofasertuch die betroffenen Bereiche abwischen. Sind Sie mit dem Ergebnis nicht zufrieden, geben Sie etwas farblosen (ganz wichtig!) Scheibenreiniger auf das Mikrofasertuch. Die Flächen gründlich abwischen und mit einem weichen, trockenen Tuch gründlich trocken wischen.

Materialmix
Zu all den unterschiedlichen Materialien kommen noch unzählige Kombinationen:
Alcantara mit Stoff, Alcantara mit Kunstleder, Alcantara mit Glattleder, Rauleder mit Kunstleder, Rauleder mit Stoff, Glattleder und Kunstleder, Glattleder und Rauleder, Kunstleder mit Stoff usw., um nur einige zu erwähnen.

In den Ausstattungen von Fahrzeuginnenräumen sind der Phantasie offensichtlich keine Grenzen gesetzt. Sogar für eine Reinigungsfachkraft können solche Zusammenstellungen zu einem erheblichen Reinigungsproblem ausarten. Es wäre zu aufwendig, auf alle Materialzusammenstellungen einzugehen. Eine wichtige Regel kann jedoch so manches Problem lösen: Immer zuerst die empfindlichsten Materialien mit einfachen und harmlosen Mitteln behandeln und alle anderen Flächen immer sorgfältig abdecken.

Polyboy Leder Spray
Wer hätte das gedacht? Dieses überall erhältliche Produkt reinigt sogar Rauleder. Auch Materialmix z. B. Stoff und Leder lässt sich damit einfach und schnell wieder blitzsauber machen. Vor der Reinigung und nach dem Trocknen wird die behandelte Lederfläche einfach abgesaugt.

Reinigung von Glattleder

Zuerst ist das Absaugen von losem Schmutz und Sandpartikeln, auch aus allen Falten und Vertiefungen, angebracht. Zum Waschen der Lederoberflächen keine Reiniger wie z. B. Sattelseifen benutzen. Die Laugen würden das Leder übersäuern und das Faulen begünstigen. Diese Reinigung ist für den gesunden Erhalt der Lederausstattung sehr wichtig. Poren, Fasern und Kanälchen der Lederstruktur müssen offen bleiben, um Nahrung und Öle aufnehmen zu können. Mit Schmutz verstopfte Poren lassen keine neuen Pflegemittel in das Leder eindringen und verhindern dauerhafte Weichheit und Flexibilität.

! ANMERKUNG: Die folgenden Ausführungen über Reinigung und Pflege von Lederausstattungen haben wir bereits ausführlich in dem Buch „Autopflege – Tipps und Tricks von Profis“ dargestellt. Damit wir uns nicht unnötig wiederholen, sind hier nur die wichtigsten Anweisungen abgefasst, die für eine Reparatur, Färbung oder Restaurierung nötig sind.

Leicht verschmutzte Ledersitze und Verkleidungen

WARNUNG: Leder, egal welcher Art, darf auf keinen Fall mit lösungsmittelhaltigen Reinigern, wie z.B. Fleckenwasser oder Waschbenzin, bearbeitet werden, und niemals darf ein harter Haushaltsschwamm mit einer Scheuerseite verwendet werden. Nach der Reinigung müssen Sie unbedingt ein Lederpflegemittel auftragen. Siehe Lederpflege.

Arbeitsmittel
Scheibenreiniger, ein weicher Schwamm, viele trockene Tücher, ein Staubsauger mit Fugendüse, ein Pinsel, Material zum Abdecken, z. B. ein Laken, und zwei Eimer mit lauwarmem Wasser. In einen Eimer geben Sie zusätzlich Feinwaschmittel für Textilien, z. B. Rei. Verwenden Sie am besten flüssige Waschmittel. Ein Pulver löst sich schlechter auf.

WARNUNG: Eine eingerissene und kantige Fugendüse Ihres Staubsaugers kann das Leder beschädigen.

Sofern auch Lenkrad und Schalthebel mit Leder überzogen sind, brauchen Sie etwas Geschirrspülmittel.

Vorbereitung
Zuerst müssen die Sitze abgesaugt werden, um Krümel und Staub aus Ritzen und Falten zu entfernen. Für die Rillen können Sie einen sauberen Pinsel benutzen (eine alte Zahnbürste tut es auch), um den Schmutz besser zu lösen.

WARNUNG: Decken Sie immer die angrenzenden Flächen ab, die Sie gerade nicht behandeln. Überprüfen Sie das Leder auf Farbechtheit und Verträglichkeit der angewendeten Mittel, bevor Sie die Mittel großflächig anwenden.

So wird's gemacht
Sie beginnen mit der Rücksitzbank. Falls Kopfstützen vorhanden sind, behandeln Sie diese jedoch zuerst. Achten Sie darauf, dass die Kopfstützen gleichmäßig von allen Seiten gereinigt werden.

WARNUNG: Damit es nicht zu Streifenbildung kommt, decken Sie bitte die Rücksitzbank komplett ab.

Polyboy Glattlederpflege
Überraschend gut und fast überall erhältlich. Diese Lederpflege steht nicht im Autopflegeregal sondern bei den normalen Haushaltsreinigern. Es erzeugt keinen Glanz, fettet nicht und ist sicher in der Anwendung.

Tauchen Sie den Schwamm in das Wasser mit Feinwaschmittel. Drücken Sie den Schwamm tropffrei aus. Sprühen Sie den Scheibenreiniger auf den Schwamm. Behandeln Sie die Kopfstütze auf der einen Fahrzeughälfte, z.B. der Fahrerseite. Nach dem Einreiben mit Scheibenreiniger spülen Sie den Schwamm im Waschwasser aus. Ein weiteres Mal nachreiben. Dann den Schwamm im klaren Wasser gründlich ausspülen und die Kopfstütze gleichmäßig abwischen. Mit einem trockenen Tuch sehr sorgfältig nachwischen.
Teilen Sie sich die Rücksitzbank in mehrere Abschnitte auf. Tauchen Sie den Schwamm in das Waschmittelwasser, Schwamm tropffrei ausdrücken und den Scheibenreiniger auf den Schwamm sprühen. Reiben Sie zuerst die Rücksitzlehne bis zur Mitte der Fläche von oben nach unten gleichmäßig mit leichtem Druck ab. Schwamm nochmals in das Waschmittelwasser tauchen und ausdrücken. Die Fläche nachreiben und mit dem klaren Wasser zwei Mal nachwischen. Trocknen Sie die gereinigte Fläche dann mit einem Tuch sorgfältig ab. Bei Dreitürern müssen Sie vor der Sitzflächenreinigung unbedingt die Seitenverkleidung behandeln.

Wenn die Rückseiten der Vordersitze mit Leder bezogen sind, setzen Sie sich auf die noch nicht behandelte Rücksitzbank. Reinigen Sie die Fläche nur bis zum oberen Drittel. Die obere Hälfte

Leder verzeiht Ihnen keine Unachtsamkeit! Gleichmäßig, schnell und gründlich muss die Lederreinigung durchgeführt werden.

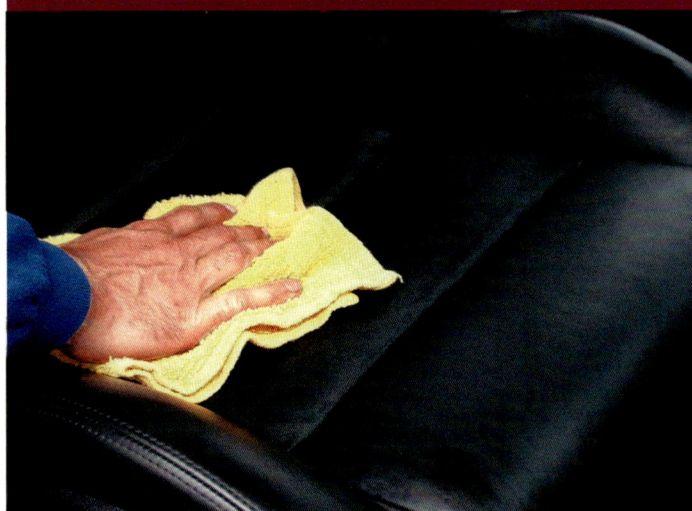

Sorgfältiges Abwischen mit einem sauberen und weichen Tuch verhindert hässliche Wasserflecken und Schattenbildung. Lassen Sie das Leder ruhen bis es wirklich trocken ist.

und die Kopfstütze müssen Sie in Verbindung mit den Vordersitzen reinigen. Es könnten sich sonst hässliche Putzränder bilden. Nehmen Sie die Abdeckung von der Sitzfläche und reinigen Sie die Fläche genauso, wie die anderen Lederbezüge. Nach der Sitzfläche reinigen Sie die Sitzumrandung bis zur Mitte der Rücksitzbank. Für die Reinigung der Mittelarmlehne legen Sie die Abdeckung auf die Sitzfläche. Klappen Sie die Armlehne herunter. Reinigen Sie die Armlehne von allen Seiten genauso wie die Sitze. In der Armlehnenmulde befindet sich eine Lederabdeckung. Diese muss ebenfalls gereinigt werden. Nach der Reinigung der Armlehnenmulde sollten Sie wegen der Schimmelgefahr unbedingt genau prüfen, ob eventuell noch Feuchtigkeit in Ecken und Vertiefungen steckt. Auch der Zwischenbereich von Rücksitzlehne und Sitzbank verdient diesbezüglich unbedingte Aufmerksamkeit.

WARNUNG: Reiben Sie die Zwischenräume von Sitzlehnen und Sitzflächen gründlich trocken, um Schimmelbildung zu vermeiden.

Klappen Sie die Armlehne nach Beendigung der Reinigung zum Trocknen wieder aus.

WARNUNG: Bei Lederarten mit einer Lochstruktur (z. B. bei Mercedes) sollten Sie unbedingt darauf achten, dass die kleinen Löcher gründlich getrocknet werden. Zuviel Restfeuchtigkeit kann bei der anschließenden Behandlung mit dem Pflegemittel zu einem ungleichmäßigen und schmierigen Ergebnis führen. Wenn diese Lederbezüge stark verschmutzt waren, ist eine 24-stündige Trockenzeit zu empfehlen.

Haben Sie die eine Hälfte der hinteren Sitze, die Tür- und die Seitenverkleidung gereinigt, wenden Sie sich der Reinigung der Türverkleidung, der Mittelkonsole, dem unteren Bereich des Armaturenbretts und des Fahrersitzes samt Kopfstütze zu. Der Reinigungsvorgang erfolgt nach dem gleichen Schema wie der des hinteren Wagenteils.

WARNUNG: Bei vorderen Kopfstützen: Decken Sie den Vordersitz unbedingt bei der Reinigung ab. Achten Sie auf herunterlaufende Reinigungsmittel.

Sitzreinigung vorne: Drehen Sie die Rücklehne des Sitzes etwa zu einem Drittel nach hinten. Dadurch lässt sich der nicht sichtbare Teil zwischen Lehne und Fläche mit säubern.

WARNUNG: Decken Sie den hinteren Sitzbereich unbedingt wieder ab, um Fleckenbildung zu vermeiden.

Für die Reinigung der Sitzumrandung schieben Sie den Fahrersitz ganz nach hinten.

Reinigung der Türverkleidung aus Leder: Reinigen Sie die Türverkleidung nach dem gleichen Verfahren wie die Sitze. Damit Sie alle Ecken und Vertiefungen wie Türgriffe, Fensterkurbel oder Schalter richtig trocknen können, nehmen Sie einen weichen Pinsel zur Hand. Mit Pinsel und Tuch lassen sich Feuchtigkeitsrückstände besser trocknen. Verfügen Sie über einen Nass-Staubsauger, können Sie diese Flächen auch absaugen.

WARNUNG: Vermeiden Sie starke Nässe an Türverkleidungen. Sie kann unansehnliche Laufspuren verursachen, die sich zu hässlichen, nicht mehr zu entfernenden Streifen entwickeln können.

Das Lenkrad ist neben dem Blinkhebel und dem Schalthebel naturgemäß eines der am häufigsten angefassten Elemente im Fahrzeug und ein Nistplatz für Bakterien und Keime. Schweiß, Fett und Hautpartikel machen diesen Bereich besonders unhygienisch und zu einem dankbaren Reinigungsobjekt.
Nehmen Sie Geschirrspülmittel, drücken Sie ein nasses Tuch gut aus – es darf nicht tropfen – und geben Sie ein wenig Geschirrspülmittel darauf. Verteilen Sie dieses im Tuch durch Zusammendrücken der Finger. Dann reiben Sie damit das Lenkrad und gegebenenfalls Schalthebel und Türgriffe ab. Spülen Sie das Tuch gründlich im Wasser aus oder benutzen Sie alternativ ein neues Tuch und reiben das Lenkrad, Schalthebel und Türgriffe solange mit klarem Wasser ab, bis keine Spülmittelreste mehr vorhanden sind. Drücken Sie das Tuch immer gründlich aus und vermeiden Sie Tropfenbildung. Wischen Sie nach der Reinigung alles gründlich trocken.

Sollten sich trotz aller Sorgfalt Laufstreifen oder Unregelmäßigkeiten im Reinigungsergebnis zeigen, reinigen Sie die betroffenen Stellen oder Flächen noch einmal. Bei einigen hellen Lederarten kann eine komplette Wiederholung des Reinigungsvorganges erforderlich werden.
Die Pflege der Beifahrerseite erfolgt entsprechend der Fahrerseite.

PROFITIPP: Achten Sie darauf, dass die Übergänge von der rechten zur linken Seite des Fahrzeuges sorgfältig angeglichen werden.

Nach der Reinigung muss das Leder erst trocknen. Dann können Sie mit der Lederpflege beginnen.

Stark verschmutzte Lederausstattung

Arbeitsmittel
Für starke Verschmutzungen haben sich Scheibenreiniger und Mehrzweckreiniger bestens bewährt und sie ersetzen die teuren Lederreinigungsmittel. Ein gründliches und sorgfältiges Arbeiten ist hier allerdings oberstes Gebot! Außerdem brauchen Sie jede Menge Tücher, einen weichen Pinsel, einen Eimer mit klarem Wasser und selbstverständlich eine Abdeckfolie oder ein festes Laken.

So wird's gemacht
Überprüfen Sie an unsichtbarer Stelle das Leder zunächst auf Farbechtheit. Der Reinigungsablauf ist der gleiche wie bei den leichten Verschmutzungen. Allerdings müssen Sie hier gegen die Uhr arbeiten. Die Behandlung muss so schnell wie möglich durchgeführt werden. Die Reinigungsmittel dürfen auf gar keinen Fall antrocknen. Das gibt schlimme Flecken.

Bearbeiten Sie vorhandene Kopfstützen wieder zuerst. Sprühen Sie den Scheibenreiniger auf einen weichen Schwamm. Den Flächenabschnitt abwischen. Unmittelbar folgend mit Mehrzweckreiniger die Behandlung wiederholen.

PROFITIPP: Herunter gelaufene Streifen können Sie sofort nach ihrer Bildung mit Scheibenreiniger entfernen. Mit klarem Wasser nachwischen.

Nach jedem Abschnitt den Schwamm in klarem Wasser ausspülen, bevor Sie sich dem nächsten Bereich zuwenden. Das Leder muss immer gründlich trocken gewischt werden, um eine Ränderbildung zu vermeiden. Auch helle Schatten nach dem Trocknen können die Folge von ungleichmäßiger Behandlung und

Trocknung sein. Bei Unregelmäßigkeiten auf der Lederfläche können Sie diese mit Scheibenreiniger ausgleichen. Alle Vertiefungen müssen gründlich vom Reinigungsmittel und von jeder Restfeuchtigkeit befreit werden. Dazu können Sie einen Pinsel zur Hilfe nehmen.

PROFITIPP: Ein stark verschmutztes Lenkrad kann auch mit Scheibenreiniger und Mehrzweckreiniger vom Schmutz befreit werden. Wischen Sie das Lenkrad anschließend mit etwas Geschirrspülmittel nach. Es muss mit viel klarem Wasser von allen Reinigungsmittelresten sorgfältig befreit werden.

WARNUNG: Das Lenkrad kann ein klebriges Griffgefühl vermitteln. Bei Bedarf nochmals mit klarem Wasser nachwischen und gründlich trocken reiben. Nach der Behandlung mit Lederpflege verschwindet es jedoch und erstrahlt in geradezu klinisch reinem Glanz. Bei dieser intensiven Reinigung muss das Leder besonders gut trocknen.

PROFITIPP: Tragen Sie die Lederpflege erst am nächsten Tag auf. Allerdings dürfen Sie dann nicht mit dem Auto fahren. Im Notfall können Sie die Sitze mit einer Folie abdecken.

Lederpflege für alle Glattlederarten

Bei älterem Leder ist die Ledernarbung als Alterungsmerkmal ein Indiz für dessen Echtheit und trägt zum exklusiven Aussehen bei. Während neue Lederpolster vielleicht nicht die aufwendige Arbeit benötigen, die mit dem Restaurieren oder Aufarbeiten älteren Leders verbunden ist, so brauchen sie dennoch von Beginn an eine gewissenhafte Pflege, um ihre Schönheit und Widerstandsfähigkeit zu erhalten.
Eine regelmäßige Lederpflege dient zur Festigkeit und Elastizität von neuen und alten Ledern. Es ist außerdem nötig, vernachlässigtem Leder, das brüchig oder hart geworden ist, neues Leben und Widerstandsfähigkeit zu verleihen. Hochwertige Pflegeprodukte beinhalten feinste Öle und Substanzen, die zum Teil nach dem Gerben dem Leder zugesetzt werden, um Weichheit und Geschmeidigkeit zu erlangen, außerdem chemische Veränderungen des Leders verhindern helfen, sowie die Neigung zum Übersäuern einschränken. Auf hartem, ungepflegten Leder reißt die Farbschicht bei Überdehnung auf, was zum Abtrag der Farbpigmente führt. Dieser Farbpigmentverlust tritt zuerst an stark beanspruchten Bereichen der Sitze auf und muss durch nachträgliches Färben behoben werden.

PROFITIPP: Testen Sie mit einem einfachen Trick, ob das Leder Pflege braucht: Drücken Sie mit dem Daumen auf die Oberfläche. Wirft das Leder Falten, müssen Sie sich ans Pflegewerk machen. Entsteht ein runder Abdruck, ist alles noch in bester Ordnung.

WARNUNG: Möchten Sie das Leder färben oder reparieren? Tragen Sie bitte keine Lederpflege vor dieser Aktion auf! Die Reparaturmaterialien und auch die Farben können sonst nicht haften und die Arbeit wäre umsonst!

ANMERKUNG: Gewarnt wird von uns an dieser Stelle vor Carnaubawachs, das sich auch in vielen Lederpflegemitteln befindet. Carnaubawachs wird mit Terpentinölen aus der brasilianischen Carnaubapflanze gewonnen. In einer amerikanischen Studie wurde an den Kindern von 472 männlichen Personen eine schwere Krankheit festgestellt, das sogenannte

Der Drucktest beweist es: Dieses Leder hat eine Pflege dringend nötig! Wird die Lederausstattung weiterhin sich selbst überlassen, sind Risse vorprogrammiert!

Satt und reichlich! Geizen Sie nicht mit dem Pflegemittel!

Tragen Sie immer soviel Pflegemittel auf, dass die Lederoberfläche gleichmäßig nass aussieht. Nur so erreichen Sie ein wirklich effektives Pflegeergebnis!

Neuroblastoma. 455 Personen und deren Nachkommen ohne Berührung mit diesem Inhaltsstoff konnten als gesund angesehen werden. Solche Studien sollte man immer ernst nehmen. Auch wir richten uns danach und verwenden solche Produkte nicht mehr.

Benutzen Sie kein Lederfett. Lederfett hinterlässt besonders in der warmen Jahreszeit Spuren auf der Kleidung. Ein weißes Kostüm oder eine weiße Hose sehen dann unter Umständen nach einer Fahrt in Ihrem Wagen nicht mehr so elegant aus. Lederemulsion eignet sich am besten. Eine Lederpflegemilch können Sie verwenden, wenn das Leder eine aalglatte Oberflächenstruktur aufweist. Für alle verwendeten Reinigungs- und Pflegemittel lesen Sie bitte genau die vom Hersteller empfohlene Anwendungsbeschreibung.

Verzichten Sie auch auf Billigprodukte. Lederpflegemittel mit Silikon geben zwar einen schönen Oberflächenglanz, können aber unter Umständen zu einer ungewollten Rutschpartie führen. Außerdem trägt diese Lederpflege nicht gerade zum Erhalt des Naturprodukts Leder bei.

Arbeitsmittel
Saubere, weiche Tücher, ein Pinsel, eine weiche Zahnbürste, ein Staubsauger und das Lederpflegemittel.

Vorbereitung
Wenn keine Lederreinigung vorangegangen ist, saugen Sie sämtliche Rillen und Falten gründlich aus. Um den Schmutz besser zu lösen, benutzen Sie einen weichen Pinsel.

WARNUNG: Achten Sie darauf, dass die Fugendüse keinerlei Beschädigungen aufweist, sonst verletzen Sie die Lederoberfläche.

Entfernen Sie Staub aus Ritzen und Rillen, z. B. bei einer mit Leder bezogenen Mittelkonsole oder einem entsprechend verkleideten Armaturenbrett. Benutzen Sie auch dazu einen weichen Pinsel oder eine Zahnbürste.

PROFITIPP: Überprüfen Sie, ob nicht zumindest für das lederne Lenkrad eine vorherige Reinigung angebracht ist, um Schweiß, Fett und Hautpartikel gründlich zu entfernen. Deshalb sollten Sie fast grundsätzlich vor jeder Pflege eine Reinigung vornehmen. Ist das Lenkrad verschmutzt, reinigen Sie es wie beschrieben vor der Pflege mit Geschirrspülmittel und klarem Wasser. Die Lederpflege darf erst nach dem Trocknen aufgetragen werden. Begutachten Sie auch den Schaltknauf!

So wird's gemacht
Tragen Sie das Lederpflegemittel auf, indem Sie eine kleine Menge des Mittels auf ein weiches Tuch geben. Reiben Sie das Tuch gegeneinander, um das Reinigungsmittel gleichmäßig zu verteilen. Sind Kopfstützen vorhanden, behandeln Sie diese zuerst. Wichtig ist, dass die Kopfstützen rundherum gründlich bearbeitet werden. Dann wenden Sie sich dem Rücksitzbereich zu. Beginnen Sie an der Rücksitzlehne oben. Verteilen Sie das Pflegemittel gleichmäßig auf das Leder. Wenn Sie das Gefühl haben, dass nicht mehr genug Pflegemittel im Tuch vorhanden ist, geben Sie etwas davon nach. Tragen Sie das Pflegemittel solange auf die Oberfläche auf, bis sich ein gleichmäßiges Aussehen einstellt. Nehmen Sie ein sauberes, trockenes und vor allen Dingen weiches Tuch und reiben Sie das aufgetragene Pflegemittel gründlich ein, solange bis keine Rückstände mehr fühlbar sind.

PROFITIPP: Dafür streichen Sie mit den Fingern über das behandelte Leder und reiben die Finger aneinander. Fühlen sich Ihre Finger trocken an, sind keine Rückstände mehr vorhanden. Bei Feuchtigkeit wischen Sie die Oberfläche noch einmal nach.

Nach der Rücksitzlehne bearbeiten Sie die Tür- oder Seitenverkleidung und die Rückseitenbespannung des Fahrersitzes von der oberen Kante nach unten. Nach Fertigstellung steigen Sie wieder aus dem Auto aus und bearbeiten die Rücksitzbank gleichzeitig mit der Sitzumrandung. Wenn eine Mittelarmlehne vorhanden ist, klappen Sie diese ganz heraus und behandeln sie von allen Seiten wie die anderen Lederteile. Pflegen Sie die Sitzlehne gleichzeitig mit der Seitenumrandung und den Kopfstützen. Schieben Sie den Sitz ganz nach hinten.

Bei der Lenkradpflege tragen Sie die Emulsion mit einem Tuch auf, Lenkradkranz und Mittelbereich gründlich abwischen und mit einem trockenen, weichen Tuch sorgfältig nachreiben, bis alle Rückstände wirklich verschwunden sind.

WARNUNG: Achten Sie unbedingt darauf, dass das gesamte Lenkrad von sämtlichen Rückständen des Pflegemittels befreit wird, um späterer Abrutschgefahr der Hände beim Fahren vorzubeugen.

Wenden Sie sich dann der Türverkleidung zu. Anschließend bearbeiten Sie die Sitzfläche und die untere Sitzumrandung. Nach Beendigung der rechten Seite (Fahrerseite) behandeln Sie die andere Hälfte der hinteren Sitzbank und anschließend den Beifahrersitz.

WARNUNG: Nach der Pflege müssen die Lederbezüge auf Polstern und Verkleidungen unbedingt unberührt trocknen. Setzen Sie sich nicht auf noch feuchte Sitze, es könnten sich dunkle Schatten bilden. Nach der Pflege braucht das Leder einige Zeit Ruhe, um das Pflegemittel gleichmäßig aufnehmen zu können.

Lederreinigung für Alcantara, Velours- und Rauleder

Auch bei diesen Lederarten dürfen Sie auf keinen Fall lösungsmittelhaltige Reiniger verwenden. Rau- oder Veloursleder ist von der Oberflächenstruktur her empfindlicher als alle Glattlederarten. Bei der Behandlung bedarf es der Umsicht und einigen Fingerspitzengefühls. Fehler bei der Reinigung lassen sich in den seltensten Fällen wieder beheben. Bei starker und rätselhafter Verschmutzung ist zu überlegen, einen Fachbetrieb aufzusuchen. Bevor Sie loslegen, sollten Sie unbedingt an einer unsichtbaren Stelle testen, ob ihr Reinigungsmittel geeignet ist. Leider muss an dieser Stelle erwähnt werden, dass es für fast alle Rau- oder Veloursleder kaum sichere und wirkungsvolle Mittel im Handel gibt. Im Zweifelsfall erkundigen Sie sich in ihrem Autohaus.

Arbeitsmittel
Ein Staubsauger mit einer Fugendüse, die weder scharfe Kanten noch Risse aufweisen darf, eine extra harte Scheuerbürste oder Nagelbürste (je härter die Borsten, desto besser), zwei Eimer mit warmem Wasser, Wollwaschmittel oder Haarshampoo, ein weicher Schwamm, nicht fusselnde, trockene Tücher (z.B. Leinen), ein Tuch zum Abdecken (altes Bettlaken oder Malerfolie), eventuell Scheibenreiniger.

Vorbereitung
Saugen Sie die gesamte Lederausstattung abschnittsweise vorsichtig ab. Nehmen Sie eine sehr harte Scheuer- oder Nagelbürste (weiche Draht- oder Wildlederbürste) und bürsten die Lederoberfläche gleichmäßig von oben nach unten ab. Saugen Sie die gebürstete Fläche inklusive allen Ritzen, Rillen und Falten gründlich aus. Es dürfen vor der Nassreinigung nach Möglichkeit keine Staub- oder Krümelreste vorhanden sein. Bürsten Sie auch die Tür- und Seitenverkleidungen gründlich ab. Danach saugen Sie mit der Fugendüse vorsichtig die Verkleidung nach.

WARNUNG: Drücken Sie in gar keinem Fall die Fugendüse zu stark auf die Oberfläche. Oft sind die Tür- und Seitenverkleidungen nur mit einer sehr dünnen Unterpolsterung ausgestattet. Durch übermäßigen Druck könnten Schäden an der Lederoberfläche entstehen.

So wird's gemacht
Mischen Sie das Waschmittel nach Herstellerangabe mit dem Wasser.

PROFITIPP: Anstatt des Wollwaschmittels können Sie auch Haarwaschmittel benutzen. Das Haarwaschmittel darf jedoch keine Farbanteile oder sogenannte Conditioner (Weichspüler) enthalten. Ein ganz normales, preiswertes Produkt ist ausreichend. Lösen Sie eine halbe Tasse Haarshampoo in ca. 5 Liter warmem Wasser auf.

Schäumen Sie das Wasser mit dem Wollwaschmittel oder Haarshampoo mit einem weichen Schwamm stark durch, je fester der Schaum, desto besser.

WARNUNG: Feuchtigkeit und Nässe sind Gift für Rauleder-ausstattungen. Durch starke Schaumbildung lässt sich übermäßige Nässe verhindern.

Die mit Waschmittel oder Haarshampoo behandelten Flächen anschließend mit klarem Wasser vorsichtig und sparsam nachreiben. Beginnen Sie im hinteren Fahrzeugbereich. Decken Sie unbedingt alle Flächen ab, die noch nicht behandelt werden. Falls Kopfstützen im hinteren Fahrzeugbereich vorhanden sind, reinigen Sie diese zuerst.

WARNUNG: Kopfstützen müssen immer im Ganzen gereinigt werden. Bei einer Teilreinigung können sich schnell Wasserränder bilden.

Bei einigen Fahrzeugmodellen (z.B. Coupés, 3-Türer) sind B- und C-Säulen innen ebenfalls mit Leder bezogen. Reinigen Sie diese Seitenteile und die Seitenverkleidung ebenfalls vor der eigentlichen Sitzreinigung. Reiben Sie den Schaum gleichmäßig auf die Lederfläche. Trocknen Sie die eingeschäumte Fläche mit einem Tuch gründlich nach. Anschließend sofort mit klarem Wasser nachwischen und nochmals trocken reiben. Arbeiten Sie sich zügig von Abschnitt zu Abschnitt.

WARNUNG: Bei Rauleder müssen Sie grundsätzlich die gesamte Rücksitzbank reinigen.

Nun beginnen Sie mit der Rücksitzlehne. Danach wird die Rückseite des vorderen Sitzes gereinigt. Reinigen Sie dann die Rücksitzfläche und die Sitzumrandung. Achten Sie besonders auf den nicht sichtbaren Zwischenraum von Sitzlehne und Sitzbank. Falls eine Armlehne vorhanden ist, bearbeiten Sie diese vor der Reinigung der Sitzfläche. Dies gilt auch für die vordere Armlehne.

WARNUNG: Nach der Reinigung der hinteren Sitzbank muss die Armlehne unbedingt wieder ausgeklappt werden. Es besteht Schimmelgefahr.

Reinigungsmittelrückstände in Ritzen und Rillen müssen sorgfältig entfernt werden. Nachlaufende Nässe hinterlässt Streifen, die Sie allenfalls durch Wiederholen des Reinigungsvorgangs entfernen können. Wichtig dabei ist, dass Sie die Streifen rechtzeitig, möglichst noch im feuchten Zustand, bemerken.

PROFITIPP: Scheibenreiniger eignet sich gut, um Ungleichmäßigkeiten auszubessern und Streifen von heruntergelaufenen Reinigungsmitteln zu entfernen. Sprühen Sie etwas Scheibenreiniger auf ein Tuch. Reiben Sie die Fläche mit einem trockenen Tuch sorgfältig nach.

Wenden Sie sich dann dem vorderen Fahrzeugbereich zu. Reinigen Sie zuerst die Fahrertür. Danach beginnen Sie die Reinigung am Fahrersitz von oben nach unten. Wenn eine Kopfstütze vorhanden ist, bedecken Sie unbedingt die Sitzlehne und -fläche. Die Sitzfläche wird zum Schluss bearbeitet. Drehen oder klappen Sie die Sitzlehne etwa ein Drittel nach hinten, bis der untere Rand sichtbar wird. Sie dürfen sich niemals auf die feuchte Oberfläche setzen. Das gibt besonders unansehnliche Schatten. Ist die eine Fahrzeughälfte inklusive der gesamten Rücksitzbank komplett fertig, wenden Sie sich der anderen Seite zu und beenden Sie die Reinigung mit dem Beifahrersitz.

WARNUNG: Setzen Sie sich auf keinen Fall auf noch feuchte Raulедersitze. Eine Schattenbildung lässt sich nur schwer oder gar nicht beseitigen.

Vollständig getrocknet, bürsten Sie die gesamten Lederflächen noch einmal ab und saugen die Flächen nach.

PROFITIPP: Wildlederbürsten für Schuhzeug eignen sich hervorragend für die Nachbehandlung. Die Lederoberfläche erhält dadurch ein samtweiches Aussehen und kann nicht hart werden. Danach können Sie das Leder mit einem speziellen Pflegemittel behandeln.

Lederpflege für Velours- und Rauleder (kein Alcantara!)

Wie schon erwähnt, gibt es kaum gute Pflegemittel im Autozubehörbereich, im Baumarkt oder an Tankstellen. Am sichersten ist die Beratung und der Kauf solcher Produkte in Ihrem Autohaus. Bei denen vom Fahrzeughersteller vertriebenen Produkten können Sie sicher sein, dass sie den Erfordernissen der teuren Lederausstattung gerecht werden. Allerdings werden diese Spezialmittel zu sehr hohen Preisen angeboten. Trotzdem lohnt sich diese Investition. Bei regelmäßiger Anwendung behält das Leder über Jahre ein schönes, elegantes und luxuriöses Aussehen.

Arbeitsmittel
Ein Staubsauger mit einer Fugendüse (siehe Veloursledderreinigung), eine harte Scheuer- oder Nagelbürste, eine Wildlederbürste für Schuhzeug und das Pflegemittel.

Vorbereitung
Bürsten Sie die Lederflächen gründlich von oben nach unten mit einer harten Scheuer- oder Nagelbürste oder Wildlederbürste ab, dann saugen Sie und entfernen Staub und Krümel aus Ritzen und Rillen.

PROFITIPP: Hartnäckige Verschmutzungen lassen sich mit einem kurzen, harten und sauberen Pinsel aus Falten und Rillen entfernen. Die gelösten Partikel müssen abgesaugt werden.

PROFITIPP: Dieses Leder sollten Sie bei Ihrer regelmäßigen Innenreinigung grundsätzlich absaugen und abbürsten. Der Flor der Oberfläche wird dadurch aufgerichtet und Staub kann sich erst gar nicht einnisten.

So wird's gemacht

Tragen Sie das Pflegemittel wie vom Hersteller empfohlen auf. Achten Sie unbedingt auf eine gleichmäßige Arbeitsweise ohne sichtbare Übergänge. Die Behandlung erfolgt nach dem gleichen Ablaufschema wie bei der Reinigung. Lassen Sie das Pflegemittel gründlich trocknen, bevor Sie sich auf die Sitze setzen. So verhindern Sie Schatten und Flecken.

WARNUNG: Für alle Flecken und Verschmutzungen, die ein größeres Ausmaß haben und nicht identifizierbar sind, wenden Sie sich vorsichtshalber immer an einen Fachbetrieb!

Restaurierung von allen Glattlederarten

Vernachlässigtes Leder kann mit etwas Mühe und Sorgfalt wieder in einen ansehnlichen Zustand gebracht werden. Betrachten Sie die Lederoberfläche vor der Behandlung sehr genau, am besten durch eine Lupe.
Ist das Leder nur verschmutzt und zeigt es beim Eindrücken mit dem Daumen Trockenfalten, kann das Leder nach einer gründlichen Reinigung in Stand gesetzt werden.

WARNUNG: Ist die Lederfarbe großflächig abgetragen und die naturfarbene Haut leuchtet bereits, muss das Leder zuerst eine neue Farbschicht bekommen. Bei starken Rissen empfehlen wir Ihnen jedoch unbedingt, die Hilfe eines Lederprofis oder Autosattlers in Anspruch zu nehmen.

effax Leder-Creme Seife
Ein hochwertiger Lederreiniger für empfindliche, teure und ältere Lederbezüge. Damit können Sie wirklich nichts falsch machen. Das Produkt eignet sich auch für Lederkleidung und Ledersofas!

Arbeitsmittel

Einen Ledersoftener oder ein sehr hochwertiges Pflegemittel, eine hochwertige Lederseife im pH-neutralen Bereich, zwei sehr weiche Schwämme, eine weiche Bürste, zwei weiche Baumwolltücher.

So wird's gemacht

Schmutziges Leder als erstes gründlich absaugen. Anschließend, wie unter Lederreinigung beschrieben, von allem Schmutz befreien. Geeignet ist auch eine pH-neutrale Lederseife, die besonders bei altem Leder empfehlenswert ist. Sattelseife ist viel zu scharf! Neben einem Schwamm können Sie auch eine weiche Bürste zur Hilfe nehmen, damit jeglicher Schmutz, der sich wahrscheinlich jahrelang angesammelt hat, gründlich beseitigt wird. Mit klarem Wasser nachwischen und mit einem Baumwollhandtuch trocken reiben. Lassen Sie dem Leder mindestens 12 Stunden Zeit, um abzutrocknen. Ist das Leder wirklich staubtrocken, dürfen Sie mit den hochwertigen Pflegeprodukten arbeiten. Geben Sie das gewählte Pflegemittel (Ledersoftener mit feinsten Ölen oder ein Ähnliches) auf einen sauberen, weichen Schwamm. Nehmen Sie reichlich davon und tragen Sie es auf das gereinigte Leder abschnittsweise auf. Lassen Sie die behandelten Flächen wieder mindestens 2 Stunden trocknen. Wiederholen Sie den Vorgang so lange, bis das Leder wieder ein sattes und geschmeidiges Aussehen hat. In dieser Zeit dürfen Sie sich nicht auf die Sitze setzen. Abschließend die gesamten Flächen sorgfältig mit einem weichen, fusselfreien Baumwolltuch abwischen.
Bei stark ausgetrockneten Lederbezügen können drei bis vier Durchgänge nötig werden, bis eine durchdringende Sättigung der Oberfläche eintritt. Alles trocknen lassen und überschüssiges, nicht eingezogenes Pflegemittel mit einem Baumwolltuch abreiben. Mindestens 24 Stunden trocknen lassen.

Lexol
Die Lederpflege enthält feinste Öle und Substanzen. Durch regelmäßige Anwendung und auch bei einer Lederrestaurierung erhält das Pflegemittel die Spannkraft und Weichheit.

Das Färben für alle Glattlederarten

Wenn Sie sich mit dem Gedanken tragen, Ihre Lederpolster wieder in einen noblen Zustand zu versetzen, können Sie dies mit guten Lederfärbemitteln erreichen. Schwer geschädigte Lederbezüge und tiefe Risse sollten damit nicht behoben werden. Dann führt der Weg wieder nur zum Lederspezialisten.
Haben Sie die Farbe Ihrer Ledersitze entgültig satt oder wollen Sie vielleicht etwas Farbe in den Fahrzeuginnenraum bringen? Auch dafür ist gesorgt. Qualitätsprodukte können auch bei einem Farbwechsel erstaunliche Ergebnisse hervorbringen. Aber nur dann, wenn Sie sich wirklich akribisch an die Gebrauchsanweisung des entsprechenden Lederfärbemittels halten. Einschränkend muss gesagt werden, dass z. B. schwarze Lederbezüge, die weiß werden sollen, nur eine geringe Aussicht auf Erfolg haben. Bei Färbungen von hell auf dunkel ist das meistens kein Problem.

PROFITIPP: Mit dem Lederfärbemittel können Sie selbstverständlich auch sehr kleine Defekte beseitigen! Dann benutzen Sie anstatt des Schaumstoffpinsels einfach einen kleinen, feinporigen, weichen Schwamm zum Auftragen.

Benutzen Sie niemals ein Färbespray! So genau können Sie nicht treffen, ohne umliegende Bauteile davon frei zu halten. Die Ausnahme ist die Airbrush-Pistole.

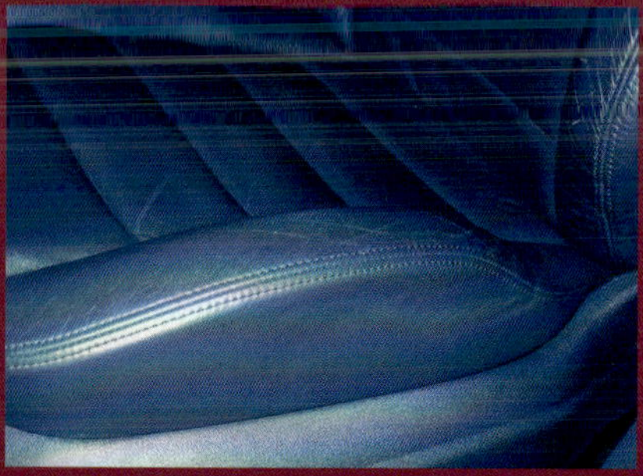

Beschädigtes Leder hinterlässt dem Betrachter ein ungepflegtes Aussehen. Die ersten Ansätze zur Rissbildung sind schon deutlich zu sehen.

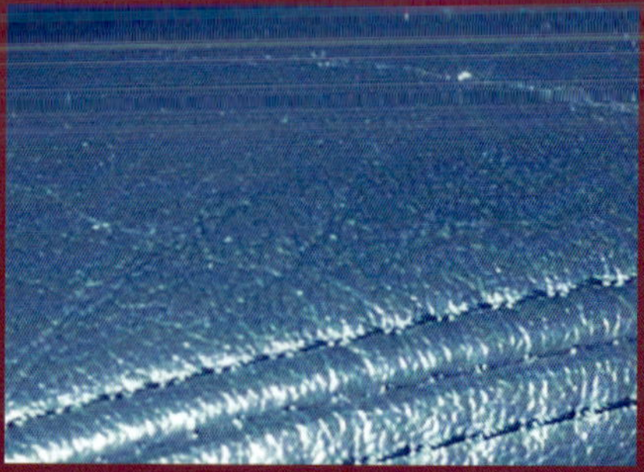

Aus der Nähe betrachtet zeigt sich deutlich die Beschädigung der Lederoberfläche! Mit etwas Lederfarbe lässt sich der Schaden wieder beheben!

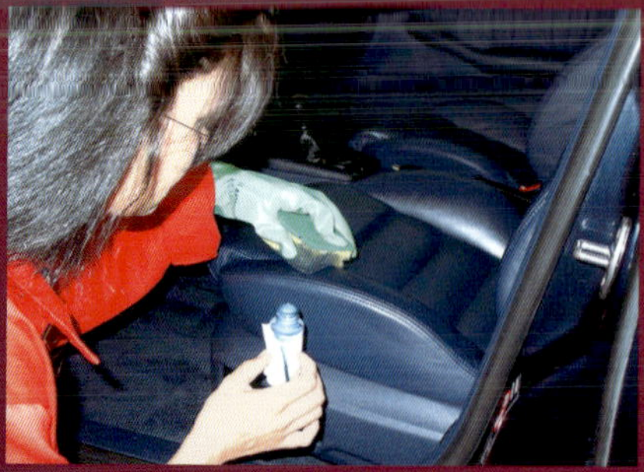

Ziehen Sie sich unbedingt Handschuhe an! Das Färbemittel ist absolut farbecht! Die Lederfarbe muss langsam und gleichmäßig verteilt werden. Zuviel Farbe kann den Färbeerfolg trüben!

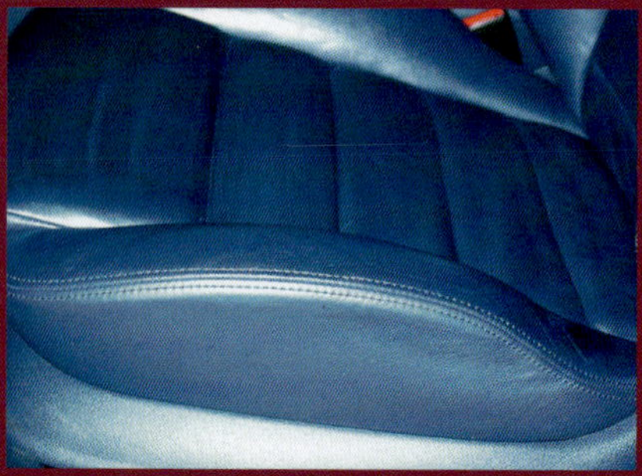

Der Erfolg ist nicht zu übersehen!
Die Sitzflächenkante sieht fast aus wie neu, die unbehandelte Rücksitzlehnenkante sticht sofort ins Auge.

Viele tausend Kilometer hat dieses Lenkrad bewältigt. Eine Verschönerung könnte nicht schaden und verleiht dem am meisten angefassten Element in jedem Fahrzeug wieder ein neuwertiges Aussehen.

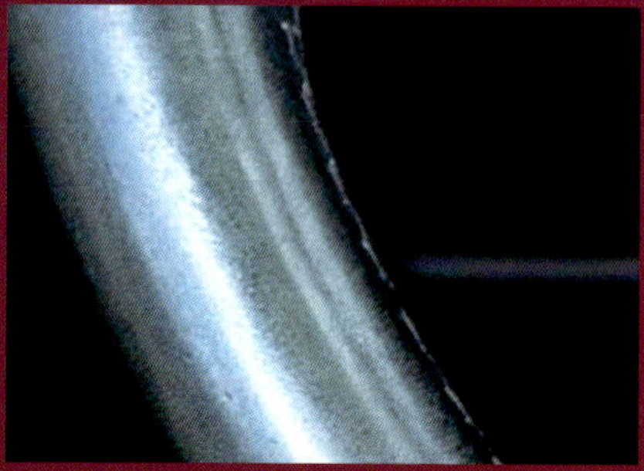

Der Lederbezug ist besonders an der linken Seite stark abgegriffen. Eine kleine Schönheitskosmetik verschafft dem Lenkrad eine Verjüngungskur!

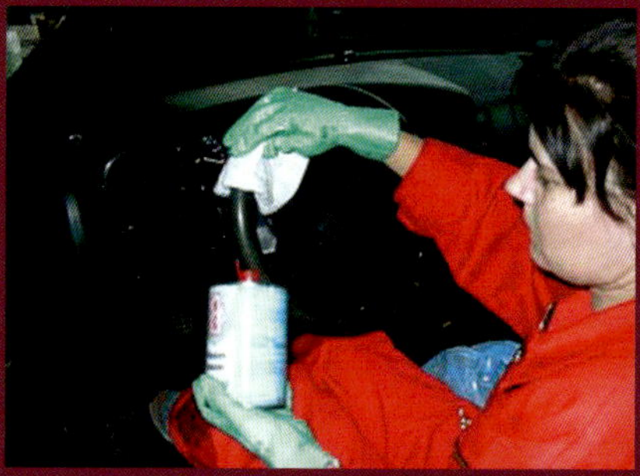

Gründliches Reinigen ist Pflicht! Fett, Schweiß und Schmutz behindern die Haftung des Färbemittels!

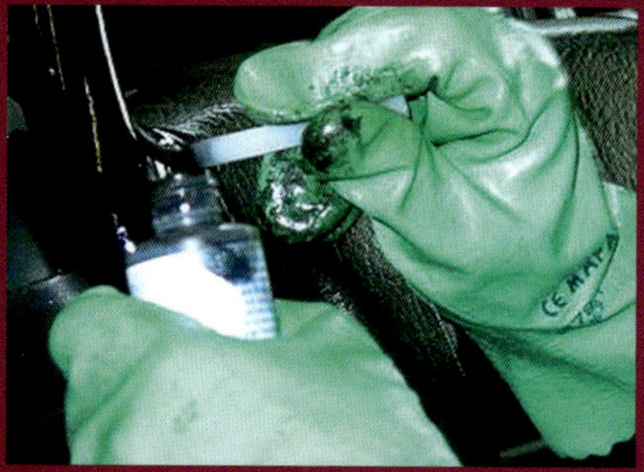

Mit Handschuhen bleiben die Finger sauber. Ein kleiner Pinsel hilft, das Färbemittel in die kleinsten Rillen zu transportieren.

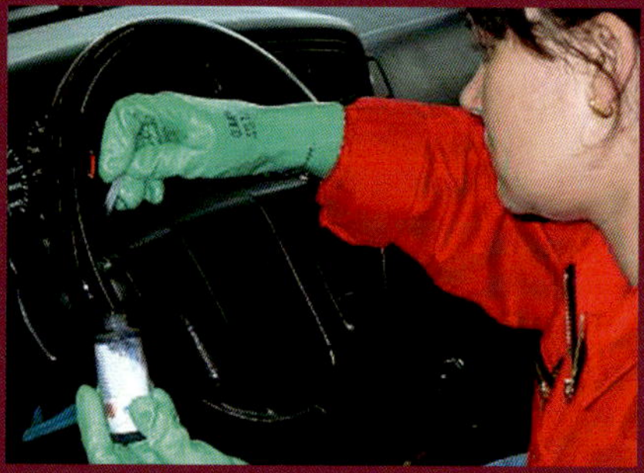

Lassen Sie sich Zeit! Nur wenn Sie die Farbe wirklich gleichmäßig verteilen, erhalten Sie auch ein perfektes, neuwertiges Lenkrad.

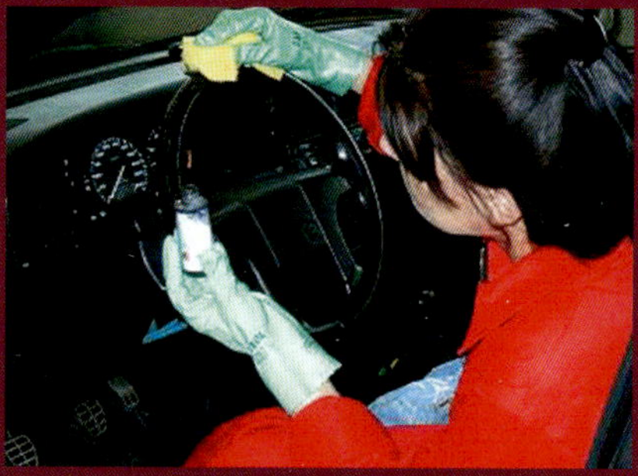

Die Kleinarbeit ist geschafft! Mit einem weichen Schwamm wird die Lederfarbe gleichmäßig und in dünnen Schichten aufgetragen.

Alles perfekt gefärbt! Lassen Sie die Farbe trocknen und machen Sie dann den Fingertest.

Bleiben die Finger sauber, ist das Lenkrad wieder gebrauchsfähig. Erst nach zwei bis drei Tagen dürfen Sie ein Lederpflegemittel auftragen.

⊖ **WARNUNG:** Vor dem Färben müssen Sie zwingend die Sitze gründlich von allen Schmutzpartikeln, Reinigungs- und Pflegemitteln befreien! Die Lederflächen müssen unbedingt trocken sein! Vermeiden Sie unbedingt Kühlschranktemperaturen unter 10°C oder direkte Sonnenbestrahlung!

Arbeitsmittel
Färbemittel, ein sauberer, kleiner Behälter zum Anmischen der Farbe, ein kleiner Plastikspachtel zum Umrühren der Farbe, ein sehr feiner Schwamm oder ein Schaumstoffpinsel, ca. 50 mm breit, ein sauberes und zwei trockene Tücher, etwas Reinigungsalkohol oder Brennspiritus.

ATG Leder Color Lederfarbkorrektur
Ideal für alle Glattlederarten. Damit lassen sich kleine und große Abschabungen wirkungsvoll und unsichtbar für immer beseitigen.

Für größere Färbeaktionen: Malerfolie aus dem Baumarkt, ein einfaches Abklebeband.

⊖ **WARNUNG:** Prüfen Sie an unsichtbarer Stelle, ob die Farbe gleichmäßig vom Leder angenommen wird. Zeigt sich nach dem Trocknen der Farbe eine gleichmäßige Tönung? Jetzt dürfen Sie loslegen. Zeigt sich jedoch eine gefleckte, scheckig wirkende Stelle, die weder geschmeidig, noch mit dem Material durchtränkt ist, dann müssen Sie herausfinden, woran das liegt. In den meisten Fällen ist der Grund zuviel Pflegemittel oder Fette. Nochmals mit Alkohol gründlich nachwischen.

Vorbereitung
Decken Sie mit der Malerfolie alle angrenzenden Bauteile (auch den Teppich) unbedingt sorgfältig ab. Mit dem Klebeband notfalls befestigen. Das Klebeband eignet sich auch, um Übergänge an Stoffen und nicht zu färbenden Materialien abzugrenzen.

! **SICHERHEITSHINWEIS:** Rauchen Sie nicht bei der Arbeit und hantieren Sie nicht mit offenen Flammen. Die Produkte sind alle feuergefährlich! Sorgen Sie bei der Arbeit immer für gute Belüftung. Das gilt übrigens für alle lösemittelhaltigen Produkte!

So wird's gemacht
Geben Sie etwas Reinigungsalkohol (oder Brennspiritus) auf ein weiches Tuch und reiben dann die Lederflächen gründlich und sehr sorgfältig damit ab. Mit einem sauberen Tuch hinterher wischen und trocknen lassen.

Lederfarbton nach Gebrauchsanweisung des gekauften Färbematerials exakt dem Originalfarbton anpassen. An versteckter Stelle prüfen, ob Sie den richtigen Ton getroffen haben.

P **PROFITIPP:** Um ein gutes Ergebnis zu erreichen, können Sie die zu behandelnden Flächen mit einer ultra feinen Stahlwolle (gibt's günstig im Baumarkt) oder sehr feinem Schleifpapier (1000er Körnung) leicht anrauen. Den erzeugten feinen Schleifstaub müssen Sie dann aber auch wieder mit einem sauberen Pinsel entfernen. Sonst gibt es eine krümelige Oberfläche und das Färbemittel kann nicht hundertprozentig haften.

⊖ **WARNUNG:** Tragen Sie beim Färbevorgang und bei der Nutzung von Alkohol oder Brennspiritus unbedingt ein paar optimal passende Gummihandschuhe. Wenn Sie das Färbemittel ohne Handschuhe anfassen, dann werden Sie bestimmt in den nächsten Tagen bewundert!

Tauchen Sie den Schaumstoffpinsel in den Farbbehälter und streifen Sie diesen am Rand ab. Das Mittel darf nicht tropfen!

Tragen Sie die erste Schicht mit dem Pinsel (Schwamm) gleichmäßig, aber zügig auf. Arbeiten Sie von Segment zu Segment – ohne Übergänge. Lassen Sie die erste Schicht gut trocknen. Falls Ihnen das Ergebnis nicht gefällt, können Sie den Vorgang 2-3 Mal wiederholen. Setzen Sie sich niemals auf die frisch gefärbten Sitze! Wenn trotz aller Vorsicht etwas heruntertropft, dann wischen Sie es sofort mit einem weichen Tuch oder auch einem Schwamm weg. Kleine Defekte tupfen Sie nur vorsichtig ab und lassen sie trocknen, bis eine optimale Farbdeckung erreicht ist.

P **PROFITIPP:** Die meisten hochwertigen Färbemittel sind mit Wasser mischbar. Sollte Ihnen also ein Malheur passieren und etwas herabtropfen, wo Sie es nicht haben wollen, können Sie es sofort mit heißem Wasser beseitigen. Wichtig ist: So schnell wie möglich!

Kopfstützen sollten immer aus dem Fahrzeug ausgebaut werden. Stecken Sie diese sicher in einen geeigneten Gegenstand, ohne dass eine Berührung stattfinden kann (Not macht erfinderisch). So lassen sie sich leichter bearbeiten.

Nach vollbrachter Färbearbeit müssen die behandelten Flächen mindestens 12 Stunden trocknen! Nach zwei bis drei Tagen dürfen Sie dann ein hochwertiges Pflegemittel ohne Lösemittel auftragen.

Reparatur für alle Glattlederarten und Kunstleder

⊖ **WARNUNG:** Was Sie schon unter Lederfärben über Sauberkeit usw. gelesen haben, gilt bei einer Reparatur genauso. Meistens wird nach den Reparaturarbeiten eine Farbangleichung oder Ausbesserung nötig.

Leder mit Löchern und starken Rissen ist nicht gerade ein schöner Anblick. Ein neuer Bezug wäre viel zu teuer, also müssen Sie sich selbst an die Arbeit machen. Es gibt einige wenige Reparatursets, die nach genauer Befolgung der Gebrauchsweisung ein zufrieden stellendes Ergebnis liefern. Die Last und Geschicklichkeit liegt bei Ihnen. Wenn Sie alles genauso befolgen wie beschrieben, werden Sie auch den Schaden wieder los.
Sind Sie etwas ungeübt, können Sie den Reparaturvorgang vorher mit einem beiliegenden Probestück erst mal ausprobieren.

Arbeitsmittel
Ein Reparaturset für Leder, etwas Reinigungsalkohol oder Brennspiritus, eine Rasierklinge oder eine gekrümmte, kleine Nagelschere, evtl. ein Stück festen Stoff, einen spitzen Kunststoffspachtel, Spezialkleber, ein Bügeleisen ohne Dampf, ein Bleistift

Der Schaden sieht schlimmer aus als er ist. Halten Sie sich genau an die Reparaturanleitungen und nehmen Sie sich etwas Zeit. So etwas ist nicht mal eben schnell zu beseitigen.

So wird's gemacht

Führen Sie zuerst den Reinigungsvorgang durch, wie unter dem Kapitel Lederreinigung beschrieben.

Glätten Sie bei Bedarf die ausgefransten Ränder mit der Nagelschere oder der Rasierklinge ganz vorsichtig.

Sollte die beschädigte Stelle eine größere Vertiefung aufweisen, schneiden Sie ein kleines, genau passendes Stückchen Stoff aus. Sie können auch das beiliegende Stoffstück aus der Reparaturpackung verwenden. Passen Sie es genau an die Konturen der Schadensstelle an. Ist das Loch oder die Beschädigung wesentlich größer, über 0,5 Zentimeter, dann fertigen Sie ein etwas größeres Stückchen an.

Bringen Sie das Stoffstückchen in die Beschädigung und stopfen Sie es vorsichtig mit dem Spachtel unter die Beschädigung.

Achten Sie darauf, dass der Stoff optimal unter die Beschädigung passt. Nicht verrutschen lassen!

Geringfügige Risse oder Abschabungen benötigen kein Ausfüllen oder Unterlegen der beschädigten Stelle.

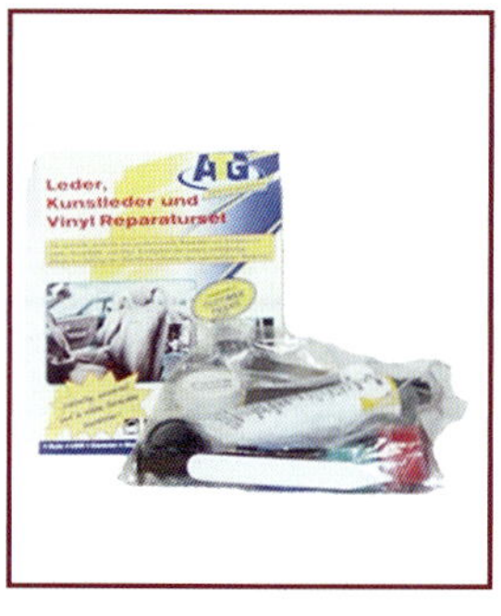

ATG Leder-, Kunstleder- und Vinyl Reparaturset

Simpel und wirkungsvoll! Dieses Set spart den teuren Austausch von Bezügen aller Art. Die Oberflächenstruktur wird dadurch wieder vollständig hergestellt.

WARNUNG: Wenn Sie eine größere Beschädigung reparieren möchten, achten Sie unbedingt darauf, dass der Unterlegstoff keinesfalls mit dem unter den Lederbezügen befindlichen eigentlichen Polstermaterial in Verbindung gerät! Das bedeutet, Sie müssen den Kleber so platzieren, dass auch die Ränder unter der Beschädigung vorsichtig mit Kleber belegt werden! Klebt der Reparaturstoff am Unterlegstoff fest, reißt die reparierte Stelle bei größerer Belastung wieder auf.

Verwenden Sie den im Reparaturset beiliegenden Spezialkleber. Füllen Sie die Beschädigung vorsichtig mit der Spitze des Kunststoffspachtels aus. Befüllen Sie die Stelle, bis eine ebene Fläche sichtbar wird. Nicht zuviel Kleber nehmen, lieber etwas weniger. Nachfüllen können Sie immer noch, aber den Kleber wieder zu entfernen ist schwierig.

WARNUNG: Vermeiden Sie unbedingt das Überfüllen des Klebstoffs!

Durch das Schrumpfen (Beifallen, Verdunsten des Lösemittels) des Klebers beim Trocknen entsteht der nötige Platz, der anschließend mit Flüssigleder gefüllt und strukturiert wird. Bei Rissen wird lediglich der Unterlegstoff mit Klebstoff fixiert.

Lassen Sie den Klebstoff mindestens 4 Stunden trocknen! Erst dann dürfen Sie die Farbflüssigkeit auftragen.

WARNUNG: Setzen Sie sich nicht auf die Reparaturstellen, dies führt garantiert zur Beschädigung ihrer Kleidung.

Erst wenn der Klebstoff getrocknet ist, das können Sie mit einem kurzen Fingerdruck testen, können Sie die benötigte Farbe anmischen. Eine in jeder Reparaturschachtel befindliche Farbmischtabelle hilft Ihnen, den richtigen Farbton zu finden und aus mehreren Grundfarben zusammenzurühren.

Je präziser Sie die Farbe mischen, desto weniger wird die reparierte Schadstelle sichtbar sein. Vermischen Sie nur eine kleine Menge und passen Sie diese an der umliegenden Lederfläche an. Nicht an der Kopfstütze oder an einen intakten Lederbereich. Das führt nur zu Abweichungen mit dem tatsächlichen Farbton in der Umgebung der Reparaturstelle.

Hat ausgerechnet Ihr Fahrzeug einen exklusiven, ausgefallenen Farbton, dann können Sie in einem Farbengeschäft oder einem guten Hobby- oder Modellbauladen Farbtöne dazukaufen.

Haben Sie den Farbton gefunden, dann vermischen Sie soviel Farbe, wie Sie für die Größe des Schadens benötigen.

Nehmen Sie einen sauberen oder gesäuberten Plastikspachtel oder Ähnliches. Die Reparaturmasse sehr vorsichtig und treffgenau in die Reparaturstelle einfüllen. Nicht zuviel Farbmasse auf einmal auffüllen, lieber etwas weniger. Wenn die behandelte Stelle mit der Masse ausreichend gefüllt ist, mit dem Spachtel vorsichtig die Masse glatt ziehen und eben an die umliegende Lederfläche angleichen. Nicht überfüllen! Hat sich doch ein wenig Farbmasse auf die Umgebung verteilt, können Sie die Masse vorsichtig mit heißem Wasser abtupfen. Nicht reiben!

Jetzt fehlt nur noch die Struktur, damit die Stelle wieder aussieht wie nie da gewesen.

In jeder Reparaturpackung befindet sich ein Strukturpapier. Wählen Sie das Papier aus, das Ihrer Lederausstattung am nächsten kommt.

Sie können auch von der Rückseite mit der Spitze des Plastikspachtels vorsichtig einige Narben nachziehen. Aber aufgepasst! Nicht zu stark drücken, sonst ist das Papier kaputt! Markieren Sie die Oberseite mit einem X oder einem +. Das geht am besten mit einem Bleistift.

PROFITIPP: Das Strukturpapier muss so angepasst werden, dass es mit der Originalstruktur des Leders in eine Linie passt. Achten Sie genau auf den Verlauf der Narbung! Sonst sticht die reparierte Stelle sofort ins Auge.

Platzieren Sie das X oder das + genau über der Farbreparaturmasse. Drücken Sie es vorsichtig mit der vom Hersteller markierten Seite nach oben auf die Farbmasse.

WARNUNG: Das Strukturpapier darf nicht mehr bewegt oder verschoben werden!

SICHERHEITSHINWEIS: Besitzen Sie nur ein Dampfbügeleisen, müssen Sie den Wassertank entleeren und die Dampf- und Sprühvorrichtung abschalten. Achten Sie unbedingt darauf, dass kein Dampf oder heißes Wasser austritt! Das gibt schlimme Verletzungen!

Nehmen Sie das Bügeleisen (wenn Sie ein Reisebügeleisen besitzen, um so besser) und stellen Sie es auf die höchste Temperatur. Nach Möglichkeit sollten Sie im Interesse Ihrer Gesundheit kein Dampfbügeleisen benutzen!
Wenn die Betriebstemperatur (Kontrolllampe erlischt oder leuchtet, je nach Modell) erreicht ist, nehmen Sie den der Reparaturpackung beiliegenden Hitzetransferstift und drücken ihn mit der Metallplatte fest auf die heiße Bügelfläche. Das dauert etwa drei bis vier Minuten.

SICHERHEITSHINWEIS: Die Metallplatte des Hitzestifts nicht anfassen! Das gibt Brandwunden!

Für den Hitzetest können Sie einen Tropfen Wasser darauf tropfen. So können Sie erkennen, ob der Stab wirklich heiß genug ist.

Wenn der Metallkopf ausreichend erhitzt ist, wird er ca. 35-45 SEKUNDEN mit langsamen, kreisenden, leichten Bewegungen, ohne Druck und über die mit dem Bleistift gemachte Markierung (X oder +) und die Reparaturstelle geführt. Diese Prozedur sorgt dafür, dass die Farbreparaturmasse trocknet.

WARNUNG: Achten Sie unbedingt darauf, dass Sie keinesfalls mit dem heißen Metallkopf auf die ungeschützte Umgebung rund um die reparierte Stelle gelangen. Das beschädigt garantiert das intakte Leder und Sie hätten einen neuen Schaden!

Reparaturmasse völlig abkühlen lassen! Erst dann dürfen Sie das Strukturpapier vorsichtig entfernen.
Befindet sich trotz ordentlich ausgeführter Reparatur noch eine Vertiefung in der beschädigten Stelle, können Sie selbstverständlich den Vorgang mit Farbmasse und dem Strukturpapier (Bügeleisenaktion nicht vergessen) wiederholen.

PROFITIPP: Für Geduldige: Mehrere Reparaturvorgänge in dünnen Schichten und mit weniger Farbmasse erreichen ein besseres Ergebnis.

Größere Risse, Löcher usw. können, wenn Sie sich das zutrauen, auch direkt mit der Bügeleisenspitze erhitzt werden. Dafür eignet sich ein Reisebügeleisen am besten.

Der eigentliche Arbeitsablauf ändert sich dadurch nicht. Achten Sie darauf, dass Sie mit der heißen Spitze des Bügeleisens nur auf der mit Strukturpapier geschützten Stelle bleiben, sonst sind die umliegenden Flächen zerstört.
Lassen Sie die Farbreparaturmasse wieder ganz auskühlen, bevor Sie das Strukturpapier entfernen.

WARNUNG: Auch mit der Bügeleisenspitze dürfen Sie das Strukturpapier niemals verschieben. Eine hektische Arbeitsweise schadet nur dem Erfolgsergebnis.

Sie können den Reparaturvorgang beliebig oft und jederzeit wiederholen oder die fertige Reparatur nachbessern.

PROFITIPP: Die in den Reparatursets befindlichen Materialien sind meistens wiederverwendbar. Reinigen Sie die Utensilien gründlich und legen sie in die Verpackung zurück. Dann können Sie diese auch mehrmals nutzen.

Sticht Ihnen die Reparaturstelle durch zuviel Glanz ins Auge? Nehmen Sie eine ultrafeine Stahlwolle (aus dem Baumarkt). Die Reparaturstelle damit vorsichtig abreiben.

Ist die reparierte Stelle zu matt, dann können Sie etwas Kunststoffpfleger für außen auf ein weiches Tuch geben und vorsichtig die Stelle damit abtupfen und trocknen lassen.

WARNUNG: Möchten Sie der gesamten Lederausstattung nach der Reparatur ein besseres Aussehen verleihen, dann dürfen Sie keinen Kunststoffpfleger benutzen!

Kunstleder färben

Je nachdem, was Sie vorhaben, ob nur eine kleine farbliche Verschönerung oder das Auffrischen der gesamten Kunstlederbezüge gewünscht ist, Sie kommen nicht um eine gründliche Reinigung herum.
Kunstleder ist kein Naturprodukt, sondern ein totes Material. Stören Verschmutzungen aller Art die Haftung auf der Kunststofffläche, färbt das aufgetragene Mittel sofort wieder ab oder es bröckelt bei Belastungen sofort weg. Sind größere Defekte in den Kunstlederoberflächen, behandeln Sie diese vor dem Färben (siehe Reparaturanweisung für Glattlederarten und Kunstleder).

Arbeitsmittel
Kunststofffärbemittel, Fleckenwasser oder Reinigungsalkohol, feines Schleifpapier (1000er Körnung) oder ultrafeine Stahlwolle aus dem Baumarkt, zwei weiche Schwämme, zwei Tücher, ein Haarfön, ein kleiner Behälter zum mischen der Farbe, ein Plastikspachtel oder Ähnliches.
Für größere Färbeaktionen: Malerfolie, Abklebeband

CAR-PT COLOR Leder-Farbe
Das Rad wird nicht neu erfunden! Seit 20 Jahren bietet uns Profis diese Lederfarbe eine außergewöhnliche Zuverlässigkeit und Haltbarkeit. Voraussetzung ist eine vorangehende, gründliche Reinigung der Oberflächen.

So wird's gemacht
Alle zu färbenden Kunststoffflächen absaugen, gründlich von allem über lange Zeit abgelagerten Schmutz befreien und trocknen lassen. Mit einem weichen Tuch und etwas Reinigungsbenzin oder Fleckenwasser alles gründlich abwischen. Fussel mit einem Pinsel beseitigen. Mit der ultra feinen Stahlwolle oder dem Schleifpapier die beabsichtigten Färbeflächen leicht abreiben. Nochmals den entstandenen Staub gründlich beseitigen.

ANMERKUNG: Für eine intensive Reinigungsaktion lesen Sie bitte die Anweisungen in dem Buch „Autopflege – Tipps und Tricks von Profis“. Dort haben wir uns sehr ausführlich mit dem Thema beschäftigt.

PROFITIPP: Streichen Sie mit der flachen Hand über die angerauten Bereiche. Ist noch Staub vorhanden, müssen

Sie nochmals gründlich wischen, bis wirklich aller Staub entfernt ist. Bei Bedarf können Sie Fleckenwasser oder Reinigungsbenzin benutzen.

WARNUNG: Die gereinigten Kunstlederflächen müssen absolut trocken sein. Wenn Sie ganz sicher gehen möchten, warten Sie bis zum Färbemittelauftrag ca. eine Stunde. Verwenden Sie das Färbemittel nicht bei Minustemperaturen, aber noch weniger in der prallen Sonne oder bei sehr hohen Temperaturen im Sommer. Hitze sorgt für fleckige Ergebnisse durch zu schnelles Abtrocknen. Auch warme oder heiße Flächen dürfen niemals damit behandelt werden! Die optimale Verarbeitungstemperatur liegt zwischen 15° und 20°C.

Mischen Sie sich die passende Farbe zusammen, bis der Farbton eindeutig dem Originalbezug entspricht. Gleichen Sie die Farbe immer an der unmittelbaren Umgebung des zu färbenden Defekts an. Nur so ist eine optimale Farbangleichung garantiert! Wenn Sie Kunstleder umfärben möchten, bedenken Sie bitte, dass hell auf dunkel leichter zum Erfolg führt, als dunklen Farben ein helles Aussehen zu verleihen.

Rühren Sie die angemischte Farbe gut durch, nur so lassen sich Regenbogeneffekte vermeiden.

WARNUNG: Testen Sie an unsichtbarer Stelle, ob sich das Kunstleder für eine Behandlung eignet. Ist eine gute Haftung ohne Flecken sichtbar, können Sie mit dem eigentlichen Farbauftrag beginnen. Achten Sie unbedingt auf Staubfreiheit! Fusselpullover stören! Sorgen Sie unbedingt für staub- und fusselfreie Kleidung.

Wenn Sie größere Flächen behandeln möchten, decken Sie alle umgebenden Bereiche mit der Malerfolie ab, auch den Teppich. Für Färbungen, die an anderen, nicht zu färbenden Flächen (Stoff) angrenzen, benutzen Sie das Abklebeband.
Die zu färbenden Bereiche mit einem Schwamm und etwas Wasser leicht anfeuchten und sofort mit einem trockenen Tuch abtupfen. Das Wasser darf nicht verlaufen! Nur ein wenig Feuchtigkeit ist erlaubt.
Tragen Sie die Farbe vorsichtig mit einem weichen, feuchten Schwamm auf die Flächen auf. Kleine Beschädigungen nur abtupfen, größere segmentweise einfärben.
Haben Sie etwas Farbe auf umliegende Flächen geschmiert, können Sie das Übel sofort mit Wasser wegwischen.

Nehmen Sie den Haarfön zur Hand. Fönen Sie die gefärbten Flächen mit einem Mindestabstand von ca. 30 cm langsam über. Falls Sie mit der Farbe nicht zufrieden sind, können Sie den Färbevorgang mehrmals wiederholen. Lassen Sie den Farbauftrag ca. zwei Stunden trocknen.
Nach ca. einer Woche ist die gefärbte Fläche wieder voll belastbar.

WARNUNG: Setzen Sie sich nicht auf die gefärbten Flächen. Das hat bittere Folgen für Ihre Kleidung und für das gefärbte Kunstleder.
Lösemittelhaltige Reiniger und Pflegemittel sind für immer tabu! Auch harte Schwämme verträgt die Farbschicht nicht!

PROFITIPP: Verschließen Sie die angemischte Farbe sorgfältig und luftdicht! Bei Bedarf oder kleinen Blessuren können Sie die Farbe sofort wieder einsetzen.

WARNUNG: Die Färbemittel eignen sich nicht für Bedienungselemente und Lenkrad. Helle Farben dürfen niemals großflächig auf den oberen Armaturenbrettbereich aufgetragen werden. Das führt unweigerlich zu Spiegelungen in der Windschutzscheibe und sorgt für einen garantierten Blindflug bei starkem Lichteinfall. Lediglich kleine Ausbesserungen sind erlaubt.

effax LederCombi
Wir kommen immer wieder darauf zurück! Für die optimale Dauerpflege aller Glattlederarten ist dieses Pflegemittel nicht zu übertreffen und eignet sich ganz besonders für die regelmäßige Lederpflege.

effax Lederbalsam
Das richtige Mittel für restaurierungsbedürftige Lederpolster und Verkleidungen. Besonders für betagte Lederausstattungen ist dieses Produkt optimal geeignet.

CAR-PT CARE Leder-Pflege
Eine gute Lederpflege fettet nicht, verstopft keine Poren und setzt sich nicht in Nähten fest. Das Produkt reinigt etwas und pflegt ganz viel in einem Arbeitsgang. Es erzeugt obendrein einen angenehmen Lederduft.

Polyboy Lederpflege
Das beste Mittel für alle Raulederarten reinigt, pflegt und schützt vor Wasserflecken. Nach der Behandlung muss das Wageninnere gut gelüftet werden.

Kunststoffe am Fahrzeug-Außenbereich

Lexan – Plexi – Weichplastik

Transparente Kunststoffe haben für die Autoindustrie in den vergangenen Jahren immer mehr an Bedeutung gewonnen und werden für unterschiedliche Bauteile am Fahrzeug genutzt. So finden sie Kunststoffe am Fahrzeug-Außenbereich nicht nur an Blinkerabdeckungen oder Rückleuchten wieder, auch die Scheinwerfer sind aus Spezialkunststoffen hergestellt. Klopfen Sie doch mal auf die Scheinwerfergläser, wenn Sie über ein Fahrzeug jüngeren Datums verfügen. Dort findet sich bestimmt kein richtiges Glas, sondern ein kratzfester Kunststoff namens Makrolon oder Lexan. Im Rückleuchten- und Blinkerbereich dagegen wird Acrylglas verwendet. Im Gegensatz zu Makrolon und Lexan lässt sich das Acryl- oder Plexiglas schleifen und polieren. Scheinwerfer älterer Fahrzeuge sind meistens noch aus Acrylglas gefertigt.

! ANMERKUNG: Acrylglas auf der Basis von Polymethylmethacrylat wird in gegossener Form für Blinker und Rücklichtgläser im Fahrzeugbau eingesetzt. Auch in der Vakuumformtechnik lässt sich dieser lichtdurchlässige Kunststoff konturenscharf als Leuchtenabdeckung umformen.

Ein kleines Loch mit großer Wirkung! Dringt Wasser in das Rücklichtgehäuse, kann das unangenehme Störungen in der Elektrik zur Folge haben!

In den vergangenen Jahren wurden die Beleuchtungskörper am Fahrzeug in das Styling mit eingebunden. Die einzelnen Leuchten, ob vorn oder hinten, sind immer größer und auffälliger geworden. In alten Zeiten musste der Hintermann schon gut aufpassen, wohin sich der Vordermann bewegen wollte oder ob er die Absicht, sein Fahrzeug anzuhalten oder abzubiegen, mit einem Funzellämpchen kundtat. Lange vorbei sind die Zeiten, wo sich an den Fahrzeugseiten ein sog. Winker befand. Dieses Teil kam dann aus der Versenkung und bewegte sich auf und nieder. Doch heute braucht man für manche Rückleuchten sogar im Dunkeln eine Sonnenbrille, so hoch ist die Leuchtkraft. Das ist auch gut so, denn es dient natürlich nur der Sicherheit.

Solange diese Beleuchtungs-, Sicherheits- und Richtungsanzeiger auffällig leuchten können, ist die Welt in Ordnung. Was nützt Ihnen eine ausgewechselte Glühlampe, wenn diese nicht ausreichend durch das Gehäuse strahlen kann. Hatten Sie vielleicht gerade ein größeres Missgeschick, wodurch nur eine Rück- oder Blinkleuchte ausgetauscht werden musste? Dann funkelt nur noch eine Seite, die andere bleibt in ihrem traurigen Zustand, es sei denn, Sie möchten das ändern.

Durch alle möglichen Einflüsse wie Steinschlag, Staub- und Sandpartikel, kratzige Waschmaterialien, unachtsame Parkplatznachbarn, die Begegnung mit stacheligen Büschen usw. werden auch diese Bauteile in Mitleidenschaft gezogen und bleiben mit Sicherheit nicht vor Beschädigungen verschont. Was nützt Ihnen ein glänzender Lack, wenn die Leuchten aussehen wie Milchglas. Außerdem können Löcher in diesen Bauteilen zu einem teuren Vergnügen werden. In den Scheinwerfergläsern zerstört eindringende Feuchtigkeit die Reflektoren und beeinträchtigt die Leuchtkraft. An den Rückleuchten oder Blinkern können schwere Schäden auch an der Elektrik auftreten. Für solche Fälle gibt es Möglichkeiten, diese Löcher wirkungsvoll und kostengünstig zu stop-

Schöne Kunststoffglaswelt! Je größer, desto auffälliger! Aber ohne Pflege bleibt die Oberfläche nicht auf Dauer in diesem leuchtenden Zustand!

fen. Beim Wiederverkauf sollten Sie allerdings die Gläser austauschen oder den zukünftigen Besitzer auf ihre Reparaturkünste hinweisen.
Trauen Sie sich die Reparatur nicht zu, können Sie die Hilfe eines Fachbetriebs in Anspruch nehmen.

WARNUNG: Bevor Sie defekte Kunststoffleuchten reparieren oder aufarbeiten, fragen Sie zuerst bei Ihrem Autohaus nach, aus welchem Material diese gefertigt sind.

WARNUNG: Lexan und Makrolon sind kratz- und bruchfeste Transparentkunststoffe. Dieser Polycarbonat-Kunststoff ist ein praktisch unzerbrechlicher, technischer Thermoplast. Lexan und Makrolon werden als Scheinwerferabdeckung verbaut. Sie lassen sich leider bei Kratzern und Beschädigung weder schleifen noch aufpolieren! Eine Reparatur bei durchgeschlagenen Löchern ist aber dennoch möglich!

Schrammen und Kratzer an Rücklicht- und Blinkergehäusen beseitigen

Prüfen Sie zuerst, ob die Kunststoffabdeckungen keine Löcher aufweisen. Alle durchgeschlagenen Beschädigungen müssen zuerst, je nach Beschädigung, ausgetauscht oder repariert werden.

Nur was richtig glänzt, kann auch optimal leuchten! Mit einem kleinen Poliertest lässt sich der Unterschied sofort ausmachen!

Arbeitsmittel
Kunststoffpolitur oder Lackreiniger, feine Schleif- oder Polierpaste, eine hochwertige Lackversiegelung, zwei weiche Baumwolltücher, ein Microfaserpoliertuch, eine Zahnbürste.

So wird's gemacht
Vor der Behandlung müssen die Kunststoffabdeckungen gründlich gereinigt werden. Haftende Sandpartikel, auch in den Rillen, können der Oberfläche zusätzlich Schaden zufügen.

Leichte Schrammen:
Etwas Kunststoffpolitur oder Lackreiniger auf ein weiches Baumwolltuch geben. Mit leichtem Druck gegen die Laufrichtung der vorhandenen Spuren arbeiten. Achten Sie darauf, dass immer ausreichend Poliermittel auf dem Tuch vorhanden ist.
So werden einfach und schnell leichte Mattierungen, Abrasionen von Waschmaterialien und feine oberflächliche Schrammen erfolgreich beseitigt.
Mit einem sauberen, weichen Microfaserpoliertuch die behandelte Oberfläche blank reiben, bis sämtliche Reste des Poliermittels beseitigt sind. Auf den meisten Kunststoffabdeckungen, ob Blinker oder Rücklicht, befinden sich gravierte, fühlbar erhabene Zahlen und Buchstaben, sog. Freigabebezeichnungen (Nummer) und Prüfzeichen. Wenn Sie genau hinsehen, können Sie sogar lesen, was da drauf steht. Nehmen Sie die Zahnbürste zur Hand und entfernen Sie auch hier sämtliche Rückstände, damit die Schadensbekämpfung nicht für alle Zeiten durch weißliche Schatten sichtbar bleibt. Behandeln Sie das Kunststoffgehäuse anschließend mit einer Lackversiegelung (keine Konservierung). Tragen Sie etwas Versiegelung auf, zwei Stunden trocknen lassen, mit einem weichen Mikrofaserpoliertuch restlos abwischen. Vorgang nochmals wiederholen. Sie können den zweiten Auftrag auch über Nacht wirken lassen. Vergessen Sie aber nicht, diesen vor Ihrer Fahrt zur Arbeit am nächsten Morgen wieder abzupolieren!

Kratzer und tiefer gehende Oberflächenbeschädigungen:
Sind die Spuren tiefer oder handelt es sich sogar um deutlich sichtbare Kratzer, dann muss die Beschädigung durch Schleifen behoben werden. Das geht aber nur, wenn Sie sich das auch wirklich zutrauen. Für die Lackbehandlung ist der Tatendrang meistens groß, bei Kunststoffgehäusen jedoch verlässt viele private Autopfleger der Mut! Das muss nicht sein! Wenn Sie sich genau an unsere Anweisungen halten und auch keine unnötige Kraft einsetzen, hat Ihr Reparaturwunsch Chancen auf Erfolg.

Eine stark zerkratzte Kunststoffoberfläche ist nicht so anfällig wie immer geglaubt wird. Mit feinem Schleifpapier lässt sich so mancher Kratzschaden wieder beseitigen.

Arbeitsmittel
Kunststoffpolitur oder Lackreiniger, feine Schleif- oder Polierpaste, eine hochwertige Lackversiegelung, mehrere weiche Baumwolltücher, ein Microfaserpoliertuch, Schleifpapier 2000er – 3000er Körnung, eine Zahnbürste, ein kleiner Behälter mit Wasser und etwas Geschirrspülmittel.

WARNUNG: Verwenden Sie niemals grobkörnigeres Schleifpapier als das 3000er! Die Schäden sind nicht mehr so einfach wegzubekommen. Das kann dann vielleicht nur noch ein Fachbetrieb.
Vorsicht! Entfernen Sie die Freigabe- und Prüfzeichen nicht mit dem Schleifpapier!

So wird's gemacht
Weichen Sie das Nassschleifpapier in Geschirrspülmittelwasser mindestens 1 Stunde ein. Dadurch wird es schön flexibel.
Das durchgeweichte 2000er Schleifpapier aus dem Behälter entnehmen. Mit dem Papier vorsichtig diagonal gegen die Kratzer

Mehrere Arbeitsgänge sind nötig! Nur kurz drübergeschmiert bringt keinen Erfolg! Im Gegenteil: noch mehr Kratzer und eine milchig wirkende Oberfläche kommen dann wieder zum Vorschein!

Sorgfältig auspoliert! Mit etwas Schleif- oder Polierpaste lässt sich die Oberfläche perfekt ausglätten!

Vergessen Sie die Zahnbürste nicht! Sonst kann jeder ihre Polieraktion an den Poliermittelresten in den Freigabezeichen begutachten!

Das hat sich doch gelohnt. Nach einer aufwendigen und anstrengenden Aufpolierarbeit blendet das Rücklicht den Betrachter! Ein Anblick wie neu gekauft!

schleifen. Mit einem weichen Tuch alles abwischen. Ist die Fläche spurenfrei und Kratzer nicht mehr sichtbar, mit dem 3000er Schleifpapier noch einmal leicht diagonal zum vorherigen Schleifbild die Fläche bearbeiten, um alle tieferen Schleifspuren des 2000er Nassschleifpapiers aufzuheben. Befinden sich jedoch, trotz Ihrer Bemühungen noch kleine Kratzspuren auf der behandelten Fläche, können Sie den Vorgang nochmals vorsichtig wiederholen. Mit einem weichen Tuch nachwischen. Erschrecken Sie nicht! Jetzt zeigt sich eine stark matte Oberfläche. Diese müssen Sie wieder auf Hochglanz polieren.
Derartige, feine Spuren sind wieder fast mühelos mit Kunststoffpolitur oder Polierpaste (ohne Körnung) zu entfernen. Auch hierbei müssen Sie wieder diagonal zu dem vorhandenen Schleifbild arbeiten. Alle Poliermittelreste unbedingt mit einem Mikrofaserpoliertuch abnehmen. Die sehr glatte Oberfläche verträgt keine Scheuerlappen. Dann war die Arbeit umsonst. Damit nach der Politur wieder ein perfekter Oberflächenschutz und Tiefenglanz eintritt, sollte das mühsam erzeugte Glanzergebnis mit einer hochwertigen Versiegelung bearbeitet werden, siehe leichte Schrammen. Vergessen Sie nicht, die Zahnbürste zu benutzen, um die Freigabezeichen wieder einwandfrei sichtbar zu machen.

Liquid Glass hat ganz besondere Qualitäten. Es eignet sich auch für Alu- und Chromfelgen, Plexiglas und Lexan.

Reparatur von Rücklicht- und Blinkergehäuse

WARNUNG: Für Blinkergehäuse an den Kotflügeln ist das Reparaturset nicht geeignet! Hier hilft nur der sofortige Austausch!

P **PROFITIPP:** Wenn Sie ein perfektes Rücklicht- oder Blinkergehäuse haben möchten, empfehlen wir Ihnen, die Behandlung der Oberfläche (siehe Anweisungen Schrammen und Kratzer) vor der eigentlichen Reparatur durchzuführen!

Wie schon erwähnt, sorgen Löcher in allen Beleuchtungsgehäusen immer zu größeren Geldausgaben. Ein neues Rücklichtgehäuse kostet schon ein paar Euro, es sei denn, Sie kennen einen gut sortierten Recyclinghändler (früher Schrottplatz oder auch Autofriedhof genannt). Doch meistens ist der Fundus dort nur auf ältere Modelle zugeschnitten. Ausnahme machen aber auch traurige Totalschäden, die jedoch leider recht selten zu finden sind. Da waren die Unfallauto-Aufkäufer meistens schneller am Zug.

Haben Sie sich so ein hässliches Loch eingehandelt, sollten Sie es umgehend zustopfen. Notfalls bei seiner Entdeckung mit ganz normalem Isolierband, später können Sie es dann reparieren.

WARNUNG: Solange Sie das Loch nicht beseitigt haben, machen Sie unbedingt einen großen Bogen um jede automatische Waschanlage. Eindringende Wassermengen verursachen schwere Schäden an der Elektrik sowie an allen anderen im Gehäuse befindlichen Bauteilen.

PROFITIPP: Für ganz schnelle und einfache Reparaturen gibt es ein spezielles Reparaturband in Farbe. Das Loch ist abgedichtet und kein Wasser kann eindringen!

WARNUNG: Die folgende Anwendung ist nur für Geschickte mit handwerklichen Fähigkeiten, die mehr als nur eine Glühbirne in die Lampe schrauben können.

Arbeitsmittel
Ein spezielles Reparaturset aus dem Autozubehör, Fleckenwasser, ein weiches Tuch, eine weiche, kratzsichere Unterlage (Gummimatte, altes Bettlaken), ein Lineal oder Ähnliches, Scheibenreiniger, ein sauberer, kleiner Kunststoffbehälter, ein kleiner Kunststoffspachtel, Klebeband, ein Glasschaber

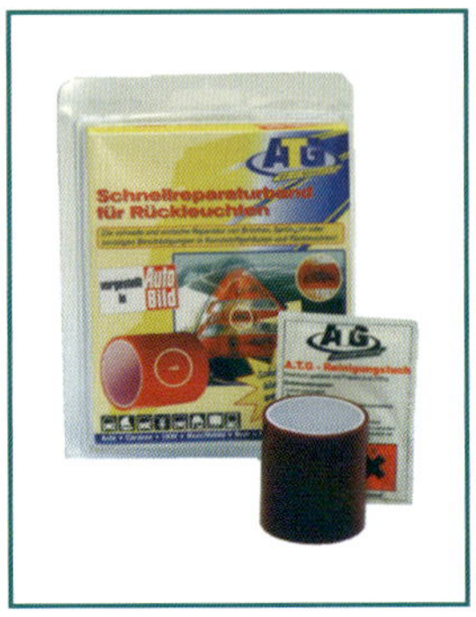

ATG Schnellreparaturbänder
Schnelle Hilfe! Die unkomplizierte Handhabung verhindert Schäden an der empfindlichen Elektrik. Das Reparaturband ist bei exakter Anwendung nahezu unsichtbar!

ANMERKUNG: Wenn Sie sich ein Reparaturset kaufen, können möglicherweise Änderungen in deren Gebrauchsanweisungen auftreten!

So wird's gemacht
Für diese Reparatur muss das Rücklichtgehäuse ausgebaut werden. Wenn Sie keine ausreichenden Hobbymechanikerkenntnisse haben, lassen Sie das von ihrer Autowerkstatt erledigen. Auch der Wiedereinbau wird dort mit Sicherheit fachmännisch ausgeführt. Selbst wenn das ein paar Euro kostet, es ist immer noch besser als nach einem Aus- oder Einbau einen noch teureren Defekt zu verursachen.

WARNUNG: Das Ganze hat nur einen Haken: Sie dürfen mit dem Fahrzeug nicht mehr auf öffentlichen Straßen fahren!

Wenn Sie in der Autowerkstatt Kunde sind, wird man Ihnen vielleicht ein Ersatzgehäuse zu Verfügung stellen, ansonsten können Sie einen netten Menschen bitten, Sie mit der wertvollen Fracht dort abzuholen.
Ist das Glühlampenloch bzw. die Glühlampenfassung groß genug, brauchen Sie die folgende Warnung nicht zu beachten.

WARNUNG: Ein weiteres Problem ist eine eventuell notwendige Bohrung, um an die Schadensstelle von innen heranzukommen. Auch hier brauchen Sie wieder fachmännische Hilfe! Lassen Sie sich in ihrer Autowerkstatt bei Bedarf ein Loch direkt gegenüber der Reparaturstelle bohren. Das Bohrloch darf nicht größer sein als 6 mm!

Da kommt keine Freude auf! Solch ein großes Loch muss möglichst sofort gestopft werden, um schlimmeren Schaden zu verhindern!

Das Spezialklebeband in Rücklichtfarbe kann den ersten Schmerz lindern. Für die dauerhafte Beseitigung ist aber ein Austausch nötig!

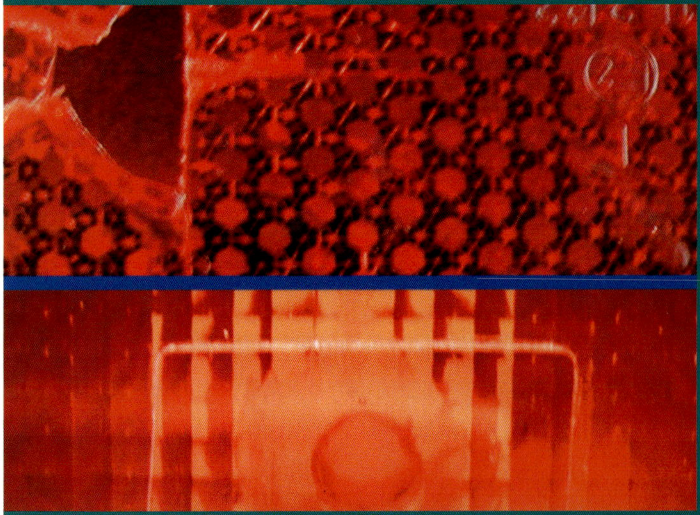

Kleinere Löcher können oft mit einem Reparaturset wirksam geschlossen werden. Für ein paar Euro und mit etwas Geschicklichkeit lässt sich eine solche Arbeit durchführen!

Für die Reparatur benötigen Sie außerdem auch eine Umgebungstemperatur von ca. 10°- 30°C.
Reinigen Sie das Gehäuse sorgfältig mit etwas Scheibenreiniger. Nehmen Sie das Reparaturset zur Hand. Der Inhalt bringt mehrere Utensilien zum Vorschein. Halten Sie sich ganz genau an die Anweisungen, die wir Ihnen aufzeigen. Sonst ist der Reparaturversuch umsonst und Sie müssen doch ein neues Gehäuse erwerben.

Messen Sie mit einem Lineal oder Ähnlichem die Reparaturstelle. Bloßes Augenmaß ist zu ungenau!
Nehmen Sie die entsprechende Formmaske, die der Beschädigung in seiner Größe am nächsten kommt.
Ziehen Sie die ausgewählte Formmaske vorsichtig von der Folie ab. Platzieren Sie die passende Maske genau mittig (zentriert) um die Beschädigung an der Außenseite des Gehäuses. Mit den Fingern vorsichtig andrücken, aber dabei die Maske nicht verschieben! Die Formmaske muss exakt aufliegen, ohne Falten und Wellen! Klappt das nicht, können Sie die Maske noch einmal platzieren und andrücken.
Schneiden Sie sich das passende Stück aus der Klarsichtfolie aus. Als Maß können Sie das Auflagepapier der Maske benutzen. Drücken Sie die ausgeschnittene Folie genau in die Formmaske. Zur Sicherheit können Sie einen Streifen Klebeband fest über Folie und Formmaske kleben. Achten Sie darauf, dass die Formmaske nicht verrutscht! Jetzt müssen Sie die Reparaturflüssigkeit vorbereiten. Verschlusskappen entfernen. Entleeren Sie den Härter und das Harz aus den Spritzen in ein kleines Kunststoffgefäß.

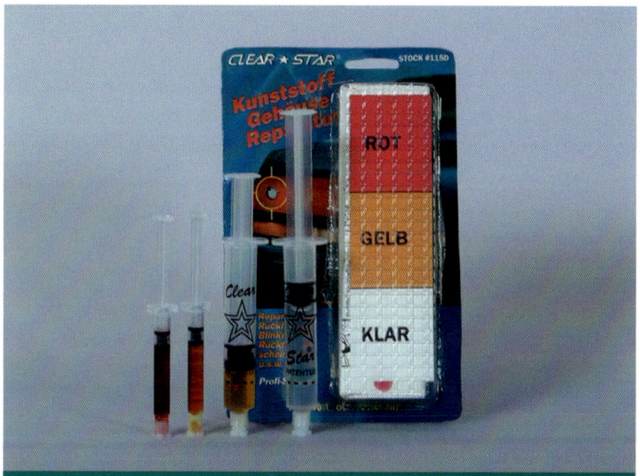

ATG Kunststoffgehäuse Reparaturset
Mit diesem Reparaturset können Sie gebrochene und durchlöcherte Rückleuchten professionell reparieren. Mit etwas Geschicklichkeit lässt sich ein passables Ergebnis erzielen.

Achten Sie darauf, dass beide Flüssigkeiten immer gleichmäßig zusammenlaufen!

WARNUNG: Halten Sie die beigelegten Spritzen immer zum Öffnen nach oben! Sonst läuft Ihnen die wertvolle Flüssigkeit aus.

Jetzt können Sie die Farbe bestimmen, die der Schadstelle entspricht. Entleeren Sie die gewählte Farbe. Bei Klarsichtgehäusen brauchen Sie selbstverständlich die Farbpigmente nicht. Die sind nur für Rot oder Gelb bzw. Orange geeignet.

Rühren Sie mit dem Kunststoffspachtel die ganze Masse ordentlich durch, bis eine gleichmäßige Färbung sichtbar ist.

In der Packung befindet sich ein kleines Plastikröhrchen. Stecken Sie das Verlängerungsrohr auf eine der Spritzen.

WARNUNG: Prüfen Sie unbedingt den festen Sitz des Röhrchens! Fällt es während des Einfüllens in die Schadensstelle, können Sie die Reparatur vergessen! Die Flüssigkeit würde sofort auslaufen!

Schieben Sie den Kolben einer Spritze ganz nach unten! Ziehen Sie die gemischte Harzflüssigkeit vorsichtig und ohne Blasenbildung auf (Wenn Sie eine Krankenschwester kennen, um so besser). Sie müssen das Röhrchen immer in der Flüssigkeit halten, bei Bedarf können Sie den Mischbehälter etwas schräg stellen.

Sind an der Außenfläche Bruchstücke lose sichtbar, können Sie diese mit einer Stopfnadel oder einem Bastelskalpell vorsichtig abnehmen. Entfernen Sie alle Splitter und Bruchstücke sorgfältig aus dem Gehäuse.

WARNUNG: Brechen Sie keine Stücke unnötig heraus. Dann wird die Schadensstelle noch größer!

Legen Sie das Gehäuse mit der Außenseite auf eine weiche, kratzfreie Unterlage. Am besten eignet sich eine Gummimatte mit einem ausgedienten Bettlaken.

Stecken Sie die aufgezogene Spritze mit dem Röhrchen durch die Lampenöffnung (oder das Bohrloch) direkt in die Schadensstelle. Den Kolben der Spritze langsam und mit Geduld nach unten drücken. Flüssigkeit solange verfüllen, bis ausreichend davon in der Schadensstelle ist. Haben sich Blasen gebildet, können Sie diese durch leichtes Klopfen von außen auf die Klarfolie beseitigen.
Wenn Sie eine Riffelung einsetzen möchten, können Sie die Riffelfolie aus dem Reparaturset verwenden. Wenn Sie keine Riffelfolie benötigen, muss die reparierte Stelle vier Stunden aushärten!

WARNUNG: Warten Sie unbedingt eine Stunde, bevor Sie die Riffelfolie aufbringen.

Anbringen der Riffelfolie:
Schneiden Sie aus der geriffelten Fläche ein Stück aus, das ungefähr der Größe des Schadens entspricht. Für kleine Löcher eignet sich die Folie nicht. Jetzt können Sie die Riffelfolie exakt nach der Größe des Schadens ausschneiden. Nehmen Sie die Abmessungen, die Sie für das Anbringen der Formmaske benutzt haben.
Nun müssen Sie die ausgeschnittene Folie nur noch auf dem Lampenloch anbringen. Drücken Sie die Folie ein wenig zusammen und setzen Sie sie direkt auf die Schadensstelle. Mit einem Bleistift (Rückseite) können Sie dann die Riffelfolie andrücken.

WARNUNG: Das Gehäuse muss unbedingt sicher auf der Unterlage liegen bleiben, sonst könnte das Harz wieder auslaufen!

Nach mindestens vier Stunden Aushärtungszeit können Sie die Formmaske entfernen und das Gehäuse wieder einbauen.

Sind noch kleine Unebenheiten auf der Fläche zu sehen, können Sie diese mit einer Rasierklinge oder einem schräg angewinkelten Glasschaber vorsichtig beseitigen. Kleinste Reste lassen sich auch mit etwas Aceton oder Verdünner beseitigen. Dafür brauchen Sie ein Wattestäbchen. Tauchen Sie es in das Lösemittel.

Die Unebenheiten vorsichtig abtupfen und mit einem sauberen, fusselfreien Tuch nachwischen.

Weichplastik – PVC – Plexiglas®

ANMERKUNG: PVC – bedeutet Polyvinylchlorid. Es ist ein Standardkunststoff, der durch unterschiedliche Verfahren und Zusätze als Hart- oder Weichkunststoff hergestellt wird. Plexiglas ist ein glasartiger, durchsichtiger Kunststoff aus Polymethacrylaten und ein eingetragenes Warenzeichen!

Flexible und transparente Weichkunststoffe finden immer dort Einsatz, wo bewegliche Bauteile durch starre Elemente ersetzt werden. Ganz besonders bei allen Verdecken, ob Cabrio- oder Off-Road-Fahrzeuge und auch bei Planen von Nutzfahrzeugen. Weichplastikscheiben werden entweder eingenäht oder eingeklebt und sind an den Kanten mit unterschiedlichen Einfassungen abgedichtet, entweder mit einer breiten Gummileiste, einer schmalen Kunststoffleiste oder aber der Verdeckstoff liegt offen neben dem Weichplastikfenster.
Die Pflege dieser Weichplastikscheiben ist ein ganz besonderes Thema. Während die Verglasung am Fahrzeug schon einiges verträgt, sind für diese Scheiben jegliche Angriffe mit harten oder kratzigen Gegenständen ein sicherer Garant für eine Oberflächenbeschädigung.

Da ist noch was zu retten! Der Blick nach hinten ist stark getrübt!

Aus der Nähe betrachtet zeigt sich der wahre Zustand der Weichplastikscheibe! Matt, fast undurchsichtig und glanzlos!

Erblindet die Scheibe mit der Zeit, ist das aber nicht das einzige Übel. Die Scheibe wird außerdem hart und brüchig und ist somit anfällig für Wassereinbruch. Ein weiteres Problem entsteht beim Umklappen. Auch hierbei kommt es zu Knick- und Scheuerstellen, die dem Plastikmaterial stark zusetzen. Befindet sich die Scheibe erst mal in so einem hoffnungslosen Zustand, ist ein Austausch beim Autosattler nicht mehr zu umgehen.

PROFITIPP: Legen sie ein Frotteehandtuch beim Einklappen unter die Scheibe. Dadurch verhindern Sie Kratzer und Scheuerstellen, die durch die darunter liegende Fläche entstehen können.

Der Austausch solcher Bauteile kostet eine Menge Geld. Ein weiterer Aspekt ist die Verkehrssicherheit. Mit einer völlig blinden Scheibe können Sie keine Hindernisse mehr klar erkennen und auch den rückwärtigen Verkehr nicht so beobachten, wie es die Sorgfaltspflicht im Straßenverkehr vorschreibt. Mit anderen Worten heißt das: Besitzer undurchsichtiger Weichplastikscheiben sind ein echtes Verkehrsrisiko! Wer eine Brille trägt, weiß, wie es sich anfühlt, durch beschlagene Gläser seine Umwelt beobachten zu müssen.

WARNUNG: Alle Fahrzeuge mit Weichplastikscheiben gehören nicht in eine Bürstenwaschanlage! Eine Wäsche in einer Selbstwaschbox oder einer mit Textilmaterialien ausgestatteten Waschanlage ist dagegen erlaubt!

PROFITIPP: Wenn Sie über die Straßen fahren, achten Sie doch mal darauf (an sonnigen, warmen Tagen macht das keinen Sinn), wie viele Cabriobesitzer keinen Durchblick mehr nach hinten oder sogar zur Seite haben. Sie werden staunen. Es wird Ihnen kaum eine blank geputzte und obendrein noch klarsichtige Weichkunststoffscheibe begegnen!

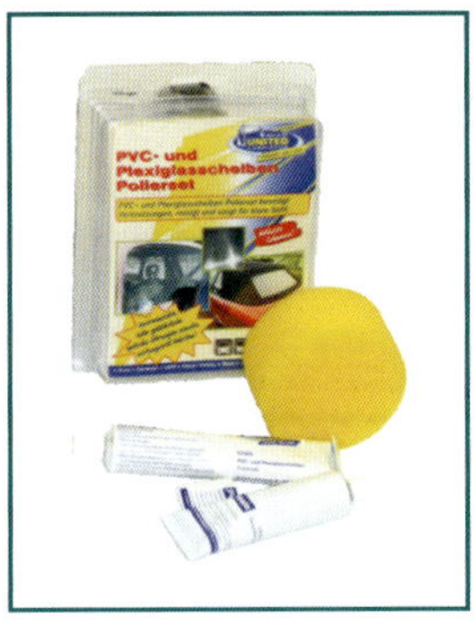

ATG PVC- und Plexiglasscheiben-Polierset
Mit diesem praktischen Set lässt sich fast jede undurchsichtige PVC-Plexiglasscheibe wieder zu einer klaren und sicheren Durchsicht bearbeiten.

Stark beanspruchte PVC – oder Plexiglasscheiben polieren
Eine vernachlässigte Weichplastikscheibe ohne Durchblick lässt sich mit etwas Mühe und einer einfachen Poliermethode schnell wieder zu einer Klarsichtscheibe verwandeln. Vergessen Sie die Innenseite nicht!

Arbeitsmittel
Polierpaste, Kombi-Politur, ein sehr weicher Schwamm, ein sehr weiches Tuch, evtl. Klebeband, ein Radiergummi, eine harte Zahnbürste

So wird's gemacht
Bevor Sie die Scheibe mit Poliermitteln bearbeiten, müssen Sie alle Schmutzpartikel gründlich entfernen.
Geben Sie etwas Polierpaste auf einen weichen Schwamm. Mit ganz kleinen kreisenden Bewegungen von einer Seite zur ande-

Die Polierpaste ist für alles gut! Mit kleinen kreisenden Bewegungen und mäßiger Druckausübung auf die Plastikoberfläche verschwinden die Schrammen und Ablagerungen von der Oberfläche. Nicht erschrecken! Nach dem Auftragen der Polierpaste bildet sich ein sehr fester Belag!

Am allerbesten eignet sich die richtige Poliermaschine. Es geht einfacher und der Erfolg ist schnell erreicht! Diese Anwendung ist allerdings nur für alle, die sich das auch wirklich zutrauen!

ren abschnittsweise die Scheibe kräftig und vor allen Dingen mit gleichmäßigem Druck polieren.

Verwenden Sie die Polierpaste sehr sparsam. Achten Sie darauf, dass sich immer genug Paste zwischen Schwamm und Scheibe befindet. So vermeiden Sie unnötige Schrammen. An den Ecken müssen Sie besondere Sorgfalt walten lassen. Zwischendurch brauchen Sie die Scheibe nicht abzuwischen.

P **PROFITIPP:** Weichplastikscheiben, die keine extra Gummi- oder Kunststoffleiste am Rand aufweisen, können Sie mit Abklebeband vor Poliermitteln schützen. Kleben Sie das Klebeband aber niemals auf die Weichplastikscheibe, sondern nur auf die umliegende Verdeckfläche.
Wenn Politurreste auf das Verdeck gelangt sind, können Sie diese mit einer Zahnbürste und einem Radiergummi wieder spurenlos entfernen.

Ist die Weichplastikscheibe komplett mit der Polierpaste behandelt, wird diese mit einem sehr weichen Tuch nur oberflächlich abgewischt. Es bleibt dann immer eine sehr blinde Fläche sichtbar. Erschrecken brauchen Sie deshalb aber nicht! Nehmen Sie einen sauberen, weichen Schwamm zur Hand. Etwas Kombi-Politur darauf geben und den Vorgang nochmals wiederholen. Kurz trocknen lassen und mit einem weichen Tuch gründlich blank reiben.

WARNUNG: Hinuntergetropfte Politur lässt sich nur sehr schwer entfernen. Besonders gefährlich wird es bei Ledersitzen und Bezügen. Nehmen Sie sofort heißes Wasser und wischen Sie die bekleckerten Stellen damit gründlich sauber. Anschließend mit einem Tuch trocken nachwischen.

Dauerhafte Klarsicht für alle Weichplastikscheiben
Schnelle Hilfe für zwischendurch bringt eine hochwertige Kombi-Politur. Das ist dann fast so leicht wie Scheibenputzen.
Wenn Sie in regelmäßigen Abständen Pflegedienst am Kunststoff-Fenster leisten und es mit einer hochwertigen Kombi-Politur behandeln, unterstützt das auch die Weichheit und Flexibilität. Der Kunststoff wird optisch und chemisch restauriert. Das führt garantiert zu einer langen Lebensdauer und Ihre Mühe wird mit einem immer klaren Durchblick belohnt.

Arbeitsmittel
Ein sehr weicher Schwamm, etwas Kombi-Politur, ein sehr weiches Tuch

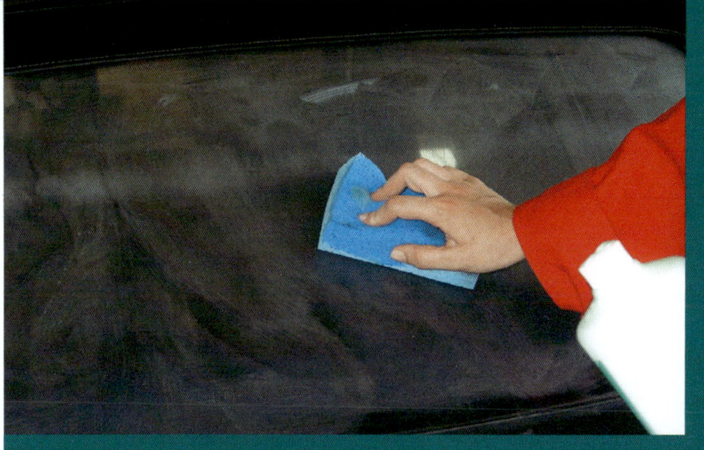

Ist die erste Polierprozedur beendet, wird die Kombi-Politur direkt in den noch aufliegenden Belag der Polierpaste eingerieben. Dadurch löst sich das Ganze auf und heraus kommt eine Heckscheibe mit Durchblick!

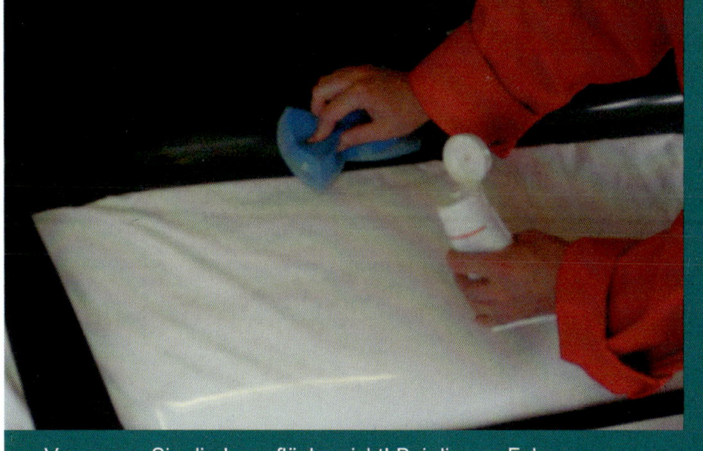

Vergessen Sie die Innenfläche nicht! Bei diesem Fahrzeug ist das ein Kinderspiel! Legen Sie trotzdem unbedingt ein Tuch unter die aufgeklappte Scheibe!

! **SICHERHEITSTIPP:** Niemals dürfen Sie auch nur mit dem Gedanken spielen, Ihre normal verglasten Fahrzeugscheiben damit zu polieren! Das führt garantiert zu einer unkontrollierten Blindfahrt bei entgegenkommendem Licht. Selbstverständlich müssen Sie auch die Scheiben von innen bearbeiten! Decken Sie bitte auch alle in er Nähe befindlichen Flächen der Innenausstattung mit einem Tuch ab.

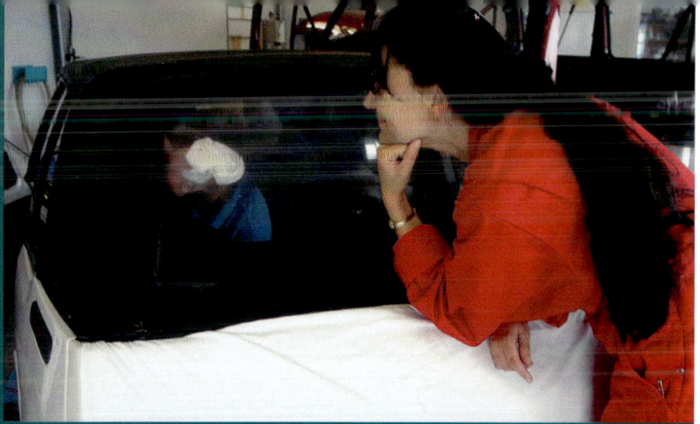

Sichtkontakt! Gemeinsam geht's besser! Für die Spurensuche ist eine Zusammenarbeit mit einer zweiten Person zu empfehlen!

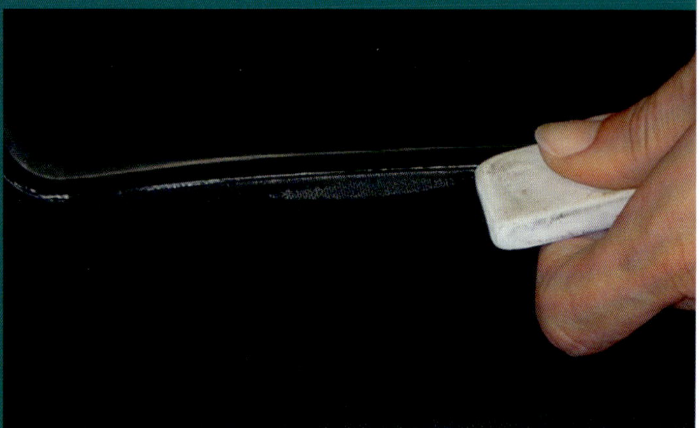

Haben Sie nicht getroffen? Fast immer landen Poliermittelreste auf der Umgebung, besonders dann, wenn Cabrioscheiben nicht mit einer zusätzlichen Leiste umlegt sind! Ein paar Cent für ein Radiergummi und der Schaden ist behoben.

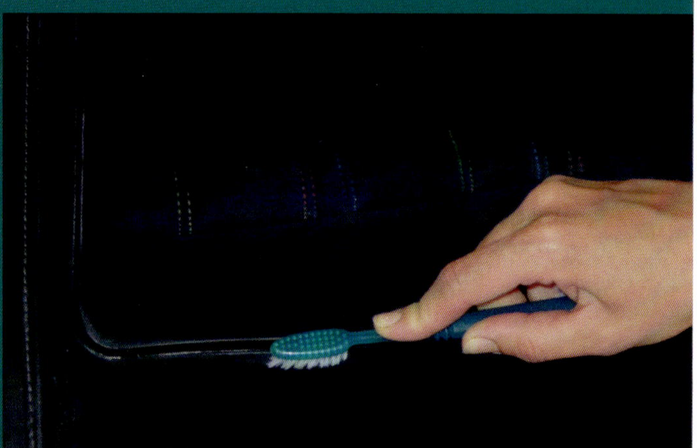

Auch hier hilft wieder einmal die altbewährte Zahnbürste! für eine schön glänzende Weichplastikscheibenoberfläche dürfen natürlich keine häßlichen Spuren zurückbleiben!

Ein schöner Erfolg nach einer mühsamen Polieraktion! Noch verbleibende kleine Restschäden können so direkt beseitigt werden. Je nach Stärke mit Polierpaste oder Kombi-Politur.

Die volle Durchsicht entlohnt für die Fleißarbeit.

So wird's gemacht

Scheibe vor der Behandlung gründlich reinigen! Etwas Politur (Kombi-Lackpflege) auf den Schwamm geben. Mit leichtem Druck die Scheibe gleichmäßig in Kreisbewegungen abreiben, bis die Kratzer und Schlieren verschwunden sind. Poliermittel unbedingt durchtrocknen lassen. Den entstandenen weißlichen Film mit einem weichen Tuch abpolieren.
Für die Dauerpflege können Sie auch ein Spezialprodukt für die Weichplastikscheiben-Restaurierung nutzen. Wenn Sie unsere Hinweise befolgen, haben Sie immer einen klaren Blick nach hinten.

P **PROFITIPP:** Die Innenseite der Scheiben brauchen Sie nicht immer mitzupolieren. Es genügt, wenn Sie diese mit einem weichen Küchenpapier und etwas Scheibenreiniger behandeln. Nur wenn es erforderlich wird, können Sie zur Kombi-Politur greifen.

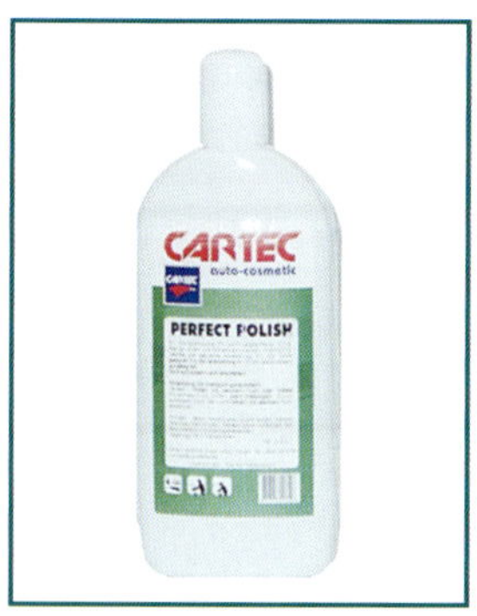

Cartec Perfect Polish

Für alle Fälle und immer wirksam. Wir konnten und können uns seit vielen Jahren auf dieses Produkt verlassen.

Reparatur für Verdeckfenster aus Weichplastik – Cabrio, Off-Road

Bevor Sie sich eine neue Weichkunststoffscheibe kaufen, können Sie diese auch erst mal reparieren. Das verhindert Wassereinbrüche ins Wageninnere, die immer mit weiteren Schäden wie Schimmel und Rost verbunden sind. Verzichten Sie unbedingt auf eine aufwendige Fahrzeugwäsche in einer Selbstwaschbox oder einer textilen Waschanlage, bevor Sie den Schaden nicht behoben haben. Bürstenanlagen sind für alle Weichplastikscheiben absolut tabu!

PROFITIPP: Bevor Sie die Scheibe reparieren, sollten Sie zuerst dafür sorgen, dass Sie wieder einwandfreien Durchblick genießen können. Polieren Sie die Scheibe wie beschrieben schön blank. Dann fällt die glänzende, transparente Reparaturstelle nicht sofort auf. Wenn Sie die Reparaturfolie auf die zerkratze Scheibe aufbringen und dann erst mit der Restaurierung beginnen, bleibt eine milchige Fläche unter der Folie für immer sichtbar.

WARNUNG: Fahrzeug nicht in die Sonne stellen! Eventuell müssen Sie zum Abkühlen erhitzter Scheiben ein schattiges Plätzchen suchen.

Arbeitsmittel
Ein Reparaturset für alle Weichplastikscheiben – PVC- oder Plexiglas, ein halber Eimer (ca. 5 Liter) mit lauwarmem Wasser und einigen Spritzern Geschirrspülmittel, klares Wasser zum Nachwischen, ein sehr weicher Schwamm, ein sehr weiches Tuch, eine Gummirolle, ein kleines Frühstücksbrettchen mit abgerundeten Kanten oder etwas Ähnliches ohne spitze Kanten und raue Oberfläche

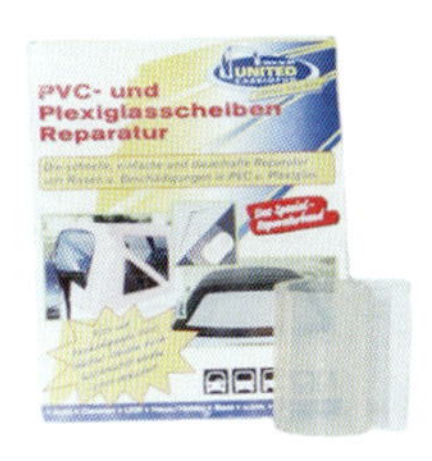

ATG PVC- und Plexiglasscheiben Reparaturset
Mit diesem Set schützen Sie sich vor Wassereintritt. Mit etwas Phantasie lässt sich sogar die Schadensstelle verschönern. Reinigen Sie vorher die gesamte PVC-Scheibe, nur so wird das glasklare Reparaturmaterial an die Umgebung angepasst.

So wird's gemacht
Scheibe gründlich mit Spüliwasser und einem weichen Schwamm reinigen. Alle Rückstände wie Fett u. ä. müssen sorgfältig entfernt werden. Wenn Sie die Scheibe vorher poliert haben, können Sie die Reparaturstelle gründlich mit Scheibenreiniger und einem sauberen Tuch säubern. Mit klarem Wasser nachwischen. Mit einem weichen, absolut sauberen Tuch trocken wischen. Mindestens eine Stunde trocknen lassen, um wirklich alle Feuchtigkeit zu vertreiben. Wenn Sie die Scheibe dauerhaft und so wenig sichtbar wie möglich verkleben möchten, brauchen Sie etwas Fingerspitzengefühl und eine geduldige Hilfskraft.

PROFITIPP: Nehmen Sie ein kleines Stück transparentes Klebeband. Kleben Sie es auf eine gereinigte Stelle unweit der Schadensstelle. Bleibt das Band kleben (vergessen Sie nicht, es auch wieder abzunehmen), können Sie mit der Reparatur beginnen. Wenn nicht, müssen Sie den Reinigungsvorgang wiederholen, bis der Klebeerfolg eintritt.

WARNUNG: Benutzen Sie niemals auf Weichplastikscheiben irgendwelche lösemittelhaltigen Produkte! Verdünner, Fleckenwasser usw. lassen die Scheibenoberfläche für immer erblinden!

Beobachten Sie die Schadensstelle sehr genau. Risse und/oder Einschnittstellen müssen so dicht und gleichmäßig wieder aneinandergefügt werden, wie die Form der Beschädigung das zulässt.

Geben Sie am besten ihrer Hilfe das kleine Frühstücksbrett in die Hand. Von innen gegen die Schadensstelle halten. Keinen starken Druck ausüben. Achten Sie auch darauf, dass sich keine Wellen oder Falten bilden können. Die zu behandelnde Stelle muss absolut glatt gehalten werden. Jetzt können Sie von außen die Schadensstelle verkleben.

PROFITIPP: Sind Sie kreativ? Schneiden Sie doch anstatt des viereckigen Reparaturbandes, je nach Beschädigung, einen schönen Halbmond oder ein Dreieck aus. Sie müssen nur darauf achten, dass Ihr Kunstwerk immer ausreichend um die Schadensstelle herum mit genügend Reparaturband ausgefüllt ist.

Schneiden Sie sich ein passendes Stück Band von der Reparaturrolle ab. Es darf ein bisschen größer sein als die Reparaturstelle selbst. Aber nicht zu viel. Aus Gründen der Flexibilität können Sie etwa einen halben bis einen Zentimeter dazugeben. Kleben Sie das Reparaturstück zentriert gleichmäßig und vorsichtig auf die defekte Stelle. Von innen darf ihre Hilfe noch keinen Druck mit dem Brettchen auf die Scheibe ausüben, erst wenn die Klebefolie richtig sitzt. Nehmen Sie die Gummirolle (so etwas gibt es in der Malerabteilung in jedem Baumarkt) und rollen damit langsam und sehr gleichmäßig über den verklebten Schaden. Gleichzeitig darf ihre fleißige Hilfe mit etwas Druck gegen die Bewegungen mit der Gummirolle drücken.
Ist ein durchschlagender und vor allen mit Materialverlust verbundener Schaden an der Weichplastikscheibe sichtbar, können Sie auch die Innenseite genauso verkleben. Das sichert den garantierten Schutz gegen Wassereinbruch. Auch hier müssen Sie zuerst die Scheibe noch von innen gründlich reinigen. Sonst haftet die Spezialklebefolie nicht sehr lange.

Stoßfänger und Rammschutzleisten aufarbeiten und reparieren

Hartnäckige Verschmutzungen von Kunststoffteilen entfernen
Bevor Sie Farbe auftragen, müssen Sie die Rammschutzleisten und Stoßfänger von allen Schmutz befreien.

Farbnebel

Arbeitsmittel
Kunststoffpfleger für den Außenbereich, Fleckenwasser, ein Tuch

So wird's gemacht
Kunststoffpflege auf das Tuch sprühen. Mit kräftigem Druck die betroffenen Stellen abreiben, bis sich der Farbnebel gelöst hat. Alternativ können Sie auch Fleckenwasser verwenden. Prüfen Sie zuerst an verdeckter Stelle, ob das Fleckenwasser den Kunststoff nicht ausbleicht. Zeigen sich keine Veränderungen, können Sie den Farbnebel entfernen. Anschließend mit Kunststoffpflege nachbehandeln.

PROFITIPP: Auch mit Reinigungsknetmasse lassen sich Farbnebel von Kunststoffteilen entfernen.

Insektenreste
Im Allgemeinen lassen sich Insektenreste von Kunststoffteilen problemlos bei einer sorgfältigen Wäsche lösen. Wenn diese Verschmutzungen jedoch genug Zeit hatten, stark anzutrocknen, lassen sie sich nur mit viel Geduld entfernen.

Arbeitsmittel
Scheibenreiniger, Mehrzweckreiniger, ein Schwamm, mehrere Tücher, viel Wasser zum Nachspülen

So wird's gemacht
Scheibenreiniger auf die betroffenen Flächen sprühen. Mehrzweckreiniger sofort nachsprühen. Schwamm in das Wasser tauchen. Die Kunststoffteile gründlich abwischen, bis sich alle Insektenreste gelöst haben. Bei Bedarf können Sie eine kleine Nagelbürste benutzen. Mit einem Tuch trockenreiben.

Politurreste
Eine besonders hässliche und unprofessionell aussehende Angelegenheit. Politurreste können das gesamte Sauberkeitsbild trüben. Außerdem erkennt jeder, mit welcher Polierwut der Fahrzeugbesitzer die Lackpflege betrieben hat. Auch bei Gebrauchtfahrzeugen, egal ob beim Händler oder von Privat angeboten, stechen diese äußerst unansehnlichen Spuren sofort ins Auge.

Arbeitsmittel
Radiergummi (Naturgummi braun), ein Tuch

So wird's gemacht
Politurreste mit dem Radiergummi abreiben. Mit einem Tuch abwischen und mit etwas Kunststoffpflege nachbehandeln.

Teer
Auch Kunststoffbauteile werden von Teer-/Bitumenspritzern nicht verschont. Besonders gut haften diese Verschmutzungen in Radhäusern und an der Unterseite der hinteren Stoßfänger. Spätestens bei der Kunststoffpflege und einer gründlichen Autowäsche wird der Teerbefall sichtbar.

Arbeitsmittel
Teerentferner, ein Tuch

So wird's gemacht

P **PROFITIPP:** Waschen Sie das Fahrzeug vor und nach der Teerentfernung.

Teerentferner auf ein Tuch geben. Alle betroffenen Flächen gründlich abwischen, bis sich alle Verschmutzungen gelöst haben. Alternative: Bei Eignung der Kunststoffteile können Sie den Teer auch mit Fleckenwasser abreiben.

P **PROFITIPP:** Behandeln Sie den gesamten Stoßfänger mit Kunststoffpflege. Das verhindert Farbunterschiede.

Cartec TP 49
Dieser Kunststoffpfleger verschönert die aufwendig reparierte Kunststoffstoßstange. Im Profibereich seit Jahren verwendet. Frischt die Farben auf und schützt vor dem Ausbleichen.

Reparatur von Stoßfängern und Rammschutzleisten

Je nach dem, wie stark es Sie erwischt hat, können Sie das lästige Übel wieder beseitigen. In dem Buch „Autopflege – Tipps und Tricks von Profis" haben wir schon ausführliche Anweisungen für kleine Ausbesserungen an diesen Kunststoffteilen aufgezeigt.

Wir haben uns entschlossen, diesen Bereich teilweise noch einmal abzudrucken, weil die Arbeitsanweisungen auch für eine etwas aufwendigere Reparatur wichtig sind.

Stark verwitterte und ausgeblichene Kunststoffe
Ganz besonders Stoßfänger und Rammschutzleisten, aber auch extra angebaute Spoiler sind davon betroffen. Bei einigen Fahrzeugmodellen bleichen auch die Türgriffe stark aus. Ein Pflegemittel schafft dann nur noch bedingt Abhilfe. Auf dem Autopflegemittelmarkt befinden sich einige wenige Produkte, die wie ein Färbemittel wirken. Die meisten ähneln einer Schuhcreme oder Schuhputzlotion – mit vergleichbar geringer Haltbarkeit. Ganz besonders schlimm wird es, wenn Sie Ihr Fahrzeug mit einem Hochdruckreinigungsgerät vorwaschen müssen. Die aufgetragene Farbe blättert regelrecht ab und hinterlässt eine unansehnliche Fläche. Benutzen Sie solche Schwarzmacher nicht. Besorgen Sie sich ein Produkt, dass diese Probleme ausschließt und dauerhaft haltbar ist. Auch ein sogenanntes Stoßstangenschwarz ist nicht empfehlenswert. Bevor Sie solche Hilfsmittel anwenden, muss die Oberfläche gründlich gereinigt und entfettet werden. Auch dafür gibt es Spezialprodukte, als billige Variante etwa ein Fleckenwasser.

Arbeitsmittel
Mehrzweckreiniger verdünnt, weiche Schwämme, trockene Tücher, Fleckenwasser, ein Fön; für die Verschönerung: Spezialfarbe für Kunststoff und heißes Wasser

CAR-PT COLOR Kunststoff-Farbe
Dose oder Tube? Je nach Bedarf und Anwendungsgebiet können Sie wählen! Brauchen Sie nur wenig, dann ist die Tube die beste, für große Flächen die Dose die preiswertere Lösung.

Gegen Ausbleichen von einigen Kunststoffbauteilen ist kein Kraut (Pflegemittel) gewachsen! Da hilft nur noch Farbe!

WARNUNG: Kunststoff-Farbe darf nur auf rauen Kunststoffen aufgetragen werden! Auf glatten Kunststoffen ist ihre Wirkung gleich Null. Die Farbe hat keinerlei Halt und blättert schnell wieder ab.

So wird's gemacht

Kunststoffteile mit Mehrzweckreiniger gründlich reinigen und mit klarem Wasser nachwischen. Für starke porentiefe Verschmutzungen können Sie eine Nagelbürste einsetzen. Anschließend etwas Fleckenwasser auf ein Tuch geben und die Kunststoffteile leicht und ohne Druck abreiben und trocknen lassen.

WARNUNG: Es dürfen keine Reste von Wasser aus Ritzen und Rillen austreten. Die Farbe kann dadurch nicht ausreichend auf der Oberfläche haften.

Kunststofffarbe auftragen

PROFITIPP: Wenn der Packung kein Schwamm beiliegt, können Sie einen ganz normalen Haushaltsschwamm verwenden. Stellen Sie sich einen kleinen Eimer mit heißem Wasser bereit!

Farbe sparsam auf den Schwamm auftragen. Das Färbemittel gleichmäßig auf der Oberfläche verteilen. Verteilen Sie das Mittel solange, bis keine Farbunterschiede mehr sichtbar sind. Reiben Sie die Farbe aus dem Schwamm auf der Oberfläche aus, bis Sie erneut etwas Farbe auftragen müssen. Vermeiden Sie sichtbare Übergänge. Die Farbschichten müssen gleichmäßig aufgetragen werden. Wenn Sie die Lackfläche ungewollt getroffen haben, wischen Sie die Farbe sofort mit einem Tuch und heißem Wasser wieder sauber. Vermeiden Sie den Kontakt der Kunststoffteile mit dem Wasser. In einem solchen Fall sofort wieder trocken wischen.

Wenn Sie sich mit der Farbe um das Fahrzeug bewegt haben, machen Sie einen Kontrollgang und suchen Sie die Lackoberfläche nach eventuell vorhandenen Farbresten ab. Bei längerem Antrocknen müssen Sie die Farbe sehr vorsichtig mit Fleckenwasser reinigen. Allerdings dürfen Sie in keinem Fall die frisch gefärbten Teile berühren. Nehmen Sie sich ein Stück weiche Pappe zur Hilfe. Halten Sie die Pappe vor die Kunststoffteile.

Die Kunststofffarbe muss unbedingt eine ausreichende Trocknungszeit bekommen. Achten Sie auf die Packungsangabe. Vermeiden Sie mindestens einen Tag nach dem Auftragen Feuchtigkeit (Regen). Anschließend können Sie die Kunststoffteile mit dem Pflegemittel nachbehandeln.

Sonax Xtreme Kunststoffgel

Für alle Kunststoffe am Fahrzeugaußenbereich. Erzeugt keine Wasserläufer und keinen unerwünschten Schmierfilm. Nach dem Auftragen mit einem trockenen Tuch nachwischen.
Auch für glatte Kunststoffoberflächen geeignet.

Der Aufwand ist gering, die Materialkosten auch. Der Effekt dagegen ist riesig! Vor so einer Schönheitskur ist jedoch eine gründlich Reinigung erforderlich. Auch das Auftragen des Färbemittels muss mit sehr viel Sorgfalt geschehen! Sonst ist der Färbeerfolg nach einer Autowäsche wieder hin.

Was so eine Kunststofffarbe doch so alles kann. Seit Jahrzehnten wird diese Methode erfolgreich angewandt! Wichtig! Immer nur dünne Schichten auftragen und zwischendurch trocknen lassen.

Ein Haarfön schafft Abhilfe. Halten Sie aber die heiße Luft nicht zu dicht an den Kunststoff. Sonst gibt es einen Brandschaden!

Besser geeignet ist eine Heißluftpistole aus dem Heimwerkerbedarf. Lässt sich sogar die Temperatur regeln, ist ein Schaden durch die heiße Luft nicht zu befürchten. Wichtig: Immer genügend Abstand halten!

Das sieht doch schon besser aus! Wenn der Farbton zu hell erscheint, können Sie jederzeit aus mehreren Kunststofffarbtönen einen dunkleren Farbton anmischen. Hier wurde die Farbe Anthrazit verwendet.

Glatte Kunststoffe

PROFITIPP: Glatte Kunststoffe, besonders im Scheibenbereich können Sie auch mit dem Kunststoffpflegemittel für innen behandeln. Nach dem Auftragen müssen Sie die Flächen gründlich blank wischen.
Kunststoffpflegemittel für den Außenbereich sind tabu! Die Pflegemittel können bei Feuchtigkeit über die Scheiben laufen und Ihnen die Sicht erheblich verschlechtern!

Gummileisten

Mit zunehmender Lebensdauer des Fahrzeuges kann es vorkommen, dass Scheibeneinfassungen aus Gummi unansehnlich werden. Meistens bekommen sie ein geflecktes Aussehen.
Der Grund hierfür liegt in der Verwendung von Reinigungsmitteln bei der Autowäsche, aber auch Sonneneinstrahlung kann die Leisten ausbleichen.

Arbeitsmittel
Autopolitur, ein weiches Tuch

So wird's gemacht
Einen Tropfen Politur auf ein weiches Tuch geben. Gummileisten kräftig abreiben und sofort mit einem sauberen Tuch nachwischen. In Rillen verbliebene Politurreste können Sie mit einer Zahnbürste beseitigen. Als Alternative empfiehlt sich auch Kunststoffpflegemittel für den Innenbereich. Etwas Pflegemittel auf ein Tuch geben. Die Leisten kräftig abreiben und sorgfältig nachwischen.

WARNUNG: Gummileisten an Fensterkanten dürfen niemals mit Kunststoffpfleger für den Außenbereich behandelt werden!

EXTRATIPP: Verschmutzte Gummileisten im Scheibenbereich lassen sich mit Scheibenreiniger hervorragend reinigen und auffrischen. Etwas Scheibenreiniger auf ein weiches Tuch sprühen und die Gummileisten Stück für Stück abreiben. Für stark verschmutzte und fleckige Gummileisten können Sie etwas Kombi-Politur verwenden. Etwas von der Politur auf einen Lappen geben und kräftig damit abreiben. Anschließend nochmals nachwischen.

Kleine Schrammen an Rammschutzleisten, Stoßfängern und Außenspiegeln entfernen

WARNUNG: Diese Anwendung ist nur für raue, feinporige Kunststoffbauteile geeignet!

Hat es Sie erwischt? War die Garageneinfahrt zu eng oder stand das benachbart parkende Fahrzeug zu dicht neben Ihrem Auto? Auch im Weg stehende Pfeiler können schnell ihre Spuren an Stoßfängern und Rammschutzleisten hinterlassen. Meistens handelt es sich nur um kleine Abschabungen, die jedoch besonders ins Auge stechen. Diese kleinen Beschädigungen lassen sich mit wenig Aufwand beseitigen. Ein geschicktes Händchen und etwas Geduld verhelfen den Kunststoffteilen wieder zu einem gepflegten Aussehen.

Arbeitsmittel
Kunststofffarbe, Fleckenwasser, Schleifpapier 240er bis 400er Körnung, ein weicher Schwamm, Kunststoffauffrischer oder Pflegemittel, ein Tuch, Gummihandschuhe, ein Haarfön

So wird's gemacht
Tragen Sie unbedingt Handschuhe. Am besten eignen sich ganz normale Haushaltshandschuhe. Die Kunststofffarbe lässt sich nur sehr schwer von den Händen entfernen. Reinigen Sie die Kunststoffteile sehr gründlich. Anschließend Fleckenwasser auf ein fusselfreies Tuch geben und die beschädigte Stelle abreiben. Trocken nachwischen. Zuerst mit dem 240er Schleifpapier abreiben. Mit einem feuchten Schwamm die Fläche nachwischen. Mit 320er Schleifpapier vorsichtig eine glatte Fläche erzeugen. Mit 400er Schleifpapier nachbehandeln. Nochmals mit etwas Wasser abwischen und trocken reiben. Es dürfen keine Fussel oder Kunststoffstaubpartikel auf der Fläche haften bleiben. Zur perfekten Säuberung können Sie einen Staubsauger benutzen. Danach mit dem Fön die Fläche anwärmen.

WARNUNG: Den Fön nicht zu nah an den Kunststoff halten. Der Kunststoff könnte durch die Hitze Schaden nehmen.

Mit einem sauberen, weichen Schwamm die Kunststofffarbe gleichmäßig auftupfen. Überschüssige Farbreste mit einem sauberen, trockenen Tuch abtupfen. Mit dem Fön nochmals erwärmen und die Fläche trocknen lassen. Die gesamte Kunststofffläche mit Pflegemittel oder einem Kunststoffauffrischer nachbehandeln.

CAR-PT COLOR Kunststoff-Farbe
Ohne Kunststofffarbe geht bei einer Reparatur wirklich nichts. Diese Kunststofffarbe ist wasser- und shampoofest und überlebt sogar bei sachgemäßer Anwendung eine Dusche mit dem Dampfstrahler!

Kleine Risse, Abschabungen und Beschädigungen

Hierbei handelt es sich um tiefer gehende Verletzungen der Kunststoffoberfläche. Die Stärke dieser Schäden lässt sich mit einer relativ einfachen Reparaturmethode beheben. Nur abschleifen und anschließend etwas Farbe draufgeben hilft hier leider nicht mehr. Nehmen Sie sich dafür auch etwas Zeit. In einer halben Stunde ist diese Arbeit nicht zu machen.

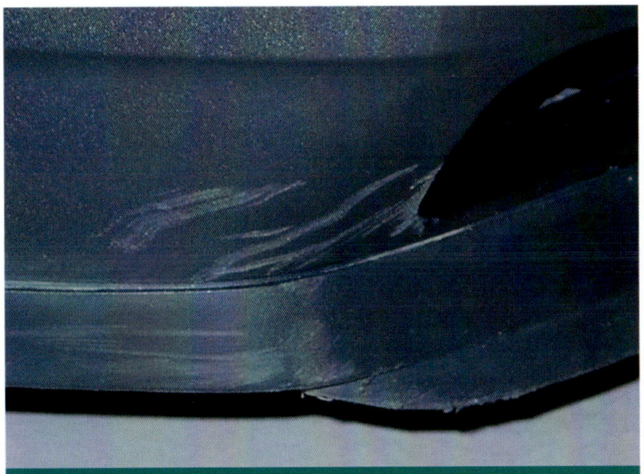

Solche Schäden sind keine Seltenheit! War der Kantstein zu hoch? Schon ist es passiert. Doch zum Glück lässt sich so etwas recht einfach wieder beseitigen.

Arbeitsmittel
Ein Kunststoffstoßstangen-Reparaturset, Fleckenwasser, ein Tuch, evtl. ein Glasschaber, Schleifpaper mit 240er, 320er und 400er Körnung, ein Schwamm, Klebeband, evtl. Kunststofffarbe

So wird's gemacht
Bevor Sie sich über die Schadstelle hermachen, reinigen Sie zuerst die Kunststoffteile sehr gründlich und entfernen Sie alle Verschmutzungen wie Insektenkörper, Teer usw.
Anschließend Fleckenwasser auf ein fusselfreies Tuch geben und die beschädigte Stelle abreiben. Trocken nachwischen. Bevor Sie beginnen, prüfen Sie, ob vielleicht lose hängende Kunststoffreste oder starke Absplitterungen sichtbar sind. Wenn ja, müssen Sie diese vorsichtig mit einem Glasschaber (Baumarkt) beseitigen.
Zuerst die beschädigte Fläche mit dem 240er Schleifpapier abreiben. Mit einem feuchten Schwamm die Fläche nachwischen. Mit 320er Schleifpapier vorsichtig eine glatte Fläche erzeugen. Mit 400er Schleifpapier nachbehandeln bis die Oberfläche ausgeglättet ist. Nochmals mit etwas Wasser abwischen und trocken reiben. Es dürfen keine Fussel oder Kunststoffstaubpartikel auf der Fläche haften bleiben. Zur perfekten Säuberung können Sie einen Staubsauger benutzen.

Eine dauerhaft wirkende Reparatur wird aus mehreren Schichten des Reparaturmaterials erzeugt, damit eine bessere und sichere Festigkeit erreicht wird.
Füllen Sie eine dünne Schicht des Reparaturmaterials sauber in die beschädigte Stelle ein. Lassen Sie die erste Schicht mindestens zwei Stunden durchtrocknen. Wiederholen Sie den Vorgang, bis die Schadensstelle fast eben mit der unbeschädigten umliegenden Fläche abschließt. Achten Sie unbedingt darauf, dass die einzelnen Schichten immer optimal durchtrocknen.
Tragen Sie dann eine letzte Schicht auf, so dass die Beschädigung eben verfüllt ist.

In der Packung befindet sich ein Strukturpapier. Damit können Sie sich ein schönes Muster machen. Passen Sie es so genau wie möglich der direkt umgebenden, unbeschädigten Fläche an. Je genauer Sie den Vergleich hinbekommen, desto weniger sichtbar wird die reparierte Stelle.

Auch ein Loch im Kunststoff ist noch lange kein Grund für einen neuen Stoßfänger. Eine recht sparsame Methode hilft das Loch zu stopfen.

PROFITIPP: Achten Sie vor allen Dingen auf den Strukturverlauf. Das Papier muss so angepasst werden, dass es sich in die Originalstruktur in seiner Verlaufrichtung möglichst exakt anpasst.

WARNUNG: Das Strukturpapier muss unbedingt mit der richtigen Seite nach oben zeigen.

Nehmen Sie das ausgesuchte Strukturpapier und drücken Sie es leicht auf die noch feuchte Reparaturmasse. Mit den Fingern nochmals vorsichtig andrücken. Fixieren Sie das Strukturpapier mit Klebeband und lassen Sie die Reparatur am besten über Nacht trocknen. Am nächsten Tag können Sie dann das Papier vorsichtig abnehmen.

Haben Sie nicht sauber gearbeitet? Oder sind Sie mit dem Reparaturergebnis nicht so ganz zufrieden? Dann können Sie die überstehende Reparaturmasse mit Schleifpapier vorsichtig entfernen. Tragen Sie noch einmal eine hauchdünne Schicht der Masse auf und drücken Sie wieder das Strukturpapier in die Reparaturmasse. Nochmals 12 Stunden trocknen lassen und das Papier entfernen. Jetzt dürfen Sie mit Kunststoff-Farbe die Schadstelle und deren Umgebung fein säuberlich behandeln. (Siehe unter Kunststofffarbe auftragen)

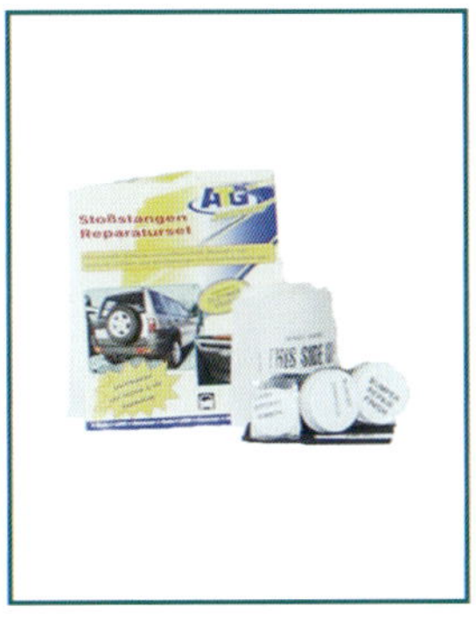

ATG - Stoßstangen Reparaturset
Ganz leicht und einfach lässt sich so mancher kleine „Zwischenfall" unvergessen machen. Kleine Löcher und Schrammen werden mit einem Spezialkunststoff gekittet und farblich angepasst.

Größere Risse, Abschabungen, kleine Löcher und tiefe Kratzer

Arbeitsmittel
Ein Kunststoffstoßstangen-Reparaturset, Fleckenwasser, ein Tuch, evtl. ein Glasschaber, Schleifpapier mit 240er, 320er und 400er Körnung, ein Schwamm, Klebeband, ein weicher Pinsel, evtl. Kunststofffarbe

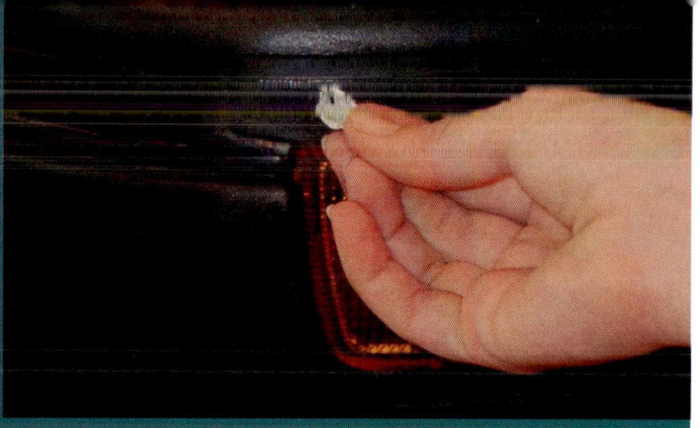

In jedem Reparaturset für Kunststoffstoßfänger liegt spezielles Knetgummi bei. Kneten Sie es durch, bis es schön weich ist.

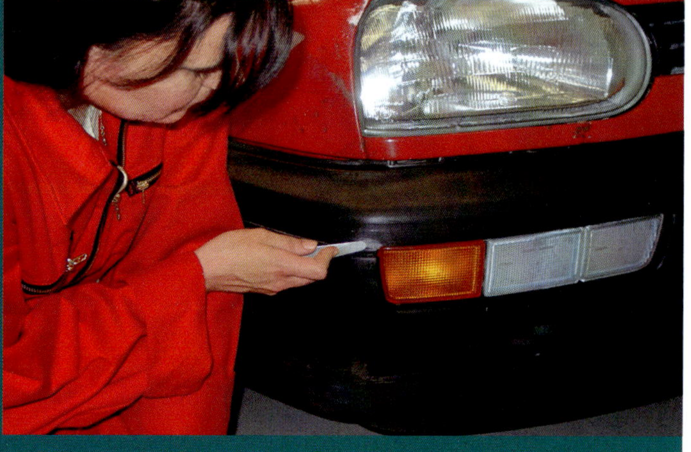

Stopfen Sie das Loch sorgfältig aus. Mit einem kleinen Spachtel lässt sich das Knetgummi perfekt verteilen.

Glätten Sie die Fläche so pingelig wie nur irgend möglich. Sie haben dafür allerdings nicht ewig Zeit. Versuchen Sie so schnell wie es geht, die Fläche an die Umgebung anzugleichen. Nur so wird der Schaden hinterher unsichtbar.

So wird's gemacht

Bevor Sie sich über die Schadstelle hermachen, reinigen Sie zuerst die Kunststoffteile sehr gründlich und entfernen Sie alle Verschmutzungen wie Insektenkörper, Teer usw.
Anschließend Fleckenwasser auf ein fusselfreies Tuch geben und die beschädigte Stelle abreiben. Trocken nachwischen. Bevor Sie beginnen, prüfen Sie ob vielleicht lose hängende Kunststoffreste oder starke Absplitterungen sichtbar sind. Wenn ja, müssen Sie diese vorsichtig mit einem Glasschaber (Baumarkt) beseitigen.
In der Packung befindet sich ein Knetkunststoff. Schneiden Sie davon ein ausreichend großes Stück ab. Kneten Sie die Masse etwa eine Minute, damit sich die beiden Komponenten vermischen können. Formen Sie den Knetkunststoff zu einer Kugel (wie aus Kindertagen) und drücken Sie diese in die beschädigte Stelle ein. Verteilen Sie die Knetmasse in der Beschädigung, so dass diese fast ausgefüllt ist.

WARNUNG: Vermeiden Sie unbedingt, zuviel von der Knetmasse in die Beschädigung hinein zu bringen. Sie brauchen noch etwas Platz. Falls doch, können Sie das ganz einfach mit einem Kunststoffspachtel wieder herausnehmen.

Achten Sie darauf, dass die Schadensstelle wirklich gleichmäßig verfüllt und nicht überfüllt wird.
Lassen Sie den Knetkunststoff etwa 25 Minuten trocknen. Nach der Trocknungszeit ist der Kunststoff hart und Sie können ihn weiterbehandeln.
Entfernen Sie unbedingt überstehende Reste mit feinem Schleifpapier. Je nach Überschuss können Sie die Körnung von 240 bis 400 wählen.
Entfernen Sie alle Staubreste mit einem weichen Pinsel von der Reparaturstelle.
Nehmen Sie die Reparaturmasse zur Hand. Tragen Sie davon gerade soviel dünn auf die Knetmasse auf, dass eine ebene Fläche mit der Umgebung entsteht.
Legen Sie dann das Strukturpapier auf, das der Oberflächenstruktur des zu reparierenden Gegenstands am nächsten kommt und fixieren Sie es mit Klebeband. Achten Sie darauf, dass Sie das Strukturpapier mit der richtigen Seite nach oben auflegen und der Umgebungsstruktur anpassen. Mit den Fingern vorsichtig drüberstreichen, damit sich die Struktur noch besser und genauer anpassen kann. Die Trocknung braucht mindestens 12 Stunden! Erst dann dürfen Sie das Papier vorsichtig abnehmen. Jetzt können Sie entweder den Vorgang nochmals wiederholen oder die passende Kunststofffarbe auftragen.
Lässt sich der ausgehärtete Knetkunststoff nur sehr schwer mit dem Schleifpapier nachbehandeln, können Sie die unerwünschten Überreste vorsichtig mit dem Glasschaber entfernen.
Für lackierte, glatte Kunststoffe:
Haben Sie lackierte Kunststoffteile am Fahrzeug, ist auch hier eine Behandlung mit dem Knetkunststoff und auch der Reparaturmasse möglich (das Strukturpapier fällt dann weg). Möchten Sie wieder Farbe auf den Schaden bringen, lesen Sie die Anweisungen unter dem Kapitel Lackbeschädigungen.

WARNUNG: Achten Sie unbedingt bei der Benutzung des Schleifpapiers darauf, dass Sie auf keinen Fall die umliegenden, noch intakten Flächen damit berühren.

PROFITIPP: Für kleine Lackierarbeiten kann Ihnen die Airbrush-Technik weiterhelfen. Die Farbe mit dem exakten Farbton können Sie sich beim Ihrem Lackierer anmischen lassen. Siehe auch unter Airbrush.

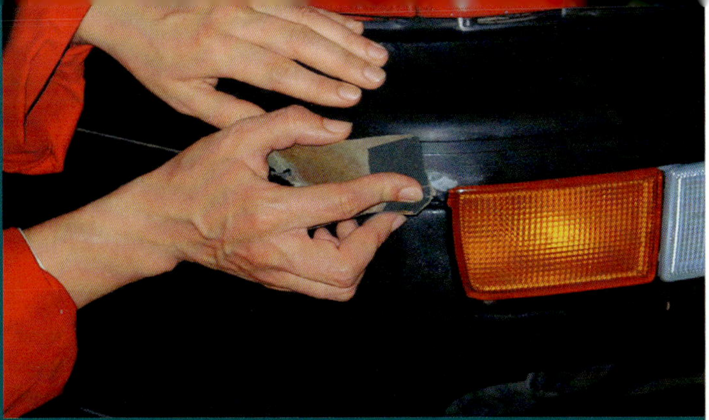

Der letzte Schliff sorgt für einen glatten Untergrund. Je nach Riefenstärke können Sie verschiedene Schleifpapierkörnungen einsetzen.

Ohne Wärme geht nichts! Ein Heißluftgebläse kommt wieder zum Einsatz, um das Knetgummi und die einzelnen Farbschichten durchzutrocknen.

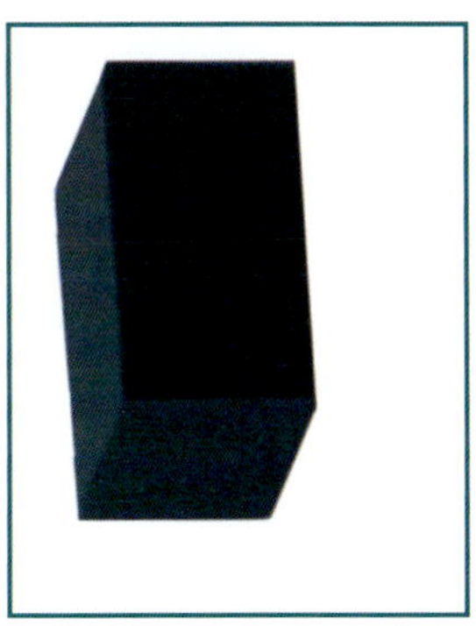

Feinporiger Schwamm
Feine Farbschichten lassen sich hervorragend mit sehr feinporigen Schwämmen erledigen. Die Farbe kann sich zudem besser in den Poren verteilen. Schwamm für den Farbauftrag leicht anfeuchten. Für größere Farbdefekte ist der Schwamm auch trocken anwendbar. Anschließend sofort mit Wasser auswaschen.

Starke Risse und Löcher beseitigen
Hierzu sei gesagt, dass diese Arbeit eigentlich nur etwas für geübte Hobbybastler ist. Wenn Sie in solchen Dingen keine Übung und Kenntnisse haben, ist es besser, diese Reparatur einer Fachwerkstatt oder einem entsprechenden Fachbetrieb zu überlassen. Das wird zwar etwas teuer, hat jedoch in jedem Fall Aussicht auf Erfolg. Für alle Autobastler dürfte die Schönheitsreparatur kein Problem sein.

Arbeitsmittel
Haftvermittler, Spezial-Kunststoffkleber, Verstärkungsband, elastische Spachtelmasse, Strukturspray, eine passende Kunststoff-Farbe oder Spray, mehrere Schleifblöcke grob bis fein 180er bis 400er Körnung, Schleifpapier 600er bis 1000er Körnung, Fleckenwasser, ein Tuch, ein Kunststoffspachtel, Nitroverdünnung, ein weicher Pinsel

Cartec TP 49
Hält, was es verspricht. Für die Nachbehandlung von ausgeblichenen und reparierten Kunststoffen im Außenbereich. Lackberührungen können problemlos mit einem weichen Tuch entfernt werden.

Wenn Sie die Produkte nicht einzeln kaufen möchten, können Sie auch ein komplettes Reparaturset speziell für starke Beschädigungen an Stoßfängern und Rammschutzleisten erwerben.

So wird's gemacht
Für die Reparatur müssen Stoßfänger oder Rammschutzleisten vom Fahrzeug entfernt werden. Trauen Sie sich das nicht zu, kann das auch Ihre Autowerkstatt für Sie erledigen.

! **SICHERHEITSTIPP:** Tragen Sie unbedingt feste Handschuhe! Die schadhaften Kunststoffteile können scharfe Kanten aufweisen.
Entfernen Sie alle losen oder brüchigen Kunststoffteile aus der Schadensstelle. Das beschädigte Bauteil und ganz besonders die Umgebung der Schadensstelle müssen sehr gründlich gereinigt werden. Nehmen Sie bei Bedarf eine Nagelbürste und Mehrzweckreiniger zur Hilfe. Mit Fleckenentferner alles gründlich abwischen und trocknen lassen.

Schleifen Sie die Bruchstellen mit einem Schleifblock 180er Körnung schräg in V-Form so glatt wie möglich.

Hat das Kunststoffteil einen großen Riss?
Bohren Sie mit der Bohrmaschine vorsichtig an den Enden jeweils ein Loch, etwas größer als der Riss selbst. Dadurch wird die Flexibilität erhalten.
Nehmen Sie einen feinen Schleifblock, z. B. 400er Körnung, und schleifen Sie damit die Reparatur schön glatt. Sie können dafür auch Schleifpapier benutzen. Sorgen Sie dafür, dass keine unnötigen Riefen eingeschliffen werden.
Rauen Sie auch die Rückseite mit dem feinen Schleifblock oder dem Schleifpapier auf. Sprühen Sie die schadhafte Stelle mit Kunststoff-Haftvermittler-Spray dünn ein.
Schneiden Sie das Verstärkungsband zurecht und legen Sie es passgenau auf die Rückseite. Mit dem Spezial-Kunststoffkleber punktuell fixieren und kurz antrocknen lassen.

Von der Rückseite den Kleber aufbringen und durch das Verstärkungsband den Riss und auch das gebohrte Loch verfüllen. Anschließend den Kleber großflächig über das Verstärkungsband verteilen. Etwa zehn Minuten trocknen lassen.
Auf der Vorderseite die Rissfuge und das evtl. gebohrte Loch vollständig mit dem Kleber auffüllen. Nehmen Sie den Plastikspachtel und ziehen Sie damit die überstehende Klebermasse glatt. Es muss eine gleichmäßige und ebene Fläche entstehen. Die Reparaturstelle muss mindestens 60 Minuten trocknen.
Schleifen Sie nach der Trocknungszeit die gesamte, verklebte Schadensstelle mit dem feinen Schleifblock oder dem Schleifpapier. Mit einem Pinsel allen Staub beseitigen und nochmals mit etwas Fleckenwasser abwischen.
Jetzt müssen Sie noch alle Unebenheiten ausgleichen. Nehmen Sie die elastische Spachtelmasse und streichen Sie diese mit einem sauberen Spachtel über die schadhafte Stelle. Lassen Sie die Masse ca. 30 Minuten aushärten.
Nach der Aushärtungszeit muss die Oberfläche nochmals mit feinem Schleifpapier oder einem Schleifblock sehr glatt geschliffen werden.
Wird die Oberfläche nicht so richtig glatt, können Sie den Vorgang mit der Spachtelmasse nochmals wiederholen. Die Masse dürfen Sie aber nur sehr dünn auftragen. Nochmals trocknen lassen und den Schleifvorgang wiederholen.

WARNUNG: Vergessen Sie niemals, die Reparaturstelle nach jedem Schleifvorgang immer vom Staub zu befreien!

Wenn die Reparaturstelle ausgehärtet und von allem Staub befreit ist, dürfen Sie der schadhaften Stelle wieder eine saubere Struktur verleihen. Nehmen Sie ein spezielles Strukturspray und sprühen Sie es erst mal auf eine alte Unterlage.
Das Strukturspray gleichmäßig und mit 20 cm Abstand auf die reparierte Stelle kreuzweise aufsprühen. Achten Sie darauf, dass Sie einen sauberen Übergang zur unbeschädigten Umgebung erzielen.
Das Strukturspray können Sie bei Bedarf nochmals auftragen. Lassen Sie das Spray etwa eine Stunde trocknen. Sie können sich auch einen Haarfön zur Hilfe nehmen. Halten Sie damit aber unbedingt ca. 50 cm Abstand. Sonst könnte die mühevolle Arbeit darunter leiden.
Ist die Struktur wieder einigermaßen hergestellt, können Sie der Schadensstelle ihre alte Farbe zurück geben. Verwenden Sie dafür entweder einen Kunststoff-Färber zum Auftragen oder ein Farbspray. Damit Sie ein einheitliches Bild erzielen, ist es auf jeden Fall ratsam, die gesamte Stoßstange zu bearbeiten. Für die Behandlung des anderen, unbeschädigten Bauteils können Sie zum Angleichen auch einen Kunststoff-Färber benutzen.
Wenn Sie die Arbeit ordentlich ausgeführt haben, lässt sich das reparierte Kunststoffteil nicht mehr von einem neuen Bauteil unterscheiden.

Feinschleifpapier
Für einen sauberen und unsichtbaren Farbauftrag ist eine sehr glatte Kunststoffoberfläche erforderlich. Feinschleifpapier glättet die bearbeitete Reparaturstelle und sorgt für eine hervorragende Farbangleichung auch an die Umgebung.

Polyboy Kunststoffreiniger
Für den schnellen Reinigungseinsatz an allen Kunststoffoberflächen. Auch zur Vorbehandlung für Pflegemittelanwendung und vor dem Farbauftrag geeignet. Der Kunststoffreiniger kann für innen und außen genutzt werden. Auch Gummimatten lassen sich damit prima säubern.

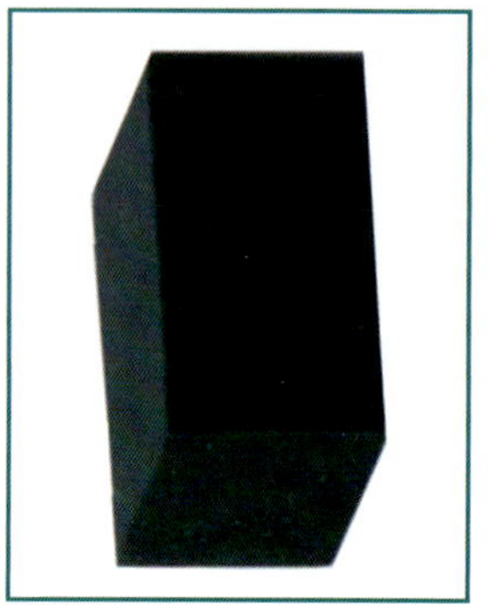

Feinporiger Schwamm
Feine Farbschichten lassen sich mit sehr feinporigen Schwämmen bearbeiten. Die Farbe kann sich besser in den Poren verteilen. Schwamm für den Farbauftrag leicht anfeuchten. Für größere Farbdefekte ist der Schwamm auch trocken anwendbar. Anschließend sofort mit Wasser gründlich auswaschen.

Radiergummi
Vor jedem Farbauftrag müssen alte Poliermittelreste unbedingt entfernt werden. Sonst kann die Farbe nicht haften. Nach dem Radiergummieinsatz müssen die Kunststoffteile nochmals mit Fleckenentferner behandelt werden.

CAR-PT Care Kunststoff-Pflege außen
Das Pflegemittel sorgt für Haltbarkeit der neuen Farbe. Es schützt außerdem vor erneutem Ausbleichen der Kunststoffbauteile. Für dauerhaft schöne Kunststoffe nach jeder vierten Wäsche auftragen.

Sonax Kunststoffpflegegel
Leider tauchen immer mehr glatte Kunststoffoberflächen an den neueren Fahrzeugen auf. Diese werden schnell fleckig. Um das zu verhindern, ist das Kunststoffpflegegel wie geschaffen. Nach dem Auftragen grundsätzlich mit einem sauberen Tuch nachwischen.

Für einen ungetrübten Durchblick! Schäumen Sie die Scheibenoberfläche kräftig ein. Die ultrafeine Stahlwolle lässt auch noch die letzten Reste und Anlagerungen verschwinden!

Ablagerungen gelöst haben. Bei Bedarf Vorgang mehrmals wiederholen. Nach erfolgreicher Behandlung die Restflüssigkeit mit einem Tuch abwischen. Scheibe mit Scheibenreiniger und Küchenpapier gründlich reinigen.

WARNUNG: Achten Sie unbedingt darauf, dass immer genug Feuchtigkeit auf der Scheibe vorhanden ist. Niemals darf die Reinigungsknete über eine trockene Fläche geführt werden. Das führt zu blinden Flecken, die sich nur schwer wieder entfernen lassen.

Zeigt sich auf der Scheibe nach der Behandlung mit der Knete eine etwas blind wirkende, matte Oberfläche, können Sie diese ganz einfach wieder beseitigen.
Scheibe mit dem Schwamm und dem Spüliwasser tropfnass anfeuchten. Mit der Stahlwolle (gibt es in jedem Baumarkt) vorsichtig abreiben. Mit einem Tuch abwischen. Scheibenreiniger aufsprühen und mit dem Küchenpapier blank reiben.

WARNUNG: Sorgen sie immer für ausreichend Flüssigkeit zwischen Scheibe und Stahlwolle! Sonst kann es mikrofeine Kratzer geben!

Stahlwolle ist für die Scheiben in Verbindung mit ausreichend Flüssigkeit ungefährlich. **Stahlwolle** trägt feinste Verschmutzungen wie Wachs und Insektenreste von den Scheiben ab.

Bevor Sie neue Wischerblätter montieren:
Reinigen Sie die Scheiben unbedingt sehr gründlich. Entfernen Sie alle fühlbaren Schmutzpartikel!
Wischerblätter sollten nicht Ihrem Sparkurs zum Opfer fallen. Geben Sie etwas mehr Geld aus und kaufen Sie sich ein paar wirklich qualitativ hochwertige Ersatzwischer. Die Wischwirkung ist wesentlich besser und vor allen Dingen ist die Haltbarkeit auch länger. Wenn Sie dann Ihre Scheiben und auch die Wischerblätter immer schön sauber halten, können Sie damit tausende Kilometer durch die Lande fahren und haben immer einen klaren Durchblick.

Scheibenreinigung mit Glaspolitur

Wir haben uns in dem Buch „Autopflege – Tipps und Tricks von Profis" schon darüber ausgelassen und Ihnen ans Herz gelegt, solche Produkte nicht zu verwenden.
Normalerweise kommen die Fahrzeugscheiben ohne solche teuren Hilfsmittel aus.
Trotzdem gehen wir selbstverständlich auf unsere Kundenwünsche ein, die uns des öfteren nach solchen Produkten fragen oder aber von uns erwarten, dass wir diese auch verwenden. Hierzu muss gesagt werden, dass Profis in keinem Fall davon überzeugt werden konnten. Mit Erfahrung und Geschick im Bereich der sachgerechten Fahrzeugreinigung benötigt man derartige Hilfsmittelchen nicht. Wenn Sie jedoch unbedingt Ihre Fahrzeugscheiben polieren möchten, dann können wir Ihnen unsere sichere Verarbeitungsmethode aufzeigen und Ihnen damit auch die nötigen Warnungen übermitteln.

P **PROFITIPP:** Für den ganz peniblen Fahrzeugbesitzer gibt es eine etwas extravagante Methode, die Scheiben noch glänzender zu machen: die Glaspolitur.
Vor allem aus Sicherheitsgründen verzichten wir selbstverständlich auf die Behandlung der Frontscheibe und auf alle Scheibenflächen im Innenbereich!

WARNUNG: Wählen Sie unbedingt ein hochwertiges Produkt aus einem speziellen Fachhandel! Niemals aus der Werbung oder auf dem Floh- oder Krammarkt!
Nur so lassen sich böse Überraschungen, getarnt als Blindflug, vermeiden.

Arbeitsmittel
Eine hochwertige Glaspolitur, die ausdrücklich für die Autoscheiben zugelassen ist, ein weicher, neuer Schwamm, etwas Wasser, Scheibenreiniger, ein Mikrofasertuch, Küchenpapier, ein weiches, fusselfreies Tuch

So wird's gemacht
Reinigen Sie zuerst die Scheiben von außen sehr gründlich mit Scheibenreiniger, Mikrofasertuch und Küchenpapier. Lassen Sie die gereinigten Scheiben etwa eine halbe Stunde trocknen. In der Zwischenzeit können Sie bequem die Flächen von innen säubern.

WARNUNG: Nicht in der Sonne oder an heißen Sommertagen verarbeiten. Optimale Umgebungstemperatur ist ca. 15° – 20 °C Grad. Auch hohe Luftfeuchtigkeit verträgt die Glaspolitur nicht!

Tauchen Sie einen weichen, neuen Schwamm ins Wasser und drücken Sie ihn kräftig aus. Der Schwamm darf nur noch leicht angefeuchtet, niemals tropfend, sein.
Geben Sie etwas von der Glaspolitur auf den Schwamm. Mit gleichmäßigen, Längs-quer-längs-Bewegungen und gleichzeitig winzigen Kreisen die Scheibe damit abreiben. Antrocknen lassen, bis sich ein gleichmäßiger weißer Film gebildet hat. Mit einem sauberen, weichen Tuch gründlich und vor allen Dingen ohne Rückstände blank polieren.
Nochmals eine halbe Stunde trocknen lassen. Mit einem wirklich sauberen (neuen) Tuch die Scheiben nochmals gründlich nachreiben. So verhindern Sie, dass sich durch spätere Feuchtigkeits-

beläge eventuelle Reste der Glaspolitur lösen und Ihnen mit einem Schmierfilm die Sicht versperren!

WARNUNG: Für die inneren Scheibenflächen ist die Glaspolitur verboten!

Sonax Scheibenreinigungspolitur
Für ganz saubere und tiefglänzende Autoscheiben. Besonders effektiv nach einer gründlichen Lackaufarbeitung. Scheibenpolitur kann jederzeit zwischendurch aufgetragen werden. Nicht auf der Frontscheibe anwenden!

Kratzfreie Hilfsmittel gegen Insekten, Eis und Schnee

Scheibenoberflächen vertragen keine kratzigen Gegenstände. Immer noch werden im Autozubehörhandel Eiskratzer und harte Insektenschwämme verkauft. Das ist Gift für jede Autoscheibe und auch für alle Kunststoffgehäuse. Verzichten Sie auf derartige Oberflächenzerstörer.

Gegen Insekten: Hier hilft ein guter Scheibenzusatz. Angetrocknete Insektenreste lassen sich mit etwas Scheibenreiniger und einem Küchenpapiertuch schnell abwischen. Wenn Sie kaum noch durch die Scheibe sehen können und auch der Scheibenwischer nicht mehr gegen diese Beläge ankommt, ist es Zeit, eine Waschanlage aufzusuchen.

WARNUNG: Versuchen Sie niemals, die Insektenreste von erhitzten Scheiben zu entfernen. Im Sommer müssen Scheiben erst mal mit klarem Wasser abgekühlt werden. Dann lassen sich die Verschmutzungen leichter entfernen.

PROFITIPP: Wenn Sie Ihr Fahrzeug draußen parken, können Sie die Hilfe der Natur in Anspruch nehmen. Morgentau ist der beste Insektenlöser. Betätigen Sie kurz die Scheibenwaschdüse. Lassen Sie das ganze einige Minuten einwirken. Im Nu sind die Insektenreste verschwunden. Wenn Sie es ganz gründlich haben möchten, können Sie die Scheibe mit einem sauberen Tuch nachwischen.

Gegen Eis und Schnee: Benutzen Sie niemals Eiskratzer! Das Wort sagt alles! Für schnelle Hilfe sorgt ein Enteiser, entweder als Spray oder als Sprühflasche. Nach dem Aufsprühen werden die gelösten Eisreste nur noch mit einem Gummiabzieher (Gummilippe) abgenommen. Für die Schneebeseitigung ist ein weicher Handfeger mit Naturhaaren, keine Borsten, erlaubt.
Wer eine Standheizung oder sogar eine heizbare Frontscheibe sein Eigentum nennt, kann sich glücklich schätzen. Diese Zusatzeinbauten verhindern auf jeden Fall den Einsatz von Kratzgegenständen.

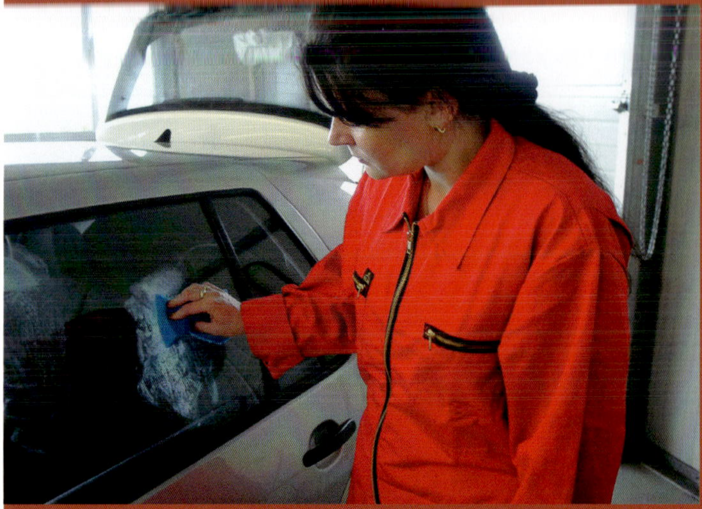

Verwenden Sie niemals eine Lackpolitur! Das Auftragen der Glaspolitur erfordert unbedingt ein sehr sorgfältiges Arbeiten! Halbherziges Aufschmieren hinterlässt garantiert sichtbeeinträchtigende Rückstände.

Machen Sie zwischendurch den Wischtest! Nur so lassen sich Unregelmäßigkeiten in der Verarbeitung schnell entdecken!

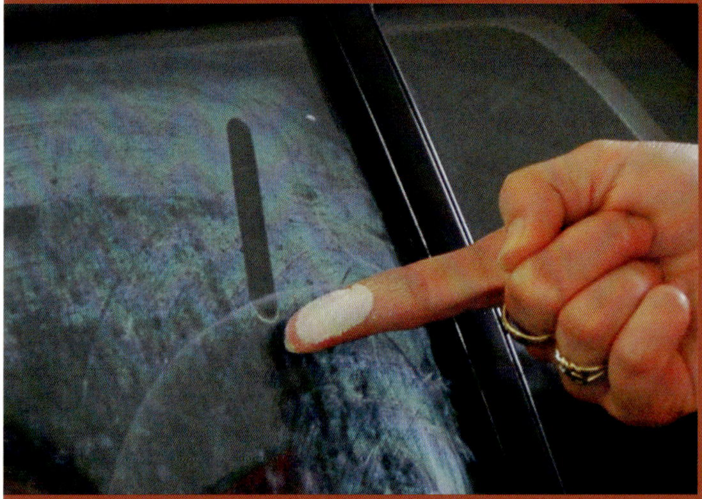

Wie Staub! Nur wenn die Glaspolitur wirklich trocken ist, darf sie auch wieder abgewischt werden. Sonst entstehen unangenehme Schatten und Schlieren!

Sonax Scheibenenteiser
Nie wieder Eiskratzen! Keine Kratzspuren auf den Scheiben. Einfach auf die vereiste Fläche aufsprühen, einige Sekunden warten, die gelöste Eisschicht mit einer Gummilippe abnehmen.

ATG Windschutzscheiben Reparaturset
Nur für Geduldsmenschen. Hektik ist bei der Verwendung dieses professionellen Helfers nicht angebracht! Trotzdem eine wirksame Erfindung gegen kleine Glasschäden von maximal 2,5 cm Durchmesser. Achtung! Nicht im direkten Sichtbereich verwenden!

Die Scheibenreparatur

Normalerweise gehört die Glasreparatur nicht unbedingt zu den einfachen Reparaturtechniken. Für kleine Schäden kann das eine teure Reparatur ersparen. Lesen Sie doch mal Ihren Versicherungsvertrag. Haben Sie keine hohe Selbstbeteiligung oder wird der Glasschaden voll ersetzt, ist der Besuch in einer Fachwerkstatt für die Scheibenreparatur der sinnvollere Weg. Wenn Sie aber Geld sparen möchten und sich eine solche Reparatur zutrauen, können Sie diese auch selbst durchführen. Dafür brauchen Sie eine Menge Geduld, Fingerspitzengefühl und ein Reparaturset.
Bestehen bei Ihnen auch nur die geringsten Zweifel an Ihren Bastelfähigkeiten, nehmen Sie die gelben Seiten und überlassen Sie diese Reparatur einem Autoglaser!

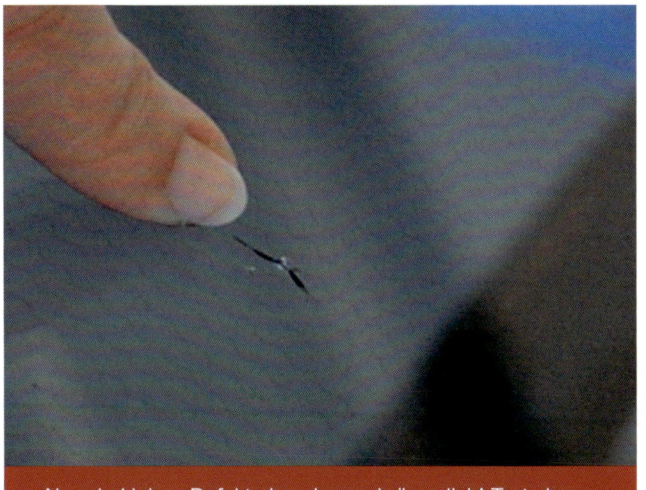

Nur ein kleiner Defekt aber dennoch ärgerlich! Trotzdem brauchen Sie einige Portionen an Geschicklichkeit um auch dieses kleinen Einschlag wieder wirkungsvoll zu stopfen!

SICHERHEITSTIPP: Achtung! Eine Scheibenreparatur darf niemals im direkten Sichtbereich des Fahrers durchgeführt werden!

Arbeitsmittel
Scheibenreiniger, ein Microfasertuch, Küchenpapier, ein Reparaturset speziell für Windschutzscheiben, eine etwas stärke Nadel oder ein Bastelskalpell, ein sauberer Pinsel, ein Glasschaber, ein Kaffeebecher oder ein Glas, viel Geduld

WARNUNG: Das Reparaturset ist nur für Beschädigungen geeignet, die nicht größer sind als 2,5 bis 3 cm!

So wird's gemacht
Befinden sich stärkere, fühlbare Ablagerungen auf der Oberfläche, reinigen Sie diese zuerst wie unter dem Abschnitt „hartnäckige Beläge entfernen".

Frontscheibe gründlich mit Scheibenreiniger, Microfasertuch und Küchenpapier reinigen und etwa eine halbe Stunde abtrocknen lassen. Die Scheibe muss absolut trocken und staufrei sein. Suchen Sie sich ein schattiges Plätzchen mit viel Licht! Eine dunkle Garage ist nicht der geeignete Ort. Vermeiden Sie aber unbedingt direkte Sonnenbestrahlung!

WARNUNG: Für die Dauer von Reparatur und Trockenzeit dürfen Sie das Fahrzeug nicht bewegen! Die ganze Aktion dauert etwa 6-8 Stunden!

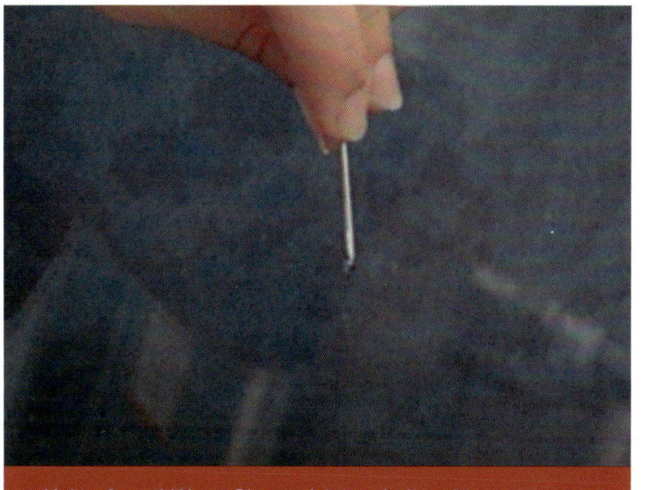

Keine Angst! Wenn Sie vorsichtig arbeiten, kann nichts passieren! Rohe Gewalt dagegen lässt so einen kleinen Schaden nur größer werden!

Entfernen Sie zuerst alle losen Splitter aus der Schadensstelle. Befinden Sich noch kleinste Splitter in der Glaswunde, können Sie diese mit einem Pinsel vorsichtig beseitigen. Reinigen Sie die ummittelbare Umgebung nochmals mit etwas Scheibenreiniger. Sprühen Sie den Scheibenreiniger nur auf das Küchenpapier, niemals auf die Schadenstelle!
Öffnen Sie die Reparaturpackung und legen Sie die Utensilien ordentlich und sicher an einen nahe gelegenen Platz.

In der Packung befindet sich eine Schablone (Siegel).

1. Ziehen Sie die unten liegende Schutzfolie vorsichtig ab. Die Schablone genau mittig über die Beschädigung platzieren. Die Schadenstelle muss durch das Loch exakt sichtbar sein. Nach genauer Ausrichtung mit den Fingern die Schablone andrücken. Jetzt brauchen Sie spitze Fingernägel!

2. Oben liegende Schutzfolie vorsichtig abziehen. Nehmen Sie den Reparatursockel zur Hand. Entfernen Sie wieder die Schutzfolie. Nehmen Sie genaues Augenmaß! Setzen Sie den Sockel mit der Schrägung des Einfüllstutzens nach oben genau mittig auf die Schablone. Drücken Sie Sockel und Schablone mit den Fingern gut fest.

3. Nehmen Sie sich den Injektor zur Hand und betrachten Sie ihn genau! Lockern Sie zuerst die an der Kolbenöffnung befindliche Klammer! Die Klammer nicht entfernen! Ziehen Sie den Kolben heraus.

4. Stellen Sie den Injektor in einen Kaffeebecher oder in ein dem entsprechendes Glas. Öffnen Sie nacheinander die beiden kleinen Spritzen und drücken Sie den Inhalt vorsichtig in die Öffnung des Injektors. Achten Sie darauf, dass die Flüssigkeit nicht wieder herausläuft!

5. Entfernen Sie die eingesteckte Nadel aus dem Injektorgehäuse. Stellen Sie den Injektor wieder in die Tasse oder das Glas. Stecken Sie den Kolben wieder vorsichtig durch die Klammern in die Öffnung des Injektors. Kolben sehr langsam und mit Gefühl bis zur unteren Strichmarkierung am Injektor runterdrücken. Nur so verhindern Sie das Austreten der Flüssigkeit aus dem Ventilloch!

WARNUNG: Arbeiten Sie mit besonderer Aufmerksamkeit! Drücken Sie die Flüssigkeit niemals unter die Strichmarkierung. Dann läuft diese aus dem kleinen Ventilloch heraus! Notfalls können Sie den Kolben ganz vorsichtig wieder hochziehen.

6. Stecken Sie die Ventilnadel wieder in das Ventilloch. Schütteln Sie die eingefüllte Flüssigkeit kräftig und gründlich ca. eine Minute durch, um die beiden Chemikalien gründlich zu vermischen.

7. Entfernen Sie die Verschlusskappe des Injektors durch gleichzeitiges Drehen und Ziehen.

8. Halten Sie den Injektor mit der Ventilnadel genau nach oben in der Hand. Jetzt stecken Sie den Injektor passgenau in den Einfüllstutzen. Überzeugen Sie sich lieber mehrmals, ob die Verbindung zwischen Stutzen und Injektor perfekt sitzt.

9. Halten Sie den Injektor fest in einer Hand. Mit der anderen Hand vorsichtig den Kolben nach oben ziehen! Nicht daran herumreißen! Positionieren Sie die Kolbenspitze so, dass der obere Rand mit der Öffnungskante abschließt.

10. Halten Sie den Kolben in dieser Position. Zählen Sie bis zehn. Jetzt den Kolben loslassen! Wiederholen Sie diesen Vorgang fünf Mal!

11. Nehmen Sie den Injektor in die Hand und halten Sie ihn gut fest. Ziehen Sie den Kolben wieder langsam hoch. Am Kolben befinden Sie zwei Einkerbungen. Befestigen Sie die untere

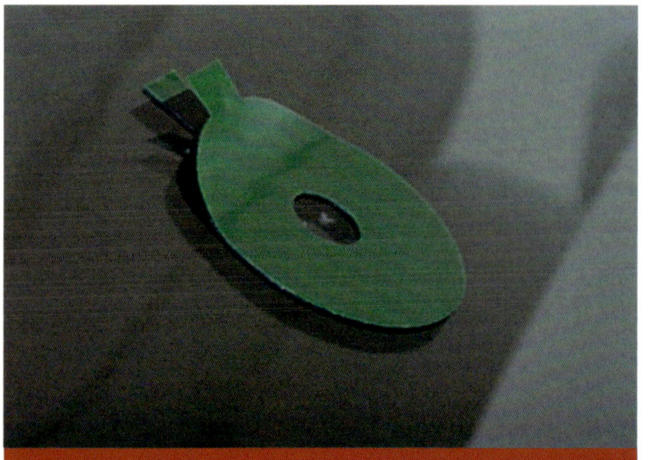

Erst wenn Sie die Schablone genauestens plaziert haben, dürfen Sie diese fest andrücken!

Kerbe fest an der Klammer. Das geht am besten, wenn Sie den Kolben vorsichtig beim Herausziehen etwas drehen. Überprüfen Sie nochmals den sicheren Halt zwischen Klammer und Kolbenkerbung. Lassen Sie den Injektor los. Nun fünf Minuten ruhen lassen.

12. Nach fünf Minuten Ruhezeit: Entfernen Sie die Ventilnadel vorsichtig aus ihrem Loch und stecken Sie die Nadel sofort wieder hinein. Die Entfernung der Nadel löst das Vakuum auf und bereitet den Injektor für den Druckprozess vor.

13. Nun halten Sie den Injektor wieder mit einer Hand gut fest. Drehen Sie den Kolben so heraus, dass die untere Kerbe aus der Klammer gelöst wird.

14. Drücken Sie den Kolben nach unten. Haken Sie diesmal den Kolben mit der oberen Kerbe an der Klammer fest. Überzeugen Sie sich, das die Kerbung an der Klammer richtig sitzt. Lassen Sie den Injektor wieder los. Zehn Minuten warten.

15. Entfernen Sie wieder die Ventilnadel aus ihrem Loch. Nadel noch nicht wieder einstecken! Befreien Sie die Kerbung des Kolbens aus der Klammer. Drücken Sie den Kolben vorsichtig nach unten bis zur Strickmarkierung. Nicht weiter! Stecken Sie jetzt die Nadel wieder in das Loch.
Durch diesen Vorgang wird nochmals ein Vakuumeffekt erzeugt.

16. Halten Sie den Injektor gut fest und ziehen Sie den Kolben abermals heraus, bis wieder die untere Kerbung an der Klammer festgehakt ist. Auf festen Sitz prüfen und loslassen. Nochmals fünf Minuten ruhen lassen.

17. Ventilnadel entfernen und sofort wieder einstecken. Injektor wieder gut festhalten und die Kolbenkerbung aus der Klammer befreien. Kolben nach so weit nach unten drücken, dass Sie ihn an der oberen Kerbung mit der Klammer befestigen können. Auch hier auf sicheren Halt prüfen!
In dieser Position bleibt der Injektor für mindestens sechs Stunden. Währenddessen darf weder das Fahrzeug noch der Injektor bewegt werden!

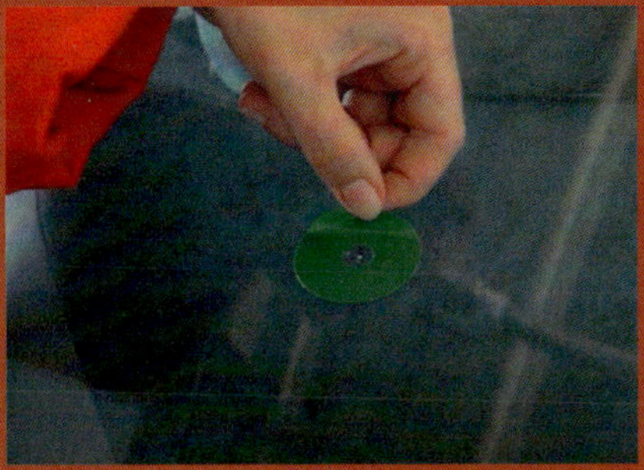

Mit spitzen Fingern lässt sich die Folie einfach abziehen. Klappt das nicht, können Sie auch eine Pinzette zu Hilfe nehmen.

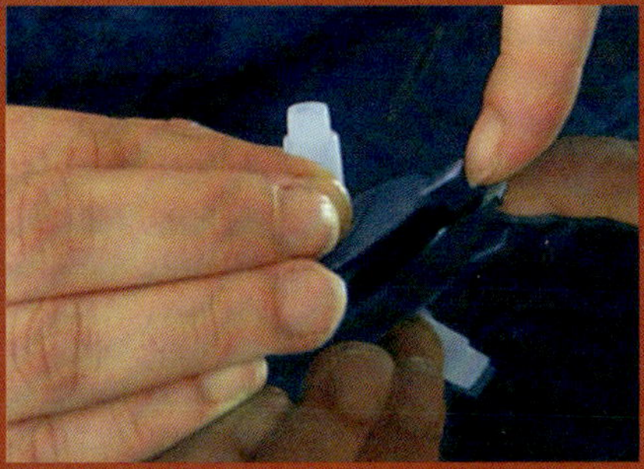

Achten Sie unbedingt auf perfekten Sitz! Erst wenn der Reparatursockel wirklich genau auf die Schablone passt, dürfen Sie ihn andrücken!

Kontrollieren Sie, ob der Reparatursockel wirklich fest sitzt! Schon die kleinste Unregelmäßigkeit kann das ganze Reparaturverfahren zunichte machen.

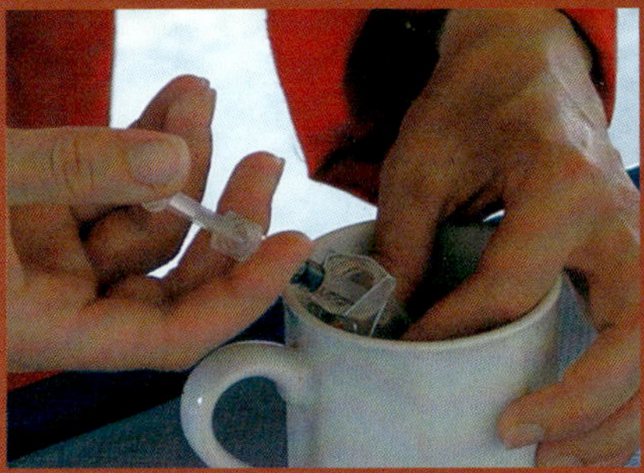

Halten Sie den Becher gut fest! Die Flüssigkeit darf nicht auslaufen und auch nicht verschüttet werden.

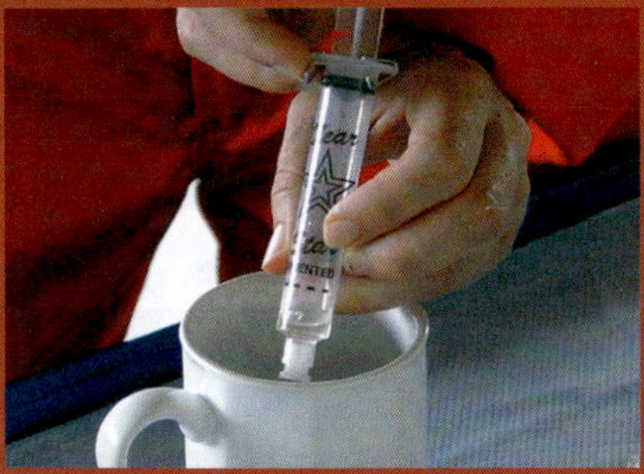

Bitte keine Gewalt! Nur wenn Sie ganz vorsichtig und mit Gefühl ans Werk gehen, verhindern Sie das Ausdrücken der Reparaturflüssigkeit!

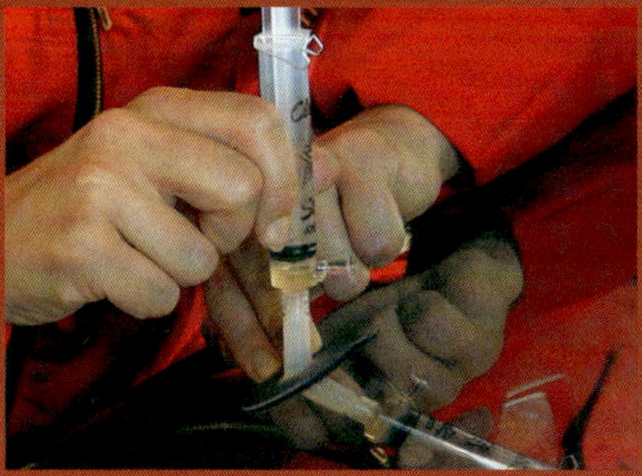

Und wieder ist absolute Genauigkeit gefragt! Setzen Sie den Injektor absolut passgenau in den Einfüllstutzen. Jede noch so kleine Ungenauigkeit kann die Flüssigkeit austreten lassen!

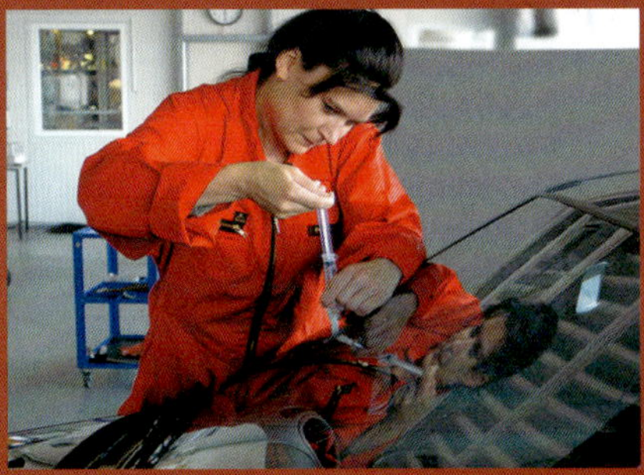

Jetzt wird's anstrengend! Für das Aufziehen des Injektors brauchen Sie ein wenig Kraft! Nicht mit Gewalt daran herumziehen!

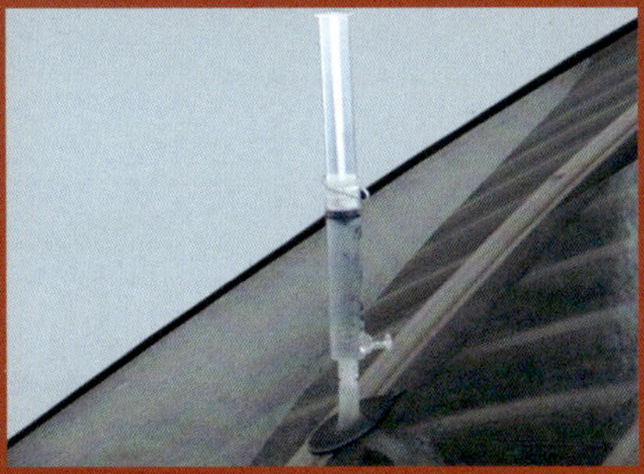

Die erste Hürde ist genommen. Achten Sie darauf, dass das Fahrzeug keiner unerwarteten Erschütterung ausgesetzt wird.

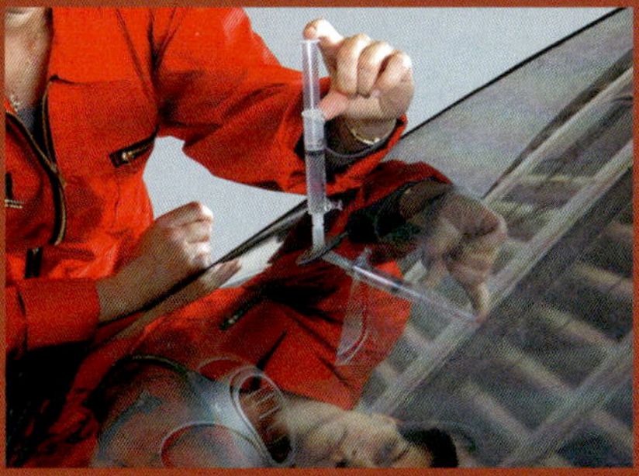

Überprüfen Sie unbedingt die Klammer! Diese muss fest eingerastet werden!

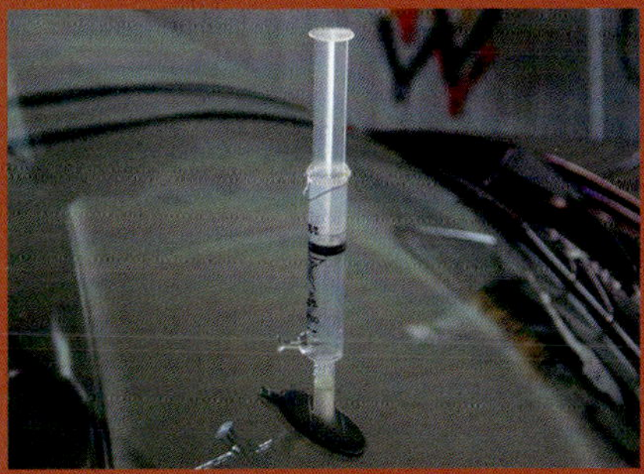

Halten Sie die Ruhezeiten ein! Jetzt braucht es 10 Minuten, bevor Sie weiter arbeiten dürfen!

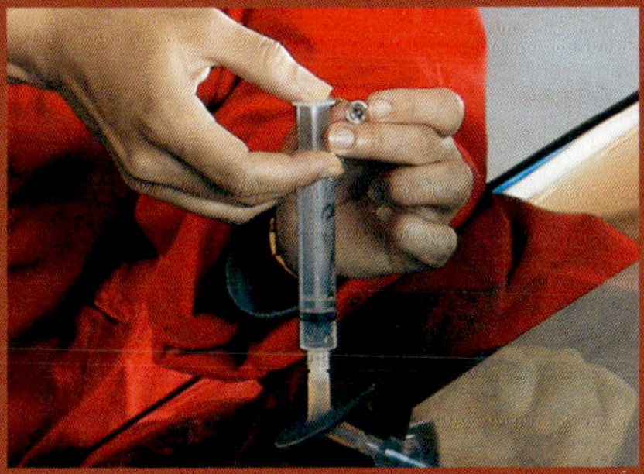

Achten Sie genau auf die Strichmarkierung! Notfalls können Sie jemanden bitten, der Ihnen beim genauen Hinsehen hilft!

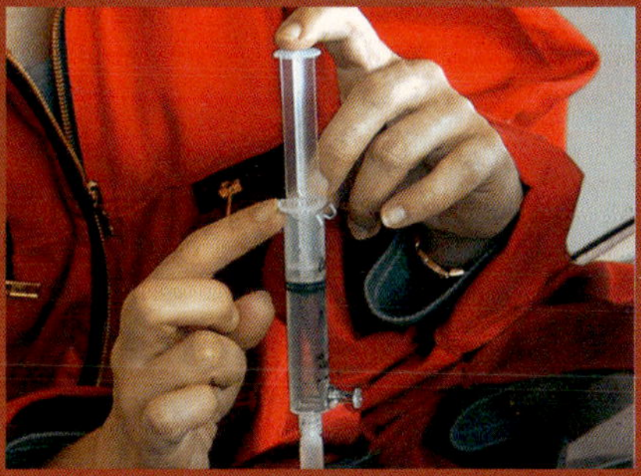

Der letzte Druckvorgang! Nach mehrmaligen Vorgängen kann der Druckprozess einiges an Kraft verlangen!

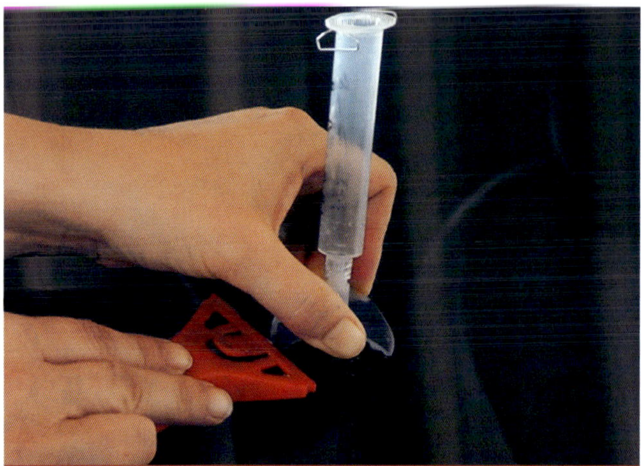

Halten Sie den Injektor gut fest. Vorsichtig den Glasschaber unter die Schablone schieben! Bitte keine Gewalt! Sonst gibt es böse Kratzer in der Scheibe!

Jetzt noch der letzte Schliff! Mit dem Glasschaber werden alle Unebenheiten von der Scheibenoberfläche sauber entfernt! Nicht kratzen, sondern nur langsam über die Glasfläche schieben!

18. Nach sechs Stunden entfernen Sie die Ventilnadel aus dem Loch. Ziehen Sie den Kolben aus dem Injektor heraus. Lockern Sie die Ränder des Sockels vorsichtig mit einem Glasschaber (eine Rasierklinge ist viel zu scharf und kann für blutige Finger sorgen). Halten Sie den Sockel gleichmäßig fest und ziehen sie ihn vorsichtig an der Knickmarkierung nach oben ab.

19. Nehmen Sie wieder den Glasschaber zur Hand. Setzen Sie die Klinge so schräg wie möglich gegen die Reparaturstelle. Damit können Sie mit größter Vorsicht alle überstehenden Reste beseitigen. Bei Bedarf die Scheibe nochmals mit Scheibenreiniger und Küchenpapier abwischen.

Sonax Mikrofasertücher
Die Vielfalt der Qualitäten macht die Entscheidung nicht unbedingt leichter. Lieber etwas mehr ausgeben, dafür ist das Tuch länger haltbar und erzeugt auch nach langem Gebrauch keine Knötchen oder Gerüche. Mit einem speziellen Mikrofaserwaschmittel waschen (z.B. Hey Micro Wash).

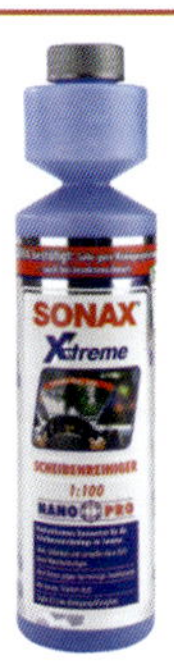

Sonax Xtreme Scheibenreiniger 1:100
Auch die Scheibenwaschanlage braucht eine gute Füllung. In der Sommerzeit müssen viele Insekten von der Frontscheibe entfernt werden. Scheibe mehrmals besprühen, 5 Minuten warten und nochmals den Sprüh- und Wischvorgang wiederholen.

Stockmeier Chemie Scheibenreiniger
Bevor eine Glaspolitur verwendet werden darf, müssen die Scheiben vorher gereinigt werden. Der Scheibenreiniger verhindert unnötige Schmierflecken auf der Scheibenoberfläche.

Sonax Klarsicht 1:100 Konzentrat
Ein lange bewährtes Produkt für klare Sicht. Beseitigt Blend- und Schmierfilme.
Das Produkt lässt sich sparsam dosieren und entfernt sogar Waschanlagenrückstände.

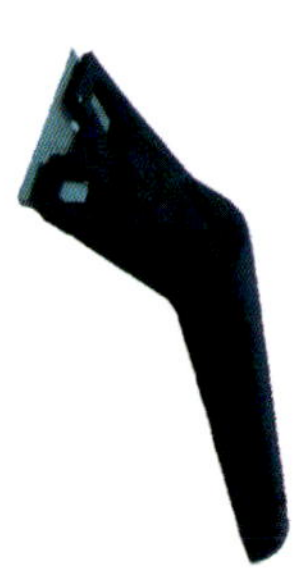

Ein **Glasschaber** mit angewinkeltem Griff ermöglicht punktgenaues Arbeiten auf allen Flächen.

Oldtimer, Youngtimer, Liebhaberfahrzeuge

Gehören Sie zu den glücklichen Fahrzeugbesitzern, die solch ein Prachtstück Ihr Eigen nennen dürfen? Oldtimer zählen zu einer ganz besonderen Spezies. Eine alte Lady verträgt keine Radikalkuren und auch keine chemische Keule. Für die Pflege und Schönheit eines solchen Gefährts sind nur die besten Mittel gerade gut genug. Das fängt schon bei der Lackpflege an. Betagte Fahrzeuge mit einer alten Originallackierung, die noch aus Nitro-, Kunstharz oder einer Thermoplast-Lackierung besteht, können durch unsachgemäße Behandlung erheblichen Schaden nehmen. Je nach Lacksubstanz und Lackqualität unterscheiden sich Oldtimer erheblich von Fahrzeugen jüngeren Datums. Oft sind diese alten Lacke nur noch sehr dünn. Sie haben viele Putzangriffe überlebt, Lackschichten wurden durch Schleifpolituren und andere Inhaltsstoffe abgetragen. Die beste Methode, die wahre Lackstärke zu bestimmen, finden Sie beim Lackierfachbetrieb. Der Lackierer kann mit einem Schichtstärkenmessgerät genau feststellen, wie viel hunderstel Millimeter Lack noch vorhanden sind (siehe auch unter Schichtstärkenmessgerät).

Nachlackierte Oberflächen, bei denen bereits Acryllacke oder andere Lackqualitäten verwendet wurden, dürfen auch mit den allgemein gebräuchlichen Pflegeprodukten behandelt werden.
Bevor Sie mit der Glanzerzeugung beginnen, fragen Sie vorher entweder den Restaurator, den Vorbesitzer oder in einem Lackierfachbetrieb nach. Je mehr Informationen Sie sammeln, desto besser. Erfragen Sie auch, womit das Fahrzeug in den letzten Jahren behandelt wurde.
Wurden fast ausschließlich Naturwachse verwendet, kann die Verbindung mit synthetischen Wachsen zu Schlieren und Schatten führen. Auch eine sog. Überfettung wird durch zuviel oder aber ungeeignete Lackpflegemittel erzeugt. Was in der heutigen Zeit an Autopflege-Produkten angeboten wird, ist chemisch nur auf moderne Lacksysteme abgestimmt.
Pflegemittel aus der TV-Werbung haben ebenfalls nichts auf alten Lacken zu suchen. Sie schädigen mehr als das sie nützen. Die Beseitigung solcher Wunderprodukte bedarf einiger Mühe und Erfindergeist.
Wenn Sie jedoch keine Information über verwendete Pflegemittel erhalten konnten, ist auf jeden Fall eine komplette Erneuerung der Schutzschicht zu empfehlen.

Als ich vor mehr als zwei Jahrzehnten anfing, mich für perfekte Fahrzeugpflege zu interessieren und dies dann auch noch beruflich umsetzen konnte, waren die Fahrzeuge, die heute an Wert gewinnen und oft sehr teuer bezahlt werden müssen, meine tägliche Arbeit. Youngtimer und Oldtimer haben vom Anfang bis heute meine Erfahrungen geprägt. Sie waren damals entweder gerade als neues Modell auf den Markt gekommen oder hatten schon etliche Jahre und Kilometer auf den Straßen hinter sich. Oft kamen dann Fahrzeuge zur Reinigung, die damals, Anfang der achtziger Jahre, schon als alt und wenig Wert galten. In meiner Anfangszeit hatten Autohändler eine sogenannte Bastlerecke. Hier befanden sich Fahrzeuge, die nur noch für ein paar Mark zu haben. Diese

Ein echtes Prachtstück! Funkelnd wie ein Edelstein und glatt wie ein Spiegel! Wer würde sich danach nicht umdrehen!

Autos hatten ihr Autoleben fast hinter sich und waren zwischen 10 und 30 Jahren alt. Heute werden für solche Liebhaberstücke stolze Preise verlangt.
Das aber war für mich die Gelegenheit, aus einem schon abgeschriebenen Altfahrzeug für wenig Geld doch noch ein Schmuckstück zu machen. Manchmal standen Fahrzeuge bis zu 2 Jahren in solchen Ecken herum. Diese Fahrzeuge dann wieder zum Leben zu erwecken und ihnen Glanz und Sauberkeit einzuhauchen, war eine zeitraubende Angelegenheit und eine geradezu handwerkliche und kreative Herausforderung. So mancher „hoffnungsloser Fall" wäre mit Sicherheit auf der Schlachtbank oder auf dem Autofriedhof gelandet. So aber konnten sie noch einige Jahre oder sogar bis heute weiterfahren.

Abgesehen von den unschätzbaren Erfahrungen, haben wir damals keine großartigen oder arbeitserleichternden Hilfsmittel gehabt. Wir mussten uns mit Fantasie und Kreativität behelfen und das nehmen, was vorhanden war. Es gab keine Reparatursets – auch kaum Lackwundermittel oder sonstiges, was die Arbeit erheblich hätte erleichtern können. Die Reinigung und Aufarbeitung von Fahrzeugen stand damals ganz am Anfang.

Sonax Scheibenreinigungspolitur
Für eine glanzvolle Autoscheibenaufarbeitung bestens geeignet. Scheibenreinigungspolitur unterstreicht zusätzlich den Glanzeffekt jeder Hochglanzkarosse!

Auch der Fahrzeugbesitzer kannte nichts anderes, als die Reinigung und Pflege vor der Haustür oder die Ruckzuck-Reinigung für ein paar Mark an der Tankstelle.

Heute ist das etwas anders. Zum Glück gibt es für viele, fast aussichtslos wirkende Schäden, eine Lösung. Das erleichtert die Arbeit ganz erheblich. Auch einige Produkte von „damals" sind noch heute auf dem Reinigungsmittelmarkt zu haben und leisten uns nach wie vor beste Dienste.

Diese Produkte vermögen den alten, oft trockenen Lackschichten eine gewisse Flexibilität und eine ausreichende Wetterbeständigkeit zu erhalten. Oldtimer-Karosserien dehnen sich auf Grund ihrer Materialbeschaffenheit durch Wärme, z. B. Sonne, aus. Eine trockene Lackschicht reißt in sich auf. Unter der Lupe betrachtet, erscheinen solche Schäden wie eine mit Rissen getrocknete Lehmschicht. Ist die alte Lackierung in diesem spröden, erbärmlichen Zustand, lässt sich eine teure und aufwendige Neulackierung nicht mehr vermeiden.

Für eine erfolgreiche Dauerpflege zur Konservierung eignet sich ein hochwertiges Hartwachs. Die Anwendung ist nicht ganz einfach und unterliegt bestimmten Kriterien. Wie auch bei den modernen Lacken, ist eine vorangehende, gründliche Reinigung erforderlich. Auf diese Weise werden alle Verschmutzungen beseitigt, und nicht mit dem Hartwachs versiegelt. Eine Lackversiegelung, die auf solche Lackarten abgestimmt ist, trägt dauerhaft zu strahlendem Glanz und Oberflächenschutz bei. In dem Kapitel „Dauerglanz durch optimalen Lackschutz" konnten Sie lesen, was es mit den einzelnen Produkten auf sich hat.

Glänzender Auftritt für alle Oldtimer,Youngtimer und Liebhaberfahrzeuge

Bevor Sie sich neuen und langanhaltenden Glanz herbeizaubern, entfernen Sie zuerst die alten Wachs- und Poliermittelschichten.

Eine blitzblanke Lackoberfläche erzielt die höchste Wertschöpfung und unterstreicht die Vollendung der Form!

Arbeitsmittel

Silikonentferner, Fleckenwasser, weiche Tücher, Auto-Shampoo, reichlich warmes Wasser, ein weicher Autoschwamm, ein Leder- oder Vinyltuch zum Nachtrocknen, ein hochwertiges Kombi-Produkt, eine Lackversiegelung oder ein Hartwachs, ein weicher Polierschwamm, ein Microfaserpoliertuch

Wenn Sie mit der Poliermaschine arbeiten möchten, benötigen Sie eine normale, weiche Schaumstoffscheibe und für das Hartwachs einen Lammfellaufsatz.

Sonax Silikon- & Wachsentferner ist vor jeder Lackausbesserung unbedingt Pflicht. Damit werden alle Rückstände auf der zu behandelnden Lackoberfläche entfernt.

So wird's gemacht

Testen Sie zuerst an unsichtbarer Stelle, ob das Fahrzeug fachgerecht nachlackiert wurde. Färbt der Lack ab oder klebt sogar der Lappen an der Oberfläche, dürfen Sie nicht mit lösemittelhaltigen Reinigern arbeiten!

Für alle beständigen Lacke: Waschen Sie das gesamte Fahrzeug mit viel Autoshampoo und einem weichen Autoschwamm gründlich ab. Das geht am besten in einer Selbstwaschbox. Die meisten verfügen über einen separaten Wasseranschluss, sogar mit Warmwasser.
Spülen Sie das Fahrzeug gründlich ab. Mit einem Leder- oder Vinyltuch sorgfältig von aller Nässe befreien. Geben Sie reichlich Silikonentferner auf ein weiches Tuch. Die gesamte Oberfläche damit gleichmäßig abreiben. Anschließend den Vorgang mit Fleckenwasser wiederholen. Das gesamte Fahrzeug nochmals sehr gründlich mit Autoshampoo waschen und klar spülen. Keine Zusätze wie Konservierung oder Glanztrockner verwenden. Fahrzeug nach der Wäsche nur trocken wischen.
Die Oberfläche braucht einige Zeit, bis alle Restfeuchtigkeit verdunstet ist.

WARNUNG: Sonne und Feuchtigkeit sind der Erzfeind von aufgetragenen Hartwachsen!

Mit einem sauberen, weichen Schwamm und der Kombi-Politur in gleichmäßigen Bewegungen längs-quer-längs und winzig kleinen Kreisen die gesamte Lackoberfläche behandeln. Antrocknen lassen und mit einem Microfaserpoliertuch sehr sorgfältig alle Poliermittelreste abnehmen.

Auftragen von Hartwachs: Mit einem sauberen, weichen Schwamm super dünn und absolut gleichmäßig in Längs-quer-längs-Bewegungen abschnittsweise auf die Lackoberflächen auftragen. Keine unnötigen Zwischenräume oder dicke Schichten erzeugen. Das führt zu einer sehr mühevollen Abputzarbeit und hinterlässt Streifen und Schlieren!
Die aufgetragene Hartwachsschicht mindestens zwei Stunden durchtrocknen lassen. In dieser Zeit darf das Fahrzeug nicht bewegt werden. Nach der Trocknungszeit mit dem Microfaserpoliertuch die Hartwachsschicht abnehmen.

PROFITIPP: Arbeiten Sie mit beiden Händen! Nehmen Sie sich ein weiches Frotteetuch in die andere Hand. Damit können Sie die Hartwachsschicht vorab wegwischen, bevor Sie mit dem Microfaserpoliertuch die Feinarbeit machen. Außerdem verhindert die Benutzung zweier Tücher ärgerliche Fingerabdrücke auf der empfindlichen Lackoberfläche.

Lackbehandlung mit einer Spezialversiegelung
Nehmen Sie sich die Packung zur Hand und lesen Sie die Anweisungen sehr genau durch. Die Produkte sind unterschiedlich in der Verarbeitung. Nur so können Sie auf eventuelle Abweichungen und Hinweise richtig reagieren. Ansonsten ermöglicht Ihnen unsere detaillierte Arbeitsbeschreibung im Kapitel „Dauerglanz und optimaler Lackschutz" eine sichere Anwendung.

Trockenpflege für zwischendurch

Auf allen einschlägigen Fachmessen dieser Welt werden nagelneue Automobile und kostspielige Nobelkarossen mit Trockenpflegemitteln und entsprechenden Techniken gereinigt. Die Automobilindustrie hat sich die besten und schonendsten Verfahren und Produkte ausgesucht und setzt sie erfolgreich z. B. auf der IAA in Frankfurt ein.
Insbesondere herumfliegender Staub und mit Schweiß und Fett belegte Fingerabdrücke müssen unter dem grellen Licht der Wahrheit so schnell wie möglich verschwinden.

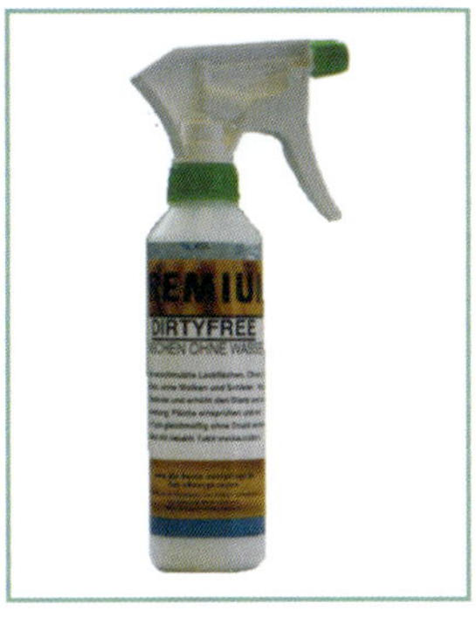

Cartec Premium Dirtyfree
Entfernt Fingerabdrücke, Staubbeläge und alle leichten Verschmutzungen mühelos. Das Produkt lässt sich einfach verarbeiten. Es entstehen keine Schatten oder Schleifer auf dem Lack. Eignet sich auch zum Entfernen von angetrockneten Poliermittelresten an Chrom- und Aluverzierungen.

Liebhaber von Oldtimern und Exklusivkarossen sind im Allgemeinen darauf bedacht, allen störenden Schmutz von der glänzenden Oberfläche umgehend und fast mühelos zu beseitigen.
Lose aufliegender Staub lässt sich einfach und schnell mit einem Baumwoll-Staubbesen abkehren. Solche Besen kehren wirklich gut und werden gern auf Messen und in Ausstellungsräumen von Autohäusern genutzt. (Solche Staubwunderbesen habe ich schon vor 20 Jahren für die Neuwagenausstellung mit großem Erfolg genutzt.)
Allerdings vernichten sie nur solche Staubbeläge, die nicht mit Feuchtigkeit in Berührung gekommen sind. Die Baumwollfäden sind mit einem speziellen Wachs getränkt. Die aufgenommenen Staubpartikel werden in den Fäden festgehalten und können sich nicht wieder verteilen.
Mit einer hochwertigen Trockenwäsche können anschließend Fingerabdrücke und alle festanhaftenden Beläge abgenommen werden. Gute Trockenpflegeprodukte vernichten auch Insekten und andere kleinere Verschmutzungen wie Wasserflecken und Putzschlieren.
Die Wahl des richtigen Trockenpflegemittels liegt in den Händen des Besitzers. Auf dem Reinigungsmittelmarkt befinden sich einige wenige hervorragende Produkte, die den hohen Anforderungen gerecht werden. Die einen werden als sog. Wachsspray angeboten, andere sind als normale Sprühflasche mit Feinzerstäuber auf dem Markt zu finden.
Von getränkten Microfasertüchern, die Wunder versprechen, sollten Sie Abstand halten.
Vorsicht ist auch bei den zum Teil in der Fernsehwerbung angepriesenen Trockenwäschen geboten. Sie sollen angeblich sogar starke Verschmutzungen spurenfrei entfernen. Das ist eine fatale Aussage! Wie intensiv die Verschmutzung sein darf, wird nicht gesagt. Diese Mittel kaschieren durch Silikone und Glanzöle die entstehenden Bearbeitungsspuren! Schon nach ein, zwei Fahrzeugwäschen kommt dann der durch Schmutz verkratzte Lack zum Vorschein.

Sonderbehandlung für Sonderausstattungen

Betagte – und damit sehr wertvolle – Fahrzeuge bedürfen immer besonderer Aufmerksamkeit. Das gilt nicht nur für die Lackierung und alle im Außenbereich angebrachten Verschönerungselemente. Besonders im Innenraum kann sich so manche Überraschung verbergen. Alte Stoffe verschleißen mit den Jahren wie ein alter Bettbezug. Risse sind dann die Folge. Die Verwendung von Reinigungsmitteln aus dem normalen Sortiment ist oft Gift für solche Materialien. Gute Erfahrungen konnten wir mit einfachen Feinwaschmitteln oder sogar Haarshampoo machen. Auch Gallseife lässt so manche derbe, alte Oberfläche wieder richtig schön werden. Allerdings ist hier unbedingt das Klarspülen der wichtigste Faktor. Für die Auffrischung alter Kunststoffe können wir Ihnen die von uns seit Jahren verwendete Lederpflege empfehlen. Bei Teppichbelägen konnten wir keine Einschränkung bei der Nutzung von handelsüblichen Reinigern feststellen. Anstelle von Mehrzweckreinigern können Sie einfach auch Feinwaschmittel benutzen. Auch eine Lauge aus reiner Kernseife hat beste Ergebnisse gebracht.

Cartec Spraywachs
Eignet sich hervorragend für die schnelle Nachbehandlung nach einer Fahrzeugwäsche. Die einfache Verarbeitung ist ein großes Plus. Aufsprühen, abwischen, fertig ist der Glanz.

Sonderausstattungen und empfindliche Innenausstattungen bedürfen wirklich akribischer Kleinarbeit. Hetze und Eile sind hier keine guten Helfer. Je mehr Zeit Sie sich dafür nehmen, desto größer ist natürlich der Effekt. Wenn Sie so ein wertvolles Prachtstück besitzen, ist eine regelmäßige Pflege besser als gelegentliche große Putzangriffe. Je feiner Sie arbeiten, desto besser für die empfindlichen Materialien.

Aluminium-Zierleisten

Verzierungen aus Aluminium unterstreichen das Design, die Noblesse und die Schönheit des Fahrzeugs.
An vielen Fahrzeugtypen finden sich Leisten und Applikationen an den verschiedensten Stellen. So lange diese in ihrem vollen Glanz erstrahlen und somit ihren gewollten Zweck erfüllen, bedürfen sie keiner besonderen Aufmerksamkeit. Im Laufe der Zeit nagen auch hier Umwelteinflüsse, falsch eingesetzte oder ungeeignete Chemikalien an den Oberflächen und lassen sie zu einem hässlichen Übel werden. Ungepflegte oder angelaufene (oxidierte) Alu-Verzierungen beeinträchtigen die beste Lackpflege. Sie trüben den Gesamteindruck, ähnlich wie verschmutzte Autoscheiben. Wird die Fahrzeugoberfläche sachgerecht gewaschen und gepflegt, lassen sich die Alterungserscheinungen in Grenzen halten. Aluminiumverzierungen auszutauschen wird ein teurer Spaß und ist obendrein noch mit großem Aufwand verbunden. Oft können nur ganze Bauteile, wie z.B. Türgriffe, Heckleuchten oder Rammschutzleisten ersetzt werden.

Selbst die kleinste Unebenheit kann den Gesamteindruck von Schönheit empfindlich trüben! Eine regelmäßige Pflege an Zierleisten sorgt für einen immerwährenden Glanz!

Diese unnötigen Kosten gilt es zu verhindern und auch bereits geschädigte Zierelemente kann man wieder zu einem akzeptablen Äußeren verhelfen.

Die richtige Pflege von Alu-Verzierungen

Arbeitsmittel
Kombi-Politur, ein weiches Tuch

So wird's gemacht
Geben sie einige Tropfen Politur auf einen Zipfel des Tuches. Mit dem Zeigefinger kräftig über die Zierleisten reiben. Trocknen lassen und anschließend mit einem weichen Tuch nachpolieren.

WARNUNG: Gehen Sie sehr sparsam mit dem Poliermittel um. Zuviel Politur erschwert das Nachpolieren. Alu-Verzierungen an rauen Kunststoffteilen müssen anschließend unbedingt mit einem Radiergummi von Politurresten befreit werden.

P **PROFITIPP:** Zeigen sich nach dem Abreiben Polierreste in den umliegenden Rillen, können Sie diese mit einer Zahnbürste leicht entfernen.

Angelaufene, oxidierte und matte Alu-Verzierungen

Arbeitsmittel
Aluminium-Politur, etwas feinste Stahlwolle, ein weiches Tuch

So wird's gemacht
Ein kleines Stückchen feinste Stahlwolle mit etwas Aluminium-Politur beträufeln. Vorsichtig an den Alu-Verzierungen entlang reiben, bis sich die Verunreinigungen lösen. Trocknen lassen und gründlich abwischen. Alu-Politurreste mit einer Zahnbürste oder mit einem Radiergummi sorgfältig entfernen.

WARNUNG: Achten Sie unbedingt auf die umgebenden Lackflächen. Die Stahlwolle darf damit niemals in Berührung kommen!

ROT WEISS Aluminium Spiegelglanzpolitur
Wirkt im Nu! Selbst stark angelaufene und verwitterte Aluleisten können damit gerettet werden. Nach der Behandlung sehen diese Verzierungen wieder aus wie neu!

P **PROFITIPP:** Sind Sie sich nicht sicher, ob Sie das ohne Schaden hinkriegen, können die umgebenen Lackbereiche mit einem Abklebeband wirksam geschützt werden.

Starke Verwitterung und leichte Schrammen entfernen
Vernachlässigte Zierelemente sind leider nur mit größerem Aufwand wieder aufzuarbeiten. Dafür brauchen Sie allerdings Geschick und viel Geduld.
Leichte Schrammen und stärkere, in das Aluminium eingedrungene Witterungs- und Chemiespuren lassen sich mit mechanischer Hilfe erfolgreich beseitigen.
Dafür brauchen die Alu-Verzierungen nicht zwingend vom Fahrzeug entfernt zu werden. Trauen Sie sich das nicht zu, können Sie einen Fachbetrieb damit beauftragen, der die Leisten mit der nötigen Sachkenntnis ab- und auch wieder anbaut.

Arbeitsmittel
Eine ganz normale Heimwerker-Bohrmaschine, ein dafür geeigneter Lappenscheibenaufsatz, Nassschleifpapier Körnung 1000 - 1500, Klebeband für Autolackierung, Aluminium-Politur, ein weiches Tuch, einen sauberen Behälter.

So wird's gemacht
Legen Sie das Nass-Schleifpapier in einen mit etwas Wasser gefüllten Behälter. Wenn das Papier richtig durchgeweicht ist, können Sie es benutzen.
In der Zwischenzeit alle umliegenden Flächen, die nicht bearbeitet werden sollen, mit dem Lackierklebeband sorgfältig abkleben. Reißen Sie sich ein handgroßes Stückchen Schleifpapier ab. Je nach Kratzertiefe oder Verwitterung mit dem 1000er Papier vorsichtig die Zierleisten anschleifen. Mit einem trockenen Tuch abwischen und nochmals mit 1500er Papier nachschleifen bzw. glattschleifen.
Etwas Politurmittel auf ein sauberes Tuch geben und die gesamte Leiste damit nachbehandeln. Nicht abwischen! Mit dem Aufsatz auf der Bohrmaschine (niedrigste Drehstufe) langsam und sehr vorsichtig die bearbeiteten Leisten aufpolieren. Bei Bedarf können Sie mehrmals das Poliermittel auftragen. Stellt sich der Glanz ein, nochmals mit der Politur und einem weichen Tuch nacharbeiten. Alles trocknen lassen und blank wischen. Klebeband von den umliegenden Flächen abziehen. Kleine, verbleibende Klebereste mit etwas Hartwachs flüssig abwischen. Kein Fleckenwasser oder Ähnliches verwenden, sonst gibt es erneut blinde Spuren!

Beulen und Druckstellen entfernen
Hier geht es nicht ohne Abbau der Alu-Zierleisten.

Arbeitsmittel
Ein kleiner Hammer, ein kleines Holzklötzchen, ein weiches Tuch, eine kratzfreie Unterlage (Holzbrett)

So wird's gemacht
Legen Sie die ausgebaute Zierleiste mit der Innenseite nach oben auf einen festen Untergrund. Zum Schutz vor erneuten Kratzern oder Beulen ein weiches Tuch darunter legen.
Das Holzklötzchen auf der Beule platzieren und vorsichtig mit leichten Hammerschlägen die Beulen oder Druckstellen heraus drücken.

WARNUNG: Achten Sie unbedingt darauf, dass Sie die Leiste nicht erneut beschädigen!

Sind alle Beulen und Dellen entfernt, können Sie die Zierleisten wie unter der jeweiligen Verschmutzung oder Beschädigung entsprechend beschrieben, weiterbehandeln. Erst danach werden die Zierteile wieder montiert.

Dauerschutz für Alu-Zierleisten
Haben Sie die Alu-Verzierungen wieder zu neuem Glanz erweckt oder wollen Sie auf Dauer den Glanz erhalten, können Sie etwas mehr Aufwand betreiben.

Arbeitsmittel
Eine hochwertige Lackversiegelung oder Hartwachs flüssig, ein weiches Tuch

So wird's gemacht
Etwas Lackversiegelung auf den Zipfel eines weichen Tuches geben. Langsam und gleichmäßig auf die Zierelemente verteilen. Trocknen lassen und nachreiben. Vorgang zweimal wiederholen. Reste in Rillen und Ritzen mit der Zahnbürste entfernen. Materialreste auf Kunststoffteilen mit dem Radiergummi beseitigen.

WARNUNG: Tragen Sie niemals ein Lackversiegelungsprodukt auf schmutzige Alu-Leisten auf! Das versiegelt den Schmutz und die Oxidationsspuren.

PROFITIPP: Wenn Sie aufwendig restaurierte Zierleisten einen besonderen Schutz gönnen möchten, können Sie diese mit Klarlack überziehen. Dadurch werden sie einfach und schnell für das restliche Autoleben vor allen Angriffen durch Chemikalien und Feuchtigkeit geschützt. Allerdings dürfen Sie dann vor der Klarlackbehandlung keine wachshaltigen Mittel verwenden. Bevor Sie die Klarlackschicht auftragen, müssen Sie die Leisten vorbehandeln wie unter „starke Verwitterung und leichte Schrammen entfernen" beschrieben. Die Verwendung der Kombi-Politur lassen Sie dann einfach weg und nehmen statt dessen Klarlack. Am besten macht sich das Lackieren, wenn Sie die Leisten abnehmen. Der verwendete Klarlack sollte auch für blankes Aluminium geeignet sein.

Stockmeier Chemie Lackversiegelung
Besonders geeignet für die Verwendung nach dem Beseitigen von Schrammen und Kratzern. Die Versiegelung bietet einen Langzeitschutz gegen durchdringende Verschmutzungen.

Chrom-Verzierungen

Lampenringe, Kühlergrill, Radhausverkleidung usw.

Diese Verzierungen sind nur wirklich schön, wenn sie glänzen. Angelaufene, verrostete oder zerkratzte Zierelemente schädigen den Gesamteindruck ganz erheblich.
Neuwertige Chrom-Verzierungen lassen sich schnell und sehr einfach mit etwas Politur (Kombi-Politur) schützen und pflegen. Eine Chrompolitur ist rausgeworfenes Geld!

Ist die Oberfläche bereits vernachlässigt, rostig und angelaufen, brauchen Sie schon etwas mehr Mühe, damit diese Ablagerungen verschwinden.

Arbeitsmittel
Polierpaste, ein weiches Tuch, feinste Stahlwolle, Kombi-Politur

Bauteile aus Chrom dienen zur Verschönerung einer Fahrzeugkarosserie! Mit wenigen Hilfsmitteln und geringem Arbeitsaufwand lässt sich ein beachtlicher Glanzerfolg erzielen.

Glänzend gearbeitet! Der Unterschied ist nicht zu übersehen! Mit Polierpaste und Kombi-Politur haben wir den Chromglanz wieder hergestellt!

So wird's gemacht
Polierpaste auf ein handgroßes Knäuel feinster Stahlwolle geben. Die Chromteile kräftig damit abreiben, bis die Verschmutzungen erfolgreich beseitigt sind.

WARNUNG: Vermeiden Sie jeglichen Kontakt der Stahlwolle mit dem Lack. Das gibt Kratzer! Notfalls können Sie die unmittelbare Umgebung mit Abklebeband schützen.

Polierpastenreste mit einem weichen Tuch abwischen und alles nochmals mit einem weichen Tuch und etwas Kombi-Politur behandeln. Trocknen lassen und auf Hochglanz polieren.

PROFITIPP: Für langanhaltenden Chromglanz können Sie zusätzlich eine hochwertige Lackversiegelung oder auch ein gutes Hartwachs auftragen.

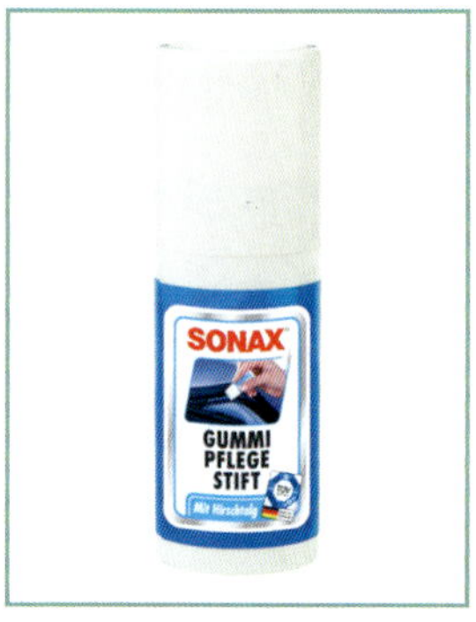

Sonax Gummipflegestift
Vor dem Beginn der kalten Jahreszeit ein unbedingtes Muss. Regelmäßige Wiederholung schützt die teueren Türgummis vor einer Auswechselung.
Bei Frost verhindert der Gummipflegestift das Zufrieren nach einem Waschanlagenbesuch.

Restauration und Pflege von Gummi-Dichtungen und Leisten

Generell gilt für Gummi-Profile und Dichtungen, was sich wie ein roter Faden durch unsere Bücher zieht: Verwenden Sie nur milde Reinigungsprodukte. Aggressive Reiniger oder lösemittelhaltige Produkte schädigen nachhaltig das Gummi.

Gummidichtungen an Türen, Heck- und Kofferklappen, die sich nach einer Reinigung klebrig anfühlen, können Sie ganz einfach mit etwas Talkumpuder einreiben. Achten Sie bei der Verwendung des Puders darauf, dass nichts davon auf die Innenausstattung fällt. Bei Feuchtigkeit gibt es eine unangenehme Überraschung. Der zähe Brei lässt sich nur mit großem Aufwand wieder aus den Textilmaterialien beseitigen.

Gummileisten und Profile im Außenbereich
Ältere Gummiprofile lassen sich relativ einfach mit einer Kombi-Politur zur Weichheit und Farbauffrischung bewegen.

WARNUNG: Aus Gründen der Verkehrsicherheit sind silikon- und stark ölhaltige Produkte verboten! Besonders im Scheibenbereich können Sie für einen gefährlichen Schmierfilm auf der Scheibe sorgen, den Sie auch nicht so einfach wieder loswerden. Gelangen solche Schönmacher auf die Frontscheibe, ist nicht nur für eine ausgiebige Putzrunde gesorgt, auch die Wischblätter müssen sofort ausgetauscht werden. Meistens überleben die feinen Gummilippen so einen Angriff nicht! Ewige Schmierereien auf der wichtigsten Fahrzeugscheibe wären die Folge.

Arbeitsmittel
Kombi-Politur, ein weiches Baumwolltuch

Sogar am Gummi nagt der Zahn der Zeit! Umwelteinflüsse und Waschchemikalien lagern sich auch hier ab. Abgelöste Gummireste sind der Beweis! Hier wurden sie mit etwas Politur beseitigt.

So wird's gemacht
Geben Sie etwas Politur auf ein weiches Baumwolltuch. Reiben Sie die Gummileisten damit kräftig ab. Je länger und intensiver Sie das betreiben, desto besser werden Ablagerungen vernichtet. Sie können die Politur so lange verreiben, bis keine Politurreste mehr sichtbar sind. Der Lappen ist dann ganz schwarz. Wechseln Sie ihn zwischendurch aus, so werden die umliegenden Lackflächen nicht unnötig beschmiert. Für kleine Poliermittelreste in Rillen und Kanten können Sie zum Entfernen eine Zahnbürste benutzen. Wischen Sie die Gummileisten mit einem sauberen Tuch noch einmal nach.

Gummileisten und Dichtungen im Tür- und Klappenbereich
Was schon für die Außengummis Anwendung findet, können Sie auch für alle innenliegenden Tür- und Klappendichtungen verwenden. Mit einer Ausnahme: sind die Gummileisten direkt mit filz- oder veloursähnlichen Materialien verbunden, dürfen hier keine Kombi-Poliermittel zum Einsatz kommen. Die Rückstände lassen sich nicht wieder aus Filz oder Velours entfernen, so dass für immer ein weißlicher Rand zurückbleibt.

Arbeitsmittel
Kombi-Politur, ein weiches Baumwolltuch

So wird's gemacht
Etwas Kombi-Politur auf einen Zipfel des Baumwolltuchs geben. Vorsichtig und möglichst ohne Überschmieren der umliegenden Flächen die Gummidichtleisten kräftig abreiben. Antrocknen lassen, Türen und Klappen nicht schließen. Mit einem sauberen, weichen Tuch nachwischen.

Steht der Winter bevor, können Sie anschließend Talkum-Puder auftragen. So können Gummidichtungen nicht festfrieren.

Stark beanspruchte Gummileisten und Dichtungen
Porös gewordene Gummidichtungen sollten vor der Winterzeit mit einem speziellen Gummipflegestift präpariert werden. Auch Hirschtalg ist ein altes Hausmittel.

Arbeitsmittel
Ein spezieller Gummipflegestift oder Hirschtalg, ein Haarfön, ein Baumwolltuch

So wird's gemacht
Diese Stifte erlauben nur eine unzureichende Verteilung auf den Gummiflächen.

Die Gummileisten so gleichmäßig wie möglich mit dem Pflegestift oder dem Hirschtalg einreiben.
Mit einem Haarfön an den eingeriebenen Gummidichtungen entlang hin- und herschwenken, bis sich eine leicht glänzende Oberfläche zeigt.

WARNUNG: Unbedingt einen Haarfön nehmen. Bei Industriefönen (Heißluftgebläse), die bis zu 650 °C schaffen, kann bei zu heißer Einstellung und zu wenig Abstand das Gummi schmelzen.

Stockmeier Chemie Tiefenpflege Gummi-Kunststoff außen
Nach jeder Reparatur und Verschönerung von Gummi- oder Kunststoffteilen ist dieses Mittel ratsam, damit die mühevolle Arbeit eine gleichmäßige Oberfläche erhält.

Mit einem weichen Baumwolltuch den erwärmten Talg oder den Auftrag aus dem Pflegestift sorgfältig einreiben. So lassen sich bereits leicht angeschlagene Gummidichtleisten und sogar poröse Gummioberflächen wieder zu einem elastischen Leben erwecken.

Reparatur für Cabrioverdecke aus Stoff und Kunststoff

Beschädigungen an Stoff- oder Kunststoffverdecken sind eine besonders ärgerliche Angelegenheit. Der Austausch eines Cabrio-Verdecks ist obendrein noch mit sehr hohen Kosten verbunden und reißt ein dickes Loch ins Konto. Für kleine Risse und Schnitte hilft ein Reparaturset. Sind die Beschädigungen größer, kommen Sie um einen Austausch nicht herum. Die Anwendung eines solchen Sets ist relativ einfach. Wenn Sie die Reparatur kunstvoll ausführen und anschließend mit Stofffarbe nachhelfen, ist der Defekt kaum noch sichtbar.

Auch für Stoffverdecke gibt es eine Reparaturmöglichkeit, ohne gleich das teure Dach auszutauschen.

Stoffverdeck reparieren

Arbeitsmittel
Ein Stoffverdeck-Reparaturset, Fleckenwasser, ein fusselfreies Tuch, Kunststoffklebeband, eine harte Bürste, ein Staubsauger, eine scharfe Schere, Zwirn möglichst in Verdeckfarbe, eine Ahle (Schuster- oder Sattlernadel)

So wird's gemacht
Zuerst müssen Sie das Verdeck gründlich von allem Schmutz und Staub befreien. Nehmen Sie eine harte Bürste zur Hand. Das Dach kräftig abbürsten und mit einem Staubsauger gleichmäßig absaugen. Bei starken Verschmutzungen sollten Sie das Verdeck gründlich mit Wasser und Autoshampoo abwaschen und klar spülen. Das Verdeck muss für die Reparatur absolut trocken sein! Vermeiden Sie unbedingt direkte Sonnenbestrahlung.

Fleckenwasser auf ein Tuch geben und die unmittelbare Umgebung der Schadstelle gründlich damit abreiben und trocknen lassen. Falls sich Fussel erneut auf die beschädigte Stelle gesetzt haben, können Sie diese mit dem Staubsauger absaugen.

Kleine Beschädigungen von etwa 2-3 Zentimeter: Schneiden Sie sich das Kunststoff-Klebeband so zurecht, dass Sie damit die Rückseite an der Schadstelle genau an den Rändern entlang abkleben können.

Aus dem Stoff ein etwas größeres Stück ausschneiden als die beschädigte Stelle selbst. Geben Sie rundum etwa 1 cm Stoff dazu. Das ausgeschnittene Stoffstück unter dem Riss oder Schnitt platzieren. Wenn Sie das mit den Fingern nicht schaffen, können Sie vorsichtig die Scherenspitze zu Hilfe nehmen.
Reparaturmasse mit dem beiliegenden Pinsel unter den Rändern der Schadensstelle verteilen. Verfüllen Sie die Masse so, dass sie etwa einen Zentimeter breit ringsum verteilt ist.
Unterlegstoff und Verdeckstoff aneinander drücken, anschließend satt von außen bestreichen.
Die Reparaturmasse in zwei bis drei dünnen Schichten auftragen, bis das eingelegte Stoffstück komplett versiegelt ist. Die Trocknungszeit beträgt ca. 30 Stunden. In dieser Zeit darf das Verdeck nicht bewegt werden. Wenn Sie ein perfektes Ergebnis bevorzugen, können Sie nach der Trockenzeit das gesamte Verdeck mit einer speziellen Stoffverdeckfarbe behandeln.

Größere Beschädigungen von mehr als drei Zentimetern: Hier müssen Sie nähen!

Schneiden Sie sich ein passendes Stück Stoff, welches etwa an jeder Seite zwei Zentimeter größer ist als die Schadensstelle selbst, aus. Mit Kunststoffklebeband und einem Millimeterabstand zum Rand der Schadensstelle (lassen Sie etwas Platz für die Nadelstiche) den Riss oder Schnitt fixieren.
Reparaturmasse mit dem Pinsel zwischen Verdeck und Unterlegstoff dünn aufbringen und kurz trocknen lassen – nicht andrücken! Zwei weitere Schichten auftragen und wieder kurz trocknen lassen. Fädeln Sie den Zwirn durch das Nadelöhr. Machen Sie am Ende einen Knoten in den Faden. Stecken Sie die Nadelspitze am Rand von unten in den Verdeckstoff. Ziehen Sie den Faden solange vorsichtig durch, bis der Knoten direkt unter dem Verdeckstoff platziert ist. Stechen Sie nochmals direkt neben die

erste Einstichstelle und ziehen Sie den Faden wieder ganz durch. Nähen Sie mit der Ahle immer abwechselnd von einer Seite zur anderen (wie Schuhband einfädeln). Achten Sie darauf, dass der Abstand von Einstich zu Einstich nicht zu groß ist. Wenn Sie die gesamte Schadstelle fein säuberlich genäht haben, stechen Sie wieder mehrmals neben die letzte Einstichstelle. Ziehen Sie den Faden durch eine Schlaufe und befestigen sie ihn nochmals mit einem Nadelstich. Den Zwirn direkt am Verdeckstoff sauber abschneiden. Reparaturmasse mit dem Pinsel mehrmals dünn auf die genähte Stelle auftragen, bis die Schadstelle zu Ihrer Zufriedenheit verfüllt ist. 30 Stunden trocknen lassen und das Kunststoffklebeband vorsichtig abziehen. Auch nach dieser etwas aufwendigeren Reparatur können Sie das gesamte Dach mit einer Farbauffrischung regenerieren.

Kunststoffverdeck reparieren

Arbeitsmittel
Ein Reparaturset, Fleckenwasser, ein Tuch, eine scharfe Schere, eine harte Bürste

So wird's gemacht
Legen Sie den Packungsinhalt des Reparatursets unmittelbar neben sich, am besten auf einen Stuhl oder Hocker. Für die Reparatur muss das Verdeck sauber und trocken sein. Eine gute Gelegenheit, das gesamte Cabriodach von Tiefenschmutz zu befreien. Bürsten Sie unbedingt die Umgebung der Schadensstelle gründlich ab. Schmutzablagerungen verhindern die dauerhafte Festigkeit des Reparaturmaterials.
Geben Sie etwas Fleckenwasser auf ein Tuch. Rundum die Schadensstelle gründlich abwischen und trocknen lassen. Aus dem beiliegenden Reparaturmaterial ein passendes Stück ausschneiden. Wählen Sie die Größe so, dass die Ränder überdeckt werden. Geben Sie etwa zwei Zentimeter an jeder Seite der Schadensstelle zu. Klebstoff auf die glatte Seite des Reparaturmaterials gleichmäßig auftragen und sofort auf die beschädigte Fläche auflegen. Achten Sie darauf, dass die zugegebenen Zentimeter gleichmäßig angebracht werden.

P **PROFITIPP:** Sie können der hässlichen Schadenstelle ein besonderes Aussehen verleihen. Schneiden Sie das Reparaturstück so aus, dass es eine bestimmte Form hat. Zum Beispiel rund, dreieckig oder halbmondförmig. Das sieht einfach besser aus und lässt sich nicht sofort als Reparaturstelle erkennen. Sie können jede Form wählen, die Ihnen gefällt. Vergessen Sie aber nicht, immer genügend Material zuzugeben.

Drücken Sie das Reparaturstück auf die Verdeckoberfläche. Die verklebte Stelle muss etwa 24 Stunden trocknen. In dieser Zeit dürfen Sie das Fahrzeug nicht bewegen!
Kontrollieren Sie nach der Trocknungszeit, ob die Ränder auch wirklich gut verklebt sind. Bei Bedarf etwas Kleber unter die Ränder füllen und andrücken. Nochmals trocknen lassen. Vermeiden Sie unbedingt ein Überschmieren des Klebstoffs auf die umliegende Verdeckfläche. Ist es passiert, können Sie den Klebstoff vorsichtig mit etwas Fleckenentferner wegtupfen. Lassen aber den Klebstoff nicht antrocknen, sonst wird die Beseitigung unmöglich!

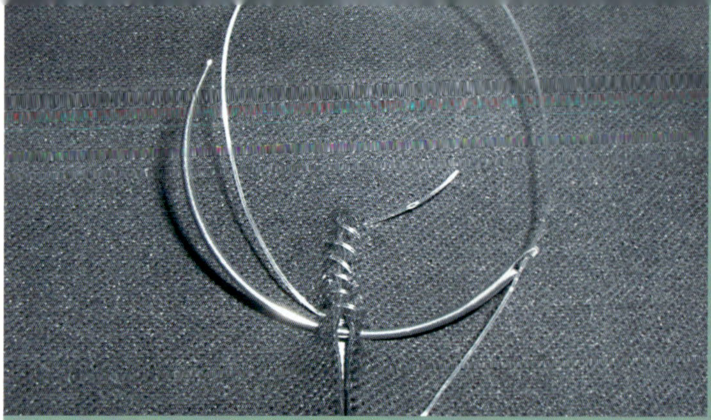
Wenn Sie einen Knopf annähen können, dann wird Ihnen diese Arbeit leicht von der Hand gehen!

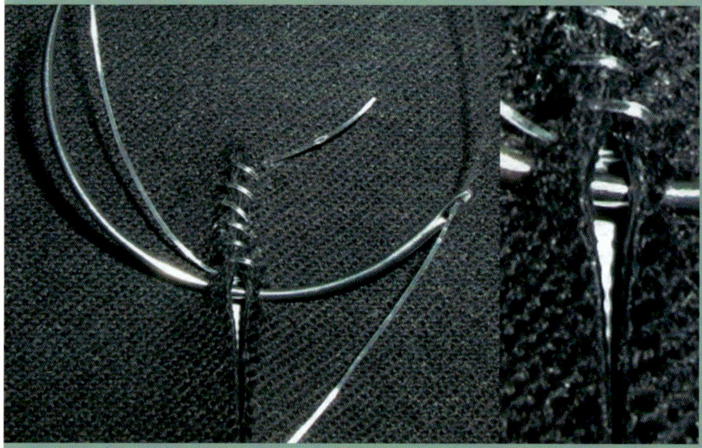
Hier können Sie genau sehen, wie die Nadel (Ahle) durch den Stoff geführt wird. Sorgen Sie unbedingt für gleichmäßige Stiche!

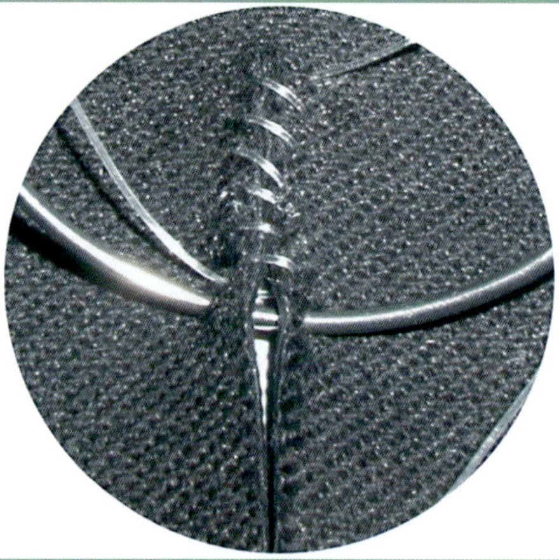
Halten Sie den Stoff während des Nähvorgangs zusammen. Ziehen Sie den Faden immer fest an! Für Untalentierte hilft mit Sicherheit ein Freund oder eine Freundin mit Stopferfahrung.

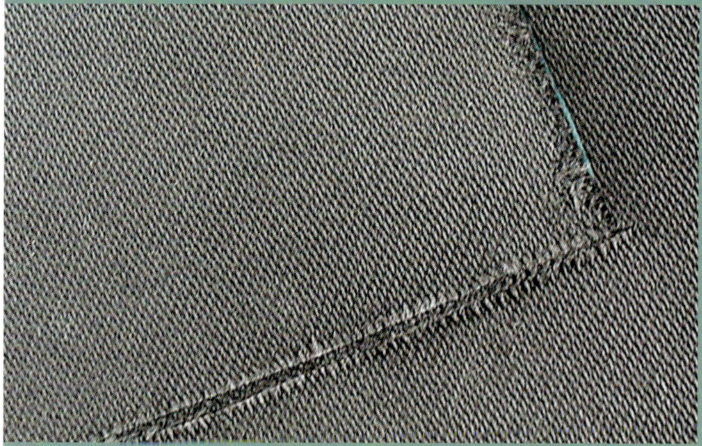
Dies ist der Mühe Lohn! Die Haltbarkeit ist bei normaler Beanspruchung von langer Dauer. Reißt die Stelle unerwartet wieder auf, müssen Sie doch mit einer größeren Investition rechnen!

Wassereinbruch garantiert! Risse in Kunststoffverdecken finden sich immer dort, wo eine Reparatur nicht ganz einfach ist. Mit etwas handwerklichem Geschick lässt sich aber auch das in den Griff bekommen!

Eine beliebte Schadenstelle! Besonders an Druckknöpfen, die unter Spannung stehen, entstehen schnell solche Beschädigungen.

Tragen Sie den Klebstoff unbedingt sehr gleichmäßig und flächendeckend auf! Nur so kann der Stoff für lange Zeit perfekt verklebt werden!

Achten Sie unbedingt auf Passgenauigkeit! Notfalls nochmals etwas Kleber vorsichtig unter die Ränder bringen und fest andrücken!

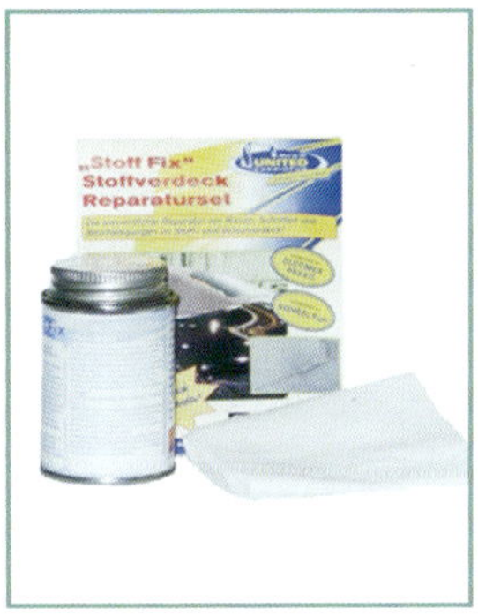

ATG Stoff Fix Stoffverdeck Reparaturset

Unschöne und gefährliche Risse lassen sich mit etwas Handarbeitsgeschick kostengünstig zusammenfügen. Das verhindert Wassereintritt und ein weiteres Aufreißen des Verdecks.

ATG Flick Fix Kunststoffverdeck Reparaturset

Schließt Löcher und Risse sicher und zuverlässig. Der Spezialklebstoff verschweißt das gewebeverstärkte Reparaturmaterial mit dem Verdeck. Wassereintritt hat so keine Chance!

Stockmeier Chemie Fleckenentferner

Für eine bessere Haftung auf allen Kunststoffoberflächen für die Reparatur eignet sich dieses Produkt bestens. Es sorgt dafür, dass Farbe oder Klebstoff wirklich haften.

Sonax Cabrioverdeck und Textilimprägnierung

Für alle Stoffverdecke geeignet. Erst nach eine gründlichen Reinigung und nur auf das trockene Verdeck auftragen. Nach dem Auftragen nochmals trocknen lassen. Auch Stoffe und Teppiche im Fahrzeuginnenraum können damit behandelt werden.

Rostbefall nicht nur von außen, sondern auch von innen

Das Thema Rostschutz steht selbstverständlich bei allen Klassikern, egal ob Youngtimer, Oldtimer oder Liebhaberfahrzeug, immer zur Debatte. Um so älter das Gefährt wird, desto wichtiger wird auch diese Frage und dessen mögliche Lösung. Wer glaubt, hinter seinem schönen Karosseriekleid ist alles rostfrei, der hat noch nie durch ein Endoskop in die Hohlräume geblickt. Oft ist es ein wahrer Schock. Genau dort, wo eigentlich nichts hinkommen kann, rostet die Karosserie heimlich vor sich hin.
Liebhaber von Klassikern und sehr hochwertigen, exklusiven Fahrzeugen sind immer bestrebt, das Beste für ihr Fahrzeug zu tun. Dazu gehört nicht nur eine aufwendigere Lack- und Innenpflege sondern auch das nichtsichtbare Innenleben der Karosserie. Für die dauerhafte Werterhaltung gibt es wirksame Verfahren, die eine lange Lebensdauer sicherstellen. Es soll an dieser Stelle gesagt sein, dass es hier nicht um Eigenleistungen geht. Für den Laien wären solche Maßnahmen viel zu kompliziert und natürlich zu teuer. Ich weise in meinen Ratgebern immer wieder auf die notwendige Reinigung und Pflege hin. Aus diesem Grund schien mir auch dieses Thema für die Rostbekämpfung wichtig zu sein.

Seit vielen Jahren beschäftigen sich professionelle Fachkräfte mit der Konservierung und Werterhaltung alter Fahrzeuge. Solche Verfahren werden nicht nur für Museumsfahrzeuge durchgeführt. Jeder Fahrzeugbesitzer kann diese Dienstleistung in Anspruch nehmen. Mit Sicherheit gibt es auch in diesem Bereich gute und weniger gute Anbieter. Seit einiger Zeit hat sich jedoch ein wirksames Konservierungsverfahren einen Namen gemacht. Dort wird zuerst mittels eines Endoskops eine Reise durch die Hohlräume der Fahrzeugkarosserie unternommen. Ist der Rost entlarvt, werden die geeigneten Gegenmaßnahmen eingeleitet.

Für die Entfernung des alten und rissigen Unterbodenschutzes wird am Anfang oft das Trockeneisstrahlen eingesetzt. Das führt an den einzelnen Bauteilen zu ganz klaren Erkenntnissen. Wo und wie stark ist der Rostbefall. Eine weitere Testmethode ist das Schichtstärkenmessgerät. Auch hier lassen sich so manche Roststellen unter versteckten Spachtelschichten identifizieren. Wird Rostbefall festgestellt, kann dieser, je nach Stärke, durch eine Karosserieinstandsetzung behoben werden. Sogar bereits angerostete Blechteile können mit einer speziellen Konservierungsmethode behandelt werden. Das kann den Rostbefall stoppen oder ganz erheblich verzögern.

Welche Schritte sind dafür nötig?
1. Analyse mit einem flexiblen Spezial-Endoskop
2. Spachtel finden mit einem Schichtstärkenmessgerät
3. Entfernung des alten und rissigen Unterbodenschutzes durch Trockeneisstrahlen
4. Vorbereitung und Instandsetzung defekter Karosseriebauteile
5. Reinigung der Karosserie vor der Mehrschicht-Konservierung
6. Konservierung der Hohlräume und des Unterbodens

Bei der Konservierung werden nacheinander drei Spezialfette verarbeitet:
Im ersten Durchgang wird ein sehr dünnflüssiges und kriechfähiges Fett aufgetragen.
Im zweiten Durchgang erhält die Karosse eine Schutz- und Sperrschicht, die wie eine Haut wirkt und sich nicht mehr so einfach abwaschen lässt.
Zu guter Letzt wird dann noch eine extra Schutzschicht aufgetragen. Diese wird auch als Unterbodenschutz verwendet. Bei der anschließenden Erwärmung des Wagens auf 60 Grad in einer Lackierkabine fließen die drei Schichten ineinander. Aus drei Schichten wird so eine Schutzschicht mit idealen Eigenschaften: Direkt auf dem Blech ist sie immer noch weich und kriechfähig und oben wird sie durch festere Schichten vor Beschädigung und Verschleiß geschützt. Überschüssiges Fett tropft bei der Erwärmung in der Lackierkabine ab.

Wer sein Auto wirklich liebt und es für viele Jahre erhalten möchte, der kann mit dieser Methode nichts falsch machen. Die Behandlung dauert drei bis vier Tage, die Kosten liegen – je nach Aufwand der durchgeführten Arbeiten – zwischen 800 und 2000 Euro.

Hohlraum eines Mercedes-Benz 250 SE. Das Bild zeigt den Befestigungsbolzen einer Anhängerkupplung ohne Korrosionsschutz.

ROSTBEFALL NICHT NUR VON AUSSEN, SONDERN AUCH VON INNEN

Mit einem Spezial-Video-Endoskop werden die Innereien akribisch durchleuchtet. Das Endoskop sieht alles! Es findet jede noch so versteckte Roststelle.

Die Behandlung: Strahlen mit Trockeneis. Für eine wirklich gründliche Schutzbehandlung muss die alte Schicht sorgfältig entfernt werden.

Vorher: Seit beginn seines Autolebens konnten sich jahrzehntelang Schichten ohne Beachtung einer Unterbodenpflege aufbauen. Hier lebt der Rostbefall und verrichtet sein zerstörendes Werk.

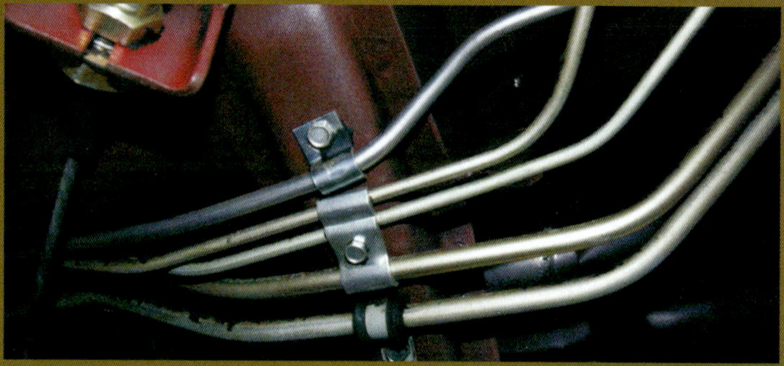

Nachher: Schöne, saubere Bremsleitungen und ein tadellos gereinigter Unterboden warten auf die neue Konservierung.

Das Radhaus hat im Laufe der Jahre viel gelitten. Auch hier wird erst gründlich gereinigt, bevor eine neue Schutzschicht für noch viele Autojahre aufgetragen werden kann.

So sieht ein aufwendig gereinigtes Radhaus aus. Fast wie am ersten Tag. Jetzt kann der Schutzbelag aufgetragen werden.

Die Schmelzautomaten. Hier werden die Spezialfette auf eine bestimmte Temperatur erhitzt. In drei Schichten erhält das Fahrzeug Schutz vor Korrosion, die viele Jahre hält.

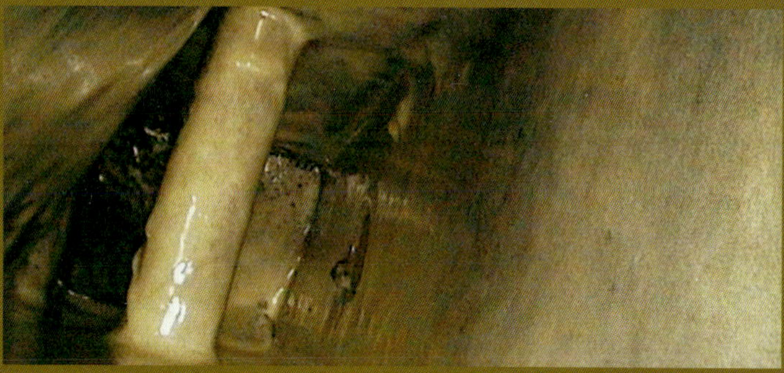

Schicht 1: TimeMAX 1000 Speed – Direkt auf dem meist rostigen Blech schützt die extreme Kriechfähigkeit von TimeMAX 1000 Speed die empfindlichen Spalten und Falze.

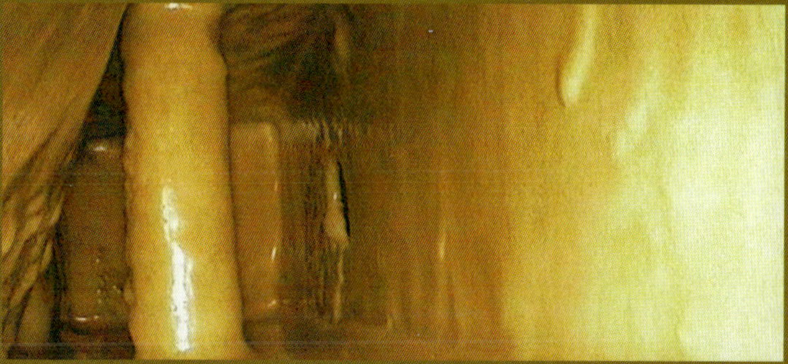

Schicht 2: TimeMAX 2000 Protect - Die anschließend darüber aufgebrachte festere Sperrschicht, TimeMAX 2000 Protect wirkt als Schutz vor Ablaufen, Abrieb und Beschädigung.

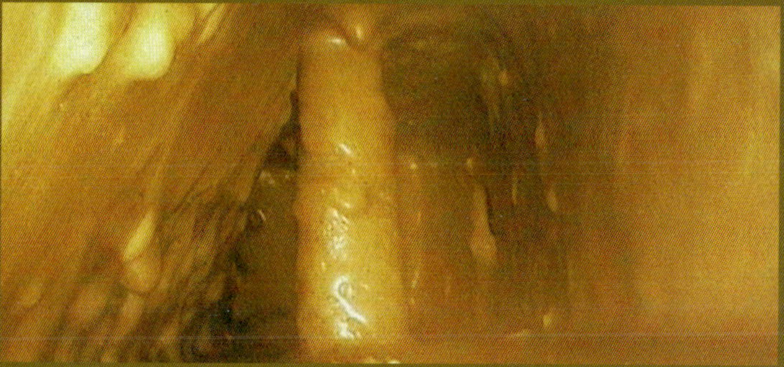

Schicht 3: TimeMAX 3000 Cover - An einigen Stellen in der Karosserie arbeiten wir zusätzlich mit einer dritten noch festeren Schicht. Unter bestimmten Bedingungen bildet sie eine Sicherheitsreserve.

Reparaturen im Fahrzeuginnenraum

Die Teppichreparatur

Nichts im Fahrzeug muss soviel aushalten wie der Teppich. Mit den Schuhen getreten, von Gegenständen aller Art geschunden und mit Schmutz bis in die Tiefe verunreinigt. Kaum jemand macht sich Gedanken, was eigentlich so eine Ausstattung kostet und wieweit sie dazu beiträgt, dem Innenraum ein gepflegtes Erscheinungsbild zu verleihen.
Noch vor gar nicht langer Zeit waren die Innenausstattungen von Autos einfach und pflegeleicht. Vorbei sind die Zeiten von Gummi- und Kunststoffböden. Vornehmlich Nutzfahrzeuge werden heute mit diesen Materialien ausgekleidet und einige wenige Kleinwagenbesitzer können sich noch über diese Bodenausstattung freuen. Es gibt kaum noch einen Pkw, der nicht mit einem Teppichboden verschönert wird.
Abgetretene Teppichkanten und Brandlöcher sind ein sichtbares Ärgernis. Dummerweise platzieren sich solche Gemeinheiten immer im direkten Sichtbereich. Verfehlt die Zigarette den Aschenbecher, ist in Sekunden der Gesamteindruck getrübt. So lange nur Sie sich darüber ärgern, mag das ja alles noch nicht so schlimm sein, doch irgendwann wollen Sie das Auto verkaufen. Spätestens jetzt wird es peinlich! Schnell eine Matte drauf legen hilft nicht!
Im Vorfeld kann bei sehr empfindlichen Materialien wie etwa Feinvelours oder sehr dünnem Filzbelag die Gefahr einer hässlichen Beschädigung in Grenzen gehalten werden. Die einfachste Methode ist, dem Fahrzeug ein Paar passgenaue Fußmatten zu gönnen, beim Einsteigen die Füße über die Einstiegskante zu heben und nicht darüber hinweg zu schaben sowie schwere und kratzintensive Gegenstände nur auf einer extra Matte zu befördern. Hundebesitzer können ihrem Liebling eine schöne weiche Decke gönnen. Für alle modebewussten Damen: Verzichten Sie möglichst auf Pfennigabsätze, das hält auf die Dauer sogar die beste Fußmatte nicht aus. Für alle Raucher gilt: Niemals die Zigarettenkippe aus dem Fenster werfen! Durch den Luftstrom kommt sie irgendwann wieder zurück. Im Dunkeln auf das Rauchen verzichten: Wenn Sie sowieso nichts sehen können, werden sie auch irgendwann den Aschenbecher nicht mehr treffen und dann ist das Malheur groß.

Doch zum Glück lassen sich Teppichausstattungen, im Gegensatz zu allen anderen Materialien, relativ einfach reparieren. Größere Abschabungen und Beschädigungen verlangen jedoch etwas mehr Arbeitseinsatz als eine Lackreparatur.
Der Austausch der Teppichausstattung würde ein Vielfaches an Kosten verschlingen und somit ihren Geldbeutel regelrecht plündern.

PROFITIPP: Nutzen Sie die Gelegenheit und machen Sie vor der Reparatur mal wieder „klar Schiff".

EXTRATIPP: Eine andere, auch sehr kostengünstige Lösung ist das Teppichmuster. Gehen Sie einfach zu ihrem freundlichen Autohändler und fragen Sie dort nach einem Verkaufsmuster. Wenn Sie Glück haben, wird dort gerade die Kollektion für ihre Baureihe aussortiert oder aber die Teppichmuster sind doppelt vorhanden. Jeder Händler besitzt solche Kollektionen.

Anmerkung der Autoren: Eigentlich wäre es eine tolle Verbesserung, wenn sich in jedem Serviceheft auch kleine Reparaturstücke der einzelnen Ausstattungsmaterialien befinden würden. So mancher Autobesitzer würde mit Sicherheit diesen kleinen Service dankbar annehmen.

Teppich – Materialanalyse

Unterschiedliche Fahrzeugmodelle bedeuten auch unterschiedliche Teppichqualitäten!
Lesen Sie die dementsprechenden Ausführungen sehr genau durch und verfahren Sie bitte exakt nach den Anweisungen. Die Tricks verraten wir – Sie müssen nur ihre Geschicklichkeit einsetzen und niemand wird je wieder die Schandstelle entdecken.

Zuerst müssen Sie die Teppichqualität und dessen Unterlage sowie den Umfang des Schadens genau unter die Lupe nehmen und anschließend kommen Sie nicht darum herum, den unmittelbaren Bereich sorgfältig zu reinigen. Für alle Flickarbeiten, egal an welchem Material, ist das die Grundvoraussetzung, damit ihre Arbeit auch mit dem nötigen Erfolg gekrönt wird. Befreien Sie den Teppich von allem Schmutz, Fett und Sandansammlungen – übrigens eine gute Gelegenheit, den lange eingelagerten Schmutz loszuwerden.

Besonders helle Farben reagieren sehr empfindlich. Reparieren Sie mit Eifer die Schadensstelle an einem schmutzigen Teppich, wird das frisch eingelegte Teppichmaterial sofort sichtbar. Die reparierte Stelle setzt sich deutlich von der Umgebung ab und sticht dem Betrachter sofort ins Auge. Auch auf Schmutz und Sand aufgetragener Klebstoff kann unter Umständen von der Teppichfläche gelöst werden. Dann dürfen Sie nicht nur den Teppich reinigen, sondern müssen auch noch den Restklebstoff beseitigen.
Ein ebensolcher Erfolgsvernichter wie Sand und Schmutz ist Feuchtigkeit. Der Klebstoff kann auf feuchtem Untergrund nicht ausreichend haften und aushärten. Mit der Zeit bröselt die Stelle langsam wieder aus. Überprüfen Sie den Teppich – besonders im Fußraumbereich – auf Feuchtigkeit.

PROFITIPP: Nehmen Sie ein Löschblatt. Drücken Sie das Blatt auf den Boden. Schnell werden Sie sehen, ob Feuchtigkeit vorhanden ist oder nicht.

Bei existierender Feuchtigkeit müssen Sie zuerst dafür sorgen, dass der Teppich wieder trocken wird. In der warmen Jahreszeit ist das kein Problem. In den Wintermonaten können Sie dem Übel mit einem Haarfön zu Leibe rücken. Vorausgesetzt, es handelt sich nur um eine leichte Feuchtigkeit der Teppichoberfläche.

WARNUNG: Halten Sie mindestens etwa 20 Zentimeter Abstand und bewegen Sie den Fön wie beim Trocknen Ihrer Haare hin und her. Eine weiteres Problem ist die Tiefe der Beschädigung. Wenn Sie Glück haben, ist die schadhafte Stelle nur bis auf den Teppichrücken vorgedrungen. Entpuppt sich der Riss oder das Loch als tiefe, durchdringende Verletzung des gesamten Teppichmaterials, müssen Sie vor der Reparatur den Untergrund überprüfen und wie unter Dämmmaterialien beschrieben vorgehen.

Reinigen der Umgebung:
Ohne die vorherige Reinigung geht nichts. Bevor Sie mutig zur Tat schreiten, entfernen Sie Schmutz und Sand. Die näher umliegende Fläche muss von allen Fetten oder fetthaltigen Verunreinigungen, aber auch Schuhabrieb u.ä. gesäubert werden.

Arbeitsmittel
Fleckenwasser, ein Tuch

PROFITIPP: Eine Fleckenbehandlung mit lösemittelhaltigen Reinigern immer erst nach einer gründlichen Teppichreinigung durchführen.

So wird's gemacht
Fleckenwasser auf ein Tuch geben. Betroffene Stellen und eine umliegende Fläche von etwa 10 bis 20 Zentimetern gründlich abreiben. Mit einem trockenen Tuch nachreiben. Bei Bedarf Vorgang mehrmals wiederholen. Trocknen lassen und alle Fussel sorgfältig absaugen.

Dämmmaterialien unter Teppichausstattungen

Qualität und Machart sind von Fahrzeugtyp zu Fahrzeugtyp sehr unterschiedlich.
Teppichausstattungen mit einer extra unterlegten Dämmschicht und solche, die auf das blanke Bodenblech verlegt worden sind, können nur mit einer zusätzlichen Einlage unter der Schadensstelle repariert werden. Geschieht das nicht, führt dies zu erneuten Beschädigungen. Das geht so weit, dass der Klebstoff der Reparaturstelle an der Dämmschicht oder dem Bodenblech haftet. Durch die Bewegung des Teppichs reißt dann die besagte Stelle wieder auf und der aufliegende Teppichbelag kann sich sogar verschieben. Die Folge: eine hässliche Falte, die mit der Zeit immer größer wird und sich nur durch einen Fachbetrieb wieder entfernen lässt. Starke Dämmschichten, die direkt mit dem Teppichmaterial verbunden sind, müssen rund um die Schadensstelle unbedingt entfernt werden.
Am einfachsten lassen sich Teppichausstattungen reparieren, die an der Unterseite über eine stark gummierte Schicht verfügen. Ist diese Schicht sichtbar und zeigt sich auch eine deutliche Vertiefung (Brandloch) dürfen Sie ausnahmsweise sogar mit dem Klebstoff etwas verschwenderisch umgehen. Nach dem Auftragen muss der Klebstoff mindestens zwölf Stunden aushärten. Erst dann dürfen Sie die eigentliche Teppichreparatur nach Anweisung fortsetzten.

Arbeitsmittel
Pattex Kraftkleber oder Ähnliches (kein Papierkleber), ein kleines Stück Stoff (am besten Baumwolle, kein Strickpullover, kein T-Shirt, kein Wollpullover), eine Schere, ein kleiner Plastikspachtel (für Creme) oder Ähnliches, eine Gummirolle

Wer denkt schon an so was? Oft scheitern kleinste Reparaturversuche, weil die Dämmschicht unter dem Teppich in die Reparaturprozedur mit einbezogen wird. Das gilt übrigens auch für alle Polsterflächen!

So wird's gemacht
Stellen Sie zuerst fest, wie groß das Loch oder der Riss ist. Für Beschädigungen, die im Durchmesser größer sind als zwei Zentimeter und Risse, die länger sind als fünf Zentimeter, gilt die Reparaturanweisung für größere Löcher und Risse.

Für kleine Löcher oder Risse: Schneiden Sie aus dem Stoff ein passendes Stückchen zurecht. Es muss etwas größer sein als das Loch selbst. Den ausgeschnittenen Stoff in das Loch stopfen und darauf achten, dass es genau unter dem Teppichrücken liegt. Etwas Klebstoff direkt um den Rand herum auftropfen und mit dem Spachtel verteilen. Die Klebmasse muss so aufgebracht werden, dass sie auch unter den unmittelbaren Rand dringen kann. Bei Bedarf können Sie mit dem Spachtel den Klebstoff zwischen Teppichrücken und Stoff befördern. Etwa 20 Minuten warten. Mit der Gummirolle und kräftigem Druck über die Schadensstelle rollen. Zwei Stunden trocknen lassen. Weist die Beschädigung immer noch eine starke Vertiefung auf, nochmals etwas Klebstoff hineintropfen und zwei Stunden trocknen lassen. Jetzt können Sie mit der eigentlichen Reparatur beginnen wie unter den einzelnen Teppichmaterialien beschrieben.

Für größere Löcher und Risse: Derartige Beschädigungen müssen sehr genau behandelt werden und sind nur mit großem Aufwand zu beheben. Schwer zugängliche Bereiche sollten grundsätzlich einem Fachbetrieb überlassen werden. In der Regel befinden sich die Beschädigungen jedoch in unmittelbarer Nähe der Einstiegsleiste, so dass ein einfacher Zugriff möglich ist.

Arbeitsmaterial
Doppelseitiges Teppichklebeband, eine Nagelschere, Pattex oder Ähnliches (kein Papierkleber), eine Gummirolle

So wird's gemacht
Je nach Position der Beschädigung müssen Sie entweder die Einstiegsleiste oder sogar die Mittelkonsole aus ihrer Befestigung lösen.

PROFITIPP: Holen Sie sich Hilfe! Entweder von einem fachkundigen Freund oder von ihrer Autowerkstatt. Bei ihrer Werkstatt müssen Sie ein paar Euro zahlen. Dies ist aber sicherer, als sich ohne detaillierte Kenntnisse selbst ans Werk zu machen.

WARNUNG: Achtung! Überprüfen Sie, welches Dämmmaterial unter dem Teppich verwendet wurde. Für Extra-Dämmmatten gilt: Es darf nur der Teppich repariert bzw. verklebt werden. Das Dämmmaterial selbst darf weder mit dem Klebstoff, noch mit dem Reparaturmaterial in Verbindung geraten!

Größere Risse bei Teppichen mit verbundener Dämmschicht:
Ist der Teppich mit einer starken Dämmschicht verschweißt, müssen Sie unbedingt die Schadenstelle freilegen. Das bedeutet: Schneiden Sie um die Stelle herum in ca. 2 Zentimeter Abstand das Dämmmaterial ab. Am besten eignet sich dafür eine gekrümmte Nagelschere.

PROFITIPP: Messen Sie mit einem Lineal oder Zollstock die Breite des Teppichklebebands genau ab. Teilen Sie die Breite durch zwei.

Bewahren Sie das abgeschnittene Material sicher und windgeschützt auf, damit Sie es nach der Reparatur wieder zurückbefördern können. Sonst kann sich an der Stelle eine unerwünschte Vertiefung entwickeln.

Schneiden Sie das Dämmmaterial an den Enden etwa fünf bis zehn Zentimeter länger ab, um weiteres Einreißen des Teppichs zu verhindern. Die gesamte, vom Dämmmaterial zusätzlich ausgeschnittene Fläche (große Risse plus zehn Zentimeter pro Seite), mit Klebstoff bestreichen. An den Enden des Risses etwas mehr Klebstoff auftragen. Klebstoff rund um die Schadenstelle gleichmäßig mit einem Kunststoffspachtel verstreichen und etwa 20 Minuten antrocknen lassen.

WARNUNG: Lassen Sie den Teppich nicht wieder auf das Bodenblech fallen! Zum Hochhalten können Sie ein Holzstück oder Ähnliches dazwischen legen.

Schutzfolie von einer Seite des Teppichklebebands abziehen. Klebeband genau mittig auf der Beschädigung platzieren und die Ränder kräftig andrücken. Achten Sie bitte unbedingt darauf, dass der Riss so weit wie möglich zusammengefügt wird.
Einen flachen, festen Gegenstand (Holzbrett oder Frühstücksbrettchen) auf die Teppichoberfläche legen. Von unten mit der Gummirolle kräftig drüberrollen. Nur so wird das Klebeband dauerhaft befestigt.

PROFITIPP: Zu zweit geht es leichter! Einer drückt von oben das Brettchen auf die Schadstelle und der andere rollt die Stelle von unten ab.

Die weitere Teppichreparatur können Sie wie unter den einzelnen Teppichqualitäten beschrieben durchführen.

Ausgeschnittenes Dämmmaterial
Haben Sie Dämmmaterial abgeschnitten?
Ziehen Sie die zweite Folie von dem Klebeband ab. Etwas Kleber dünn aufstreichen und 20 Minuten trocknen lassen. Das abgeschnittene Dämmmaterial auf die Klebeschicht aufsetzten und mit der Gummirolle fest abrollen.

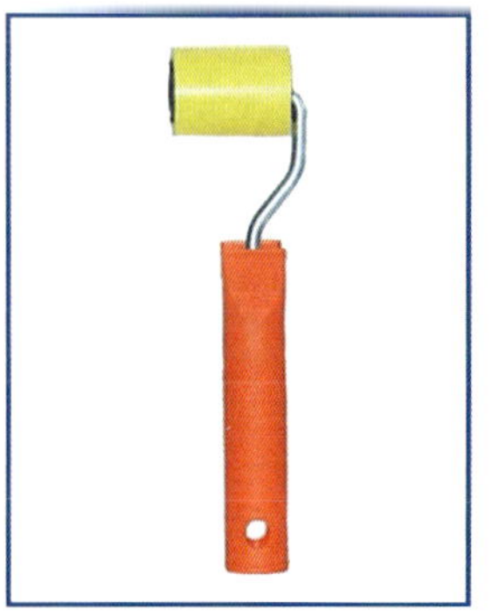

Die **Gummirolle**: Ein unentbehrliches Utensil zum Andrücken bei fast alle Reparaturanwendungen. Kostet wenig, ist in jedem Baumarkt erhältlich und sorgt für festen Zusammenhalt zwischen den Materialien!

Teppichqualitäten

Schlingenware
Fein gewebte Schlinge: Die Teppichstruktur zeichnet sich durch eine hohe Festigkeit und Unbeweglichkeit aus. Wenn Sie mit den Fingern über den Teppich kratzen, können Ihnen die Sandkörnchen sogar ins Gesicht springen. Dadurch sind tiefreichende Sandansammlungen nur mit Mühe zu entfernen. Für eine Reparatur müssen alle Verschmutzungen restlos beseitigt werden. Feine Schlingenware lässt sich mit den handelsüblichen Reparatursets nicht reparieren. Wie bei groben Schlingen kann auch hier nur mit dem Teppichmaterial selbst gearbeitet werden.

Grob gewebte Schlinge: Im Gegensatz zu feinen Schlingen ist dieses Material sehr beweglich. Das hat den Nachteil, dass sich Holzspäne, Sand und andere hartnäckige Verschmutzungen noch intensiver im Schlingenmaterial regelrecht verstecken können. Solche Materialien werden heutzutage nicht mehr so zahlreich verwendet, wie noch vor einigen Jahren. Die Haltbarkeit und vor allen Dingen die Belastungsgrenze ließen stark zu wünschen übrig. Eine eingerissene Schuhsohle reichte schon aus, um die Schlingen aus dem Webboden zu zerren. Schnell entwickelt sich daraus ein fast aussichtsloser Schaden, der dem Aufribbeln eines Pullovers gleichkommt.

WARNUNG: Für alle Schlingenteppiche gilt: Keine harten Drahtbürsten verwenden! Diese können die Schlingen des Teppichs auslösen. Benutzen Sie deshalb immer eine feste Scheuerbürste, um die Sandverschmutzungen zu beseitigen. Außerdem ist eine Überprüfung der Saugerdüse nötig. Beschädigte Düsen können ebenfalls zum Auslösen der Schlingen führen.

Fazit: Feine und grobe Schlingenware lässt sich nicht ganz so einfach reparieren. Sie müssen sehr genau arbeiten und notfalls sich sogar mit einer Pinzette anfreunden. Nur so lassen sich die Schlingen passgenau einsetzen.

Brandlöcher und andere Löcher beseitigen

Arbeitsmittel
Eine kleine Nagelschere, eine Pinzette, Pattex flüssig oder transparenter Kleber für Kunststoffe, eine Gummirolle (gibt's im Baumarkt in der Tapetenabteilung), Haarspray (kein Haarlack)

WARNUNG: Haben sich bereits Schlingen ausgelöst, dürfen Sie niemals daran herumziehen. Der Schaden wird sofort um ein Vielfaches größer!

So wird's gemacht
Schneiden Sie mit einer scharfen Nagelschere alle rund um die Reparaturstelle befindlichen losen Schlingen ab. Achten Sie unbedingt darauf, dass die Längen der abgeschnittenen Schlingen gleichmäßig verlaufen. Am besten bis zur Webfläche ausschneiden. An Brandlöchern alle Schlingen abschneiden, die in Mitleidenschaft gezogen worden sind. Ausgeschnittene Stelle mit dem Staubsauger vorsichtig absaugen. Ist die Beschädigung durch die Webfläche hindurch gegangen (siehe Dämmmaterialien).

Suchen Sie sich eine unsichtbare Stelle, etwa unter der hinteren Sitzbank. Schneiden Sie vorsichtig die benötigte Menge an Schlingen heraus. Legen Sie die Schlingen möglichst auf ein Stück zurechtgefaltetes Papier oder eine kleine Schale.

WARNUNG: Wenn Sie draußen arbeiten müssen: Stellen Sie die mühsam geernteten Schlingen niemals in luftige Umgebungen. Ehe Sie es sich versehen, sind diese durch einen unvorhergesehenen Windzug verschwunden!

Füllen Sie etwas Kleber in die Reparaturstelle. Achten Sie besonders darauf, dass der umliegende Teppichbereich nicht damit bekleistert wird. Kleber etwa 20 bis 30 Minuten trocknen lassen. Nochmals eine winzige Menge Klebstoff auftragen und zehn Minuten antrocknen lassen. Beachten Sie beim Einsetzen unbedingt den Schlingenverlauf! Mit der Pinzette oder spitzen Fingern vorsichtig die Schlingen in den Kleber drücken. Mit dem Daumen kräftig andrücken. Zehn bis 20 Minuten warten und mit der Gummirolle mehrmals mit etwas Druck über die Stelle streichen. Schlingen vorsichtig mit den Fingern aufrichten und rund zwölf Stunden trocknen lassen. Kleine Unregelmäßigkeiten wie überstehende Schlingen oder kleine Reste vom Kleber können Sie nach der Trockenzeit vorsichtig mit der Spitze der Nageschere beseitigen. Mit Haarspray besprühen und trocknen lassen, nicht ausbürsten.

ATG Teppich und Polster Reparaturset
Für kleine Teppichverletzungen kann auch auf ein Reparaturset zurück gegriffen werden. Dafür die Gebrauchsanweisung unbedingt genau lesen und befolgen! Sonst ist der Reparaturerfolg nicht von langer Dauer!

Ausgefranste Schlingen
Derartige Beschädigungen kommen relativ häufig vor. Oft sind es nur kleine Auslösungen der Teppichschlinge, die sich aber mit der Zeit wie ein aufribbelnder Pullover entwickeln. Je öfter die ausgelöste Stelle beansprucht wird, desto größer wird der Schaden.

WARNUNG: Niemals an losen Schlingen ziehen!

Arbeitsmittel
Eine kleine Nagelschere, transparenten Klebstoff oder etwas farblosen Nagellack, ein Holzstäbchen

So wird's gemacht
Verfolgen Sie genau, an welchem Ende die Schlinge gelöst ist. Trennen Sie die gelösten Schlingenfäden vorsichtig heraus. Nehmen Sie ein Holzstäbchen und tragen Sie etwas Klebstoff oder Nagellack auf. Die umliegenden Schlingen mit den Fingern auseinander drücken. Klebstoff oder Nagellack vorsichtig an der Schnittstelle auftragen und trocknen lassen. (Der Nagellack oder Klebstoff verhindert ein weiteres Ausfransen der Schlingen – genau wie eine Laufmasche in der Nylonstrumpfhose). Vorgang bei Bedarf mehrmals wiederholen, bis Sie mit dem Ergebnis zufrieden sind.

WARNUNG: Achten Sie unbedingt darauf, dass kein Klebstoff oder Nagellack auf die umliegende Oberfläche gelangt. Falls doch, können Sie das Malheur mit etwas Fleckenentferner (Nagellackentferner) und einem Tuch vorsichtig abtupfen. Nicht reiben!
Sind die Schäden bereits weiter fortgeschritten, müssen Sie eventuell eine Reparatur wie beschrieben durchführen.

Risse

Was schon für die Löcher galt, ist auch für Risse aller Art zu beachten. Risse gehen in den meisten Fällen immer durch den Teppichflor und die Webschicht. Je nach Länge der Beschädigung ist die Reparatur bei Schlingenware eine etwas zeitraubende Angelegenheit.

Kleine Risse – Länge bis etwa fünf Zentimeter

Arbeitsmittel
Kunststoffkleber, ein Holzstäbchen o.Ä., Fleckenentferner, ein Stück festen Stoff

So wird's gemacht
Drücken Sie als erstes den Riss auseinander. Die Schlingen müssen den Riss vollständig freigeben. So können Sie genau sehen, wie die Schadensstelle verläuft. Ein dementsprechendes Stückchen Stoff unter dem Riss platzieren. Der Stoff sollte ein wenig größer sein, als der Riss selbst. Etwas Klebstoff auf die Spitze des Holzstäbchens geben. Die Rissstelle auseinander spreizen und den Kleber im Rissverlauf verteilen. 20 bis 30 Minuten trocknen lassen. Mit der Gummirolle entlang der Rissrichtung mit etwas Druck darüberrollen. Versehentlich anhaftende Schlingen mit einem sauberen Holzstäbchen sofort wieder aufrichten. Ist etwas Klebstoff auf die Teppichoberfläche gelangt, können Sie diesen vorsichtig mit einem Tuch und etwas Fleckenwasser abtupfen.
Hat der Riss auch der Teppichschlinge geschadet, kann die Verschönerung mit etwas abgetragenem Teppichmaterial (siehe unter „Löcher reparieren") ausgefüllt werden.

Lange Risse
Solche Schäden können durch eine Überspannung des Teppichmaterials entstehen aber auch durch Reparaturarbeiten im Fahrzeug. Je länger der Riss sich durch die Teppichlandschaft schlängelt, um so größer wird der Aufwand. Ganz besonders wichtig ist der Untergrund (siehe Dämmmaterialien). Je nach Position der Beschädigung muss der Teppich angehoben werden, damit Sie einigermaßen an den Defekt von der Unterseite gelangen.
Selbstverständlich müssen Sie zuerst die Unterseite reparieren. Rund um die Schadensstelle immer einige Zentimeter Teppichklebeband herum kleben. Das verhindert ein weiteres Aufreißen der Teppichfläche.

Arbeitsmittel
Doppelseitiges Teppichklebeband, Kunststoffkleber oder Pattex, ein kleiner Spachtel, eine Nagelschere, Fleckenwasser, ein Tuch, eine Gummirolle

So wird's gemacht

Wie schon unter Dämmmaterialien beschrieben, müssen Sie zuerst den Teppich aus seiner Befestigung lösen. Heben Sie den Teppich so an, dass Sie optimalen Zugang zur Schadensstelle haben. Etwas Fleckenwasser auf ein Tuch geben und die Umgebung der Schadensstelle gründlich damit abreiben. Trocknen lassen und eventuelle Fussel entfernen. Schutzfolie von einer Seite des Klebebands einige Zentimeter abziehen.

P **PROFITIPP:** Lange Risse, die sich an einer stark überspannten Stelle befinden, können mit mehreren Bahnen des Teppichklebebandes nebeneinander gefestigt werden. Achten Sie aber darauf, dass keine Klebeschicht frei liegt. Sonst klebt der Teppich am Untergrund fest und reißt wieder auf.

Achten Sie darauf, dass die Rissstelle so dicht wie möglich aneinandergefügt wird. Klebeband mit der freigelegten Klebefläche genau zentriert auf den Teppichrücken kleben und mit der Gummirolle kräftig anrollen.

Zur besseren Festigkeit können Sie mit einem Holzbrett von oben dagegen drücken. Teppich wieder ordnungsgemäß befestigen. Mit der Gummirolle nochmals über die Schadensstelle rollen. Benötigte Menge Teppichfasern an einer versteckten Stelle mit einer Nagelschere vorsichtig heraustrennen. Teppichflor auseinander spreizen. Vorsichtig mit dem kleinen Spachtel eine dünne Schicht Kleber entlang des Risses auftragen. Zehn Minuten trocknen lassen und nochmals Klebstoff auftragen und abermals zehn Minuten warten. Die sicher gestellten Teppichfasern gleichmäßig der Länge nach und vor allen Dingen im Verlauf des Teppichflors in die Rissstelle einbringen. Mit dem Finger leicht andrücken. Zehn Minuten warten und mit der Gummirolle kräftig drüberrollen. Niedergerollte Teppichfasern wieder aufrichten.

Polyboy Textil Imprägnierer
Das Produkt eignet sich auch für Teppiche und Seitenverkleidungen. Nur in gut belüfteten Räumen anwenden. Nach dem Auftragen Fahrzeug auslüften lassen.

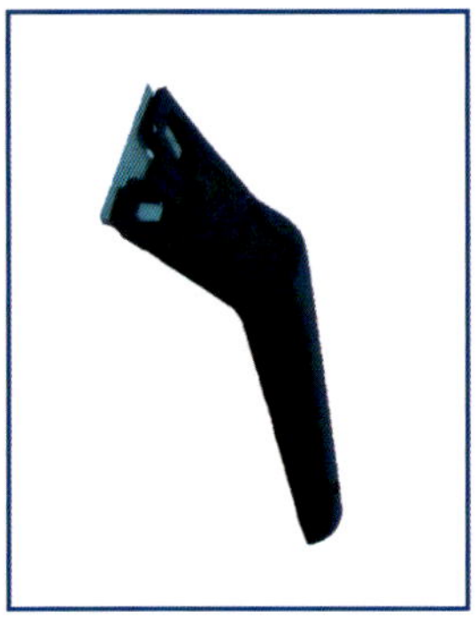

Ein **Glasschaber** ist immer besser als ein Rasierklinge. Damit lässt sich einiges optimal abziehen. Vorsicht! Immer die Schutzkappe aufsetzen, sonst gibt es blutige Verletzungen!

Lang- und kurzflorige Teppichausstattung – Velours

Derartige Teppichbeläge haben eine weiche, wollartige Oberfläche. Faserdichte und Höhe des Materials können bei einigen Fahrzeugen sehr unterschiedlich ausfallen. Veloursbeläge lassen sich fast problemlos reparieren. Starke Versandungen und heruntergetretenes Veloursmaterial kann jedoch, besonders im Fußraumbereich, zu einem erheblichen Arbeitsaufwand führen. Besonders helle Beläge sind anfällig für alle erdenklichen Verschmutzungen und Beschädigungen.

Bei sehr starken Verschmutzungen kann es vorkommen, dass sich der Veloursteppich nicht mehr hundertprozentig reinigen und aufrichten lässt. Es können dunkle oder bräunliche Schatten zurückbleiben, die auf eine starke Beanspruchung hinweisen, sich jedoch auch mit einer Teppichreparatur nicht beseitigen lassen. Für Brandlöcher und andere Schadstellen, sowie kleine Abschabungen ist die Reparatur fast ein Kinderspiel.

WARNUNG: Besonders im direkten Trittbereich ist eine großflächig angelegte Reparatur nur durch einen Fachbetrieb zu empfehlen. Sehr starke Teppichflorabriebe können hier nicht dauerhaft beseitigt werden.

Arbeitsmittel

Eine kleine Nagelschere, eine kleine harte Bürste, transparenten Klebstoff (kein Sekundenkleber), Fleckenwasser, ein Tuch, eine Rasierklinge zum Abtragen kleinster Brandreste, Haarspray

So wird's gemacht

Stellen Sie zuerst fest, wie tief der Schaden im Teppichmaterial liegt. Bei einer durchdringenden Verletzung müssen Sie die unterste Schicht zustopfen! Siehe Reparatur von Dämmmaterialien. Befindet sich die Schadenstelle oberhalb der Webschicht, verfahren Sie wie folgt:

Suchen Sie sich eine unsichtbare Stelle – am besten unter den vorderen Sitzen oder der hinteren Sitzbank. Schneiden Sie niemals die benötigen Teppichfasern nur aus einer Stelle heraus, sonst entsteht ein neues Loch!

Schneiden Sie vorsichtig die benötigten Teppichfasern mit der Spitze der Nagelschere oder dem Glasschaber über eine größere Fläche verteilt ab, bis Sie genügend Teppichmaterial abgetragen haben.

Sammeln Sie die abgeschnippelten Fasern in einer Schale oder einem gefalteten Papier.

Erntefest! An so einer unsichtbaren Stelle können Sie sich ein Stückchen Teppich sichern.

Halten Sie die kostbare Beute gut fest! Sonst müssen Sie ein weiteres Stück Teppich abmähen.

SICHERHEITSTIPP: Benutzen Sie Rasierklingen nur mit äußerster Vorsicht. Es drohen blutige Finger!

WARNUNG: Achten Sie unbedingt darauf, dass die wertvolle Beute nicht plötzlich durch aufkommende Zugluft vom Winde verweht wird.

Brandlöcher: Zuerst die verschmorten Kanten vorsichtig mit der Nagelschere abtragen und die gelösten Reste behutsam mit dem Staubsauger absaugen. Eventuell noch verbleibende kleinste Schmorreste vorsichtig mit einer Rasierklinge abtragen.

Mit einer harten Bürste die nähere Umgebung sorgfältig ausbürsten und absaugen. Es dürfen sich keine Sandreste in der Schadenstelle befinden, sonst kann der Kleber nicht lange an dem Teppichmaterial haften.
Etwas Fleckenwasser auf ein Tuch geben und die Schadenstelle und deren unmittelbare Umgebung damit gründlich abwischen und trocknen lassen.
Kleber genau in das Loch tropfen lassen. Mit der Tubenspitze etwas verteilen und mindestens zwei Stunden trocknen lassen. Durch die etwas längere Trocknungszeit können alle Lösemittel aus dem Kleber verdunsten. Der Kleber fällt in sich zusammen. Nochmals Kleber in das Loch tropfen und verteilen. 20 Minuten warten. Die abgetragenen Teppichfasern mit der Faserrichtung der Teppichoberfläche gleichmäßig in das Loch drücken und mit der Gummirolle kräftig überrollen. Mit spitzen Fingern die eingelegten Teppichfäden aufrichten. Auffällig überstehende Fasern können Sie vorsichtig mit der Nagelschere abtragen. Anschließend die reparierte Schadenstelle mit Haarspray fixieren und nicht wieder ausbürsten.

Feinvelours
Eine ganz extrem empfindliche Materialart ist Feinvelours, dessen Oberfläche bei einem bestimmten Lichteinfall glänzend wirkt. Die Fasern sind im Gegensatz zu einfachem Velours sehr kurz geschnitten.

Klein, aber hässlich und störend! Solche Brandlöcher entstehen immer durch unachtsame Raucher, die den Aschenbecher nicht treffen können.

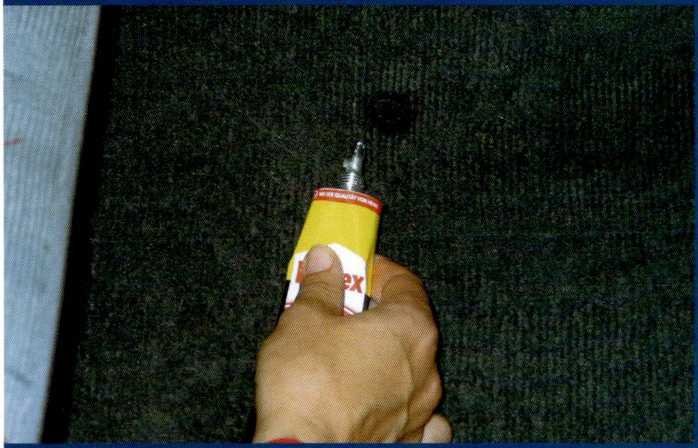

Achten Sie darauf, dass Sie den Klebstoff exakt in das Brandloch platzieren. Alle verschmorten Ränder müssen selbstverständlich vorher abgeschnitten werden.

Jetzt müssen Sie Maß nehmen! Schneiden Sie sich vorsichtig die passende Größe an Teppichmaterial zurecht. Je genauer Sie das machen, desto weniger sichtbar wird das Brandloch später sein.

Haarspray ist nicht nur für den perfekten Sitz der Frisur gut. Hier unterstützt es die Haltbarkeit. Nehmen Sie aber keinen Haarlack, sondern nur ganz gewöhnliches Haarspray!

WARNUNG: Einige solcher Feinveloursausstattungen vertragen keine Bürste. Die Oberfläche zieht durch diese Art Bearbeitung starke Fäden und fühlt sich an wie ein weiches Katzenfell.
Nur der Staubsauger ist erlaubt. Allerdings müssen Sie dann sogar auf eine absolut intakte Saugdüse achten. Blitzschnell entwickeln sich Ziehfäden, die dann mit zusätzlichem Arbeitsaufwand beseitigt werden müssen (Siehe Teppichoberflächen verfilzt oder ausgefranst).

Arbeitsmittel
Einmalrasierer oder ein Glasschaber, transparenter Klebstoff (kein Sekundenkleber), ein Staubsauger, Fleckenwasser, ein Tuch, eine Gummirolle, Haarspray

So wird's gemacht
Wie bei allen anderen Beschädigungen müssen Sie auch hier deren Tiefe und Verschmutzung kontrollieren. Siehe unter lang- und kurzflorige Teppichausstattungen und Dämmmaterialien.
Haben Sie alle Vorarbeiten sorgfältig ausgeführt, können Sie mit der eigentlichen Verschönerungsreparatur beginnen. Vergessen Sie nicht, die Schadensstelle und die Umgebung zu reinigen und abzusaugen. Der Teppichflor bei diesem Material ist nur sehr kurz. Eingebrachte Teppichfusseln können nur an wirklich sauberen Stellen haften.
Suchen Sie sich eine absolut unsichtbare Fläche zum Abrasieren aus. Achten Sie besonders bei diesem Material auf die Faserrichtung. Durch Lichteinfall kann selbst die beste Schönheitsreparatur wieder sichtbar werden.
Glasschaber mit etwas Druck über die Fläche schieben (Einmalrasierer ziehen). Die benötigte Fusselmenge langsam von der Teppichoberfläche abrasieren und in einem windgeschützten Behältnis sammeln.

WARNUNG: Bitte keinen starken Druck ausüben, sonst gibt es noch mehr Löcher!

Je nach Umfang der Beschädigung Klebstoff in die Schadensstelle tropfen und mit der Tubenspitze verteilen. Zwei Stunden trocknen lassen. Nochmals ein wenig Kleber auftragen und zehn Minuten warten. Teppichfusseln in Faserrichtung in die Klebstoffstelle einlegen, bis die Schadensstelle damit ausgefüllt ist. Mit dem Daumen oder Zeigefinger mehrmals leicht andrücken. 20 Minuten trocknen lassen und mit der Gummirolle kräftig über die Schadensstelle rollen. Mit Haarspray fixieren und nicht ausbürsten.

Filz und filzähnliche Teppichbeläge
Filzbeläge kommen zum Reparaturglück nicht mehr so häufig vor. Lediglich in Kleinwagen und Fahrzeugen älteren Jahrgangs tauchen solche Bodenverkleidungen auf.
Ältere Beläge haben eine Schwierigkeit: Ist die Filzoberfläche abgetreten oder stark beschädigt, ist eine zufriedenstellende Reparatur oft nicht zu machen.

Als Alternative können Sie sich auch eines Reparatursets bedienen. Zum Beispiel dann, wenn Sie sich nicht trauen, irgendwo ein Stückchen Teppichoberfläche zu entfernen. Das Reparaturverfahren verläuft genauso wie bei Feinvelours. Für größere Beschädigungen benötigen Sie aus einer unsichtbaren Ecke ein ganzes Stückchen Teppich, das möglichst genauso groß ist wie die Beschädigung selbst.

Arbeitsmittel
Ein Teppichmesser, ein Glasschaber, eine Nagelschere, Kleber, ein Stückchen Stoff, ein Stück Papier und ein Bleistift

So wird's gemacht
Nehmen Sie Papier und Bleistift und fertigen Sie sich daraus eine kleine Schablone an. Legen Sie das Papier auf die Schadenstelle und markieren Sie die Größe des Schadens. Schneiden Sie das gewonnene Papiermuster aus.
Suchen Sie sich eine unsichtbare Stelle. Legen Sie die Papierschablone auf die ausgewählte Fläche. Schneiden Sie mit dem Teppichmesser vorsichtig das passende Stückchen Filzteppich heraus.
Befindet sich unter dem Filzteppich eine Dämmschicht, verfahren Sie bitte zuerst wie unter Dämmmaterialien beschrieben. Ein Stückchen Stoff unter die Beschädigung legen und mit Kleber befestigen. Das eingelegte Stoffstück ebenfalls mit Kleber bestreichen. Das ausgeschnittene Teppichstückchen sicher auf einer ebenen Unterlage platzieren und den Klebestoff auf dessen Rückseite verteilen. Alles 15 Minuten trocknen lassen und zusammenfügen. Passt das Teppichstück nicht exakt in die Schadenstelle, können Sie etwas Teppichfasern wie unter Feinvelours beschrieben einfügen.

Filzähnliche Teppichbeläge
Hier handelt es sich um solche, die mit bloßem Auge als Velours identifiziert werden. Die Oberfläche fühlt sich weich und samtig an. Drückt man auf die Fläche, ist eine sehr feste, aber nur sehr dünne Struktur zu fühlen. Eine Reparatur ist, wie bei allen Veloursarten, sehr einfach. Die einzige Einschränkung ist der Fadenverlauf. Durch die schimmernde Oberfläche müssen die abrasierten Fasern so eingepflanzt werden, dass sie exakt mit der Glanzrichtung des umliegenden Teppichmaterials eine Einheit bilden. Stecken Sie die Faser verkehrt herum, bleibt eventuell die reparierte Stelle ewig sichtbar.

Teppichflor aufrichten

Ständig niedergetretene Flächen auf der Teppichausstattung mindern nicht nur das Reinigungsergebnis, sondern erwecken oft den Eindruck einer schadhaften Stelle. Betroffen davon sind in erster Linie helle, kurz- und langflorige Teppiche und vor allen Dingen Veloursausstattungen. Haben Sie sich mit der Draht- oder Scheuerbürste ans Werk gemacht, bleiben trotzdem noch Flächen übrig, denen man ihren Reinigungsfleiß nicht ansieht.
Bevor Sie sich jedoch mit Eifer daran machen, einen schönen, gleichmäßigen Flor zu erzielen, prüfen Sie unbedingt, ob wirklich nur ein niedergetretener Flor die Ursache ist oder aber ob sich schon Abschabungen an der Stelle befinden.

Arbeitsmittel
Ein feuchtes Frotteehandtuch oder ein Ledertuch, eine harte Bürste, Haarspray

So wird's gemacht
Saugen Sie den Teppich gründlich ab. Durch abwechselndes Saugen und Bürsten wird der Flor schon zum Teil wieder aufgerichtet. Nehmen Sie ein feuchtes Frotteetuch (nicht tropfnass) oder ein Ledertuch und legen Sie es über Nacht auf die betroffene Fläche. Mit der flachen Hand kurz andrücken. Am nächsten Tag das Tuch entfernen und die Fläche mit der Bürste und dem Staubsauger nacharbeiten. Bei Bedarf können Sie den Vorgang wiederholen, allerdings sollten Sie das wegen der Feuchtigkeit möglichst auf die warme Jahreszeit legen.

Ein Ärgernis sind solche Flokatioberflächen! Sie sammeln nicht nur den Schmutz sondern verleihen selbst dem saubersten Teppich ein irgendwie schmuddeliges Aussehen.

Herausgezogene Teppichflore lassen sich mit einer einfachen Methode schnell und effektiv beseitigen.

Schnipp, schnapp und schon ist der fusselige Flor ab. Die einzige Bedingung ist eine scharfe Klinge oder Nagelschere!

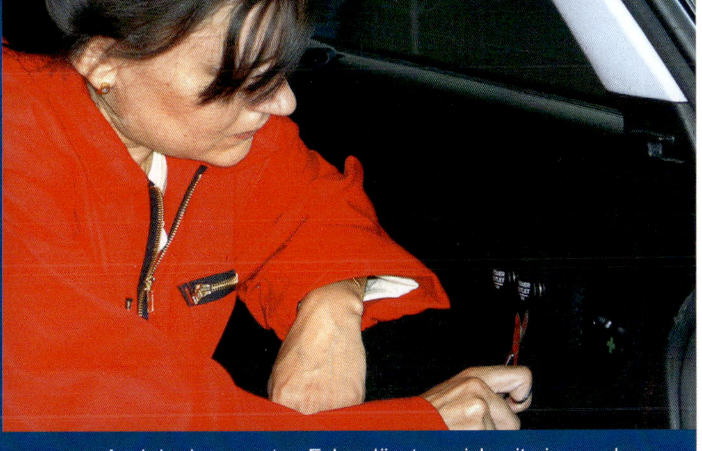

Auch in den engsten Ecken lässt es sich mit einer scharfen Nagelschere gut schneiden. Eine stumpfe Schere rupft dagegen allenfalls noch mehr Teppichflor aus dem Untergrund!

PROFITIPP: Für stark heruntergetretene Teppichflore können Sie nach der Behandlung Haarspray aufsprühen. Spreizen Sie dazu die Fasern auseinander. Dadurch bekommen die Teppichfasern wieder etwas Standfestigkeit.

Teppichoberflächen – verfilzt oder ausgefranst

Derartige Oberflächenverletzungen werden durch harte Bürsten, defekte Staubsaugerdüsen, Hunde und Katzen, durch häufiges Betreten und vieles mehr verursacht. Die einzig sinnvolle Methode ist eine gründliche Rasur. Das bedeutet, alle verfilzten, ausgefransten und ausgezogenen Fäden werden mit einer scharfen Klinge oder einer Schere einfach abgeschnitten.

PROFITIPP: Diese Behandlung kann auch für alle Hutablagen angewandt werden.

Arbeitsmittel
Einmalrasierer, eine gekrümmte Nagelschere, ein Staubsauger

So wird's gemacht
Je nach Teppichart und Schaden wird die Oberfläche mit äußerster Vorsicht regelrecht abgemäht oder abrasiert. Für alle weichen Teppichmaterialien eignet sich eine Nagelschere. Harte Materialien lassen sich mit einem neuen und scharfen Scheibenkratzer (angewinkelte Klinge) oder mit einem Einmalrasierer wieder in Form bringen. Anschließend immer absaugen!

SICHERHEITSTIPP: Tragen Sie unbedingt feste Handschuhe, um Schnittverletzungen zu vermeiden.

Stoffreparatur an Sitzen, Seiten- und Türverkleidungen

Im Gegensatz zu Teppichausstattungen lassen sich die Stoffmaterialien nur mit sehr viel Geduld und Aufwand reparieren. Einschränkungen gibt es auch bei der Größe des Schadens. So können starke Rissstellen an Sitzkanten nur vom Fachmann ausgebessert werden. Stoffe auf den Polstern im Fahrzeug stehen immer unter Spannung, sobald Sie sich darauf niederlassen. Bei einer Stoffreparatur kommt es tatsächlich darauf an, wo und wie groß Loch oder Riss sind.
Oft zu beobachten sind Brandlöcher und kleine Scheuerstellen an der Fahrersitzlehne. Ebenso häufig sind meist kleine Risse an Seiten- oder Türverkleidungen.
Während bei einer Teppichreparatur unbedingt auf die einzelnen Qualitäten geachtet werden muss, spielt hier das Stoffmaterial keine große Rolle.
Die größte Schwierigkeit bei diesen Schäden ist ganz eindeutig das Stoffmuster. Es lassen sich mit den gebräuchlichen Reparatursets keine mehrfarbigen Stoffangleichungen hervorbringen. Da hilft nur ein Stückchen ausschneiden oder noch besser beim Autohändler um ein Stoffmuster zu bitten. Eine andere Variante ist der Autofriedhof. Dort lagert so manches Exemplar nicht mehr so ganz junger Fahrzeugmodelle. Hier ein Stückchen Stoff rausgeschnitten bewirkt wahre Wunder bei der Reparatur und ist fast immer kostenlos zu haben. Nur besonders gierige Autofriedhofsbesitzer verlangen dafür ein paar Cent.
Eine weitere nicht unerhebliche Schwierigkeit betrifft den Untergrund. Jedes Sitzpolster hat eine Unterpolsterung und oft auch eine zusätzliche Dämmschicht. Wie auch schon bei der Teppichreparatur darf niemals der Stoff mit diesen Materialien verklebt

werden. Immer wieder stoßen wir auf solche unsachgemäß ausgeführten Reparaturen. Dabei spielt natürlich auch die Befestigung des Unterlegstoffes eine große Rolle. Wird der unterlegte Stoff nicht sorgsam befestigt, löst er sich mit der Zeit durch Belastungen wieder ab und die Schadensstelle kommt spätestens beim gründlichen Absaugen erneut zum Vorschein. Mit Nadel und Faden lassen sich solche Gemeinheiten fast ausschließen. Besonders an Seitenverkleidungen ist es nicht ausreichend, nur den Stoff zu reparieren. Befindet sich die Stelle genau in einer überspannten Vertiefung, wird eine kleine Unterpolsterung nötig.

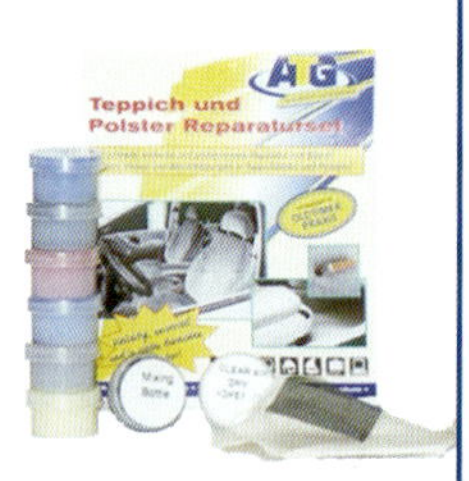

ATG Teppich und Polster Reparaturset
Brandlöcher und kleine Risse lassen sich damit erfolgreich beseitigen. Das Set beinhaltet alle Utensilien, die für eine Reparatur nötig sind. Profitipp: Besorgen Sie sich ein Stoffmuster! Entweder von Ihrem Fahrzeughersteller oder vom Autofriedhof.

PROFITIPP: Bevor Sie sich ans Werk machen, waschen Sie sich bitte gründlich die Hände! Durch schmutzige Finger wird das neue Material beschmutzt und kann später nur sehr schwer wieder davon befreit werden!

Löcher und Risse stopfen

Reinigen Sie zuerst die Schadenstelle und die unmittelbare Umgebung. Eine gründliche Tiefenreinigung der gesamten Stoffflächen verbessert das Reparaturergebnis. Reparieren Sie an verschmutzten Stoffen, dann wird sich bei einer späteren Reinigung die Reparaturstelle deutlich von der Umgebung abheben. Das gilt ganz besonders für ältere Fahrzeuge.

Arbeitsmittel

Eine Rasierklinge, eine Nagelschere, ein Stück fester Stoff, Tesafilm, eine Pinzette, Haarspray, Stoffkleber aus dem Bastelladen, Fleckenwasser, ein Tuch, eine Nadel, Garn in Stofffarbe

So wird's gemacht

Etwas Fleckenwasser auf ein sauberes Tuch geben. Die beschädigte Stelle und die unmittelbare Umgebung damit abwischen.

Brandlöcher: Ziehen Sie sich feste Handschuhe an und nehmen Sie dann die Rasierklinge zwischen die Finger. Vorsichtig die angeschmorten Ränder abtragen. Mit der Spitze der Nagelschere die Ränder nachglätten.

Lassen Sie die beschädigte Stelle trocknen, bevor Sie mit der Reparatur beginnen. In der Zwischenzeit können Sie die benötigten Fasern zurechtschnippeln. Suchen Sie sich im Fahrzeug eine versteckte Stelle aus, an der Sie guten Gewissens ein Stückchen Stoff opfern können. Dafür eignet sich die Fläche unter der Rücksitzbank, in den Kopfstützen oder in Sitztaschen. Für Löcher brauchen Sie etwas mehr, für Risse etwas weniger Fasern. Trennen Sie mit der Nagelschere nur so viel Stoff heraus, wie Sie wirklich benötigen. Legen Sie die Stofffasern in ein flaches Gefäß. Mit der Nagelschere alles schön klein schneiden.

Wie ein tiefer Schlund grinst hier das gut platzierte Brandloch! So eine Beschädigung wirft bei Mitfahrern immer Fragen auf und ist später auch nicht gerade verkaufsfördernd!

WARNUNG: Decken Sie die Fasern immer sicher ab. Schon ein kleiner Windzug reicht aus, um die wertvolle Errungenschaft wegzupusten.

PROFITIPP: In der Handfläche lassen sich die Fasern noch besser zerkleinern.

Können Sie den Schaumstoff oder die Dämmunterlage sehen? Dann müssen Sie unbedingt das Loch oder den Riss erst zustopfen, bevor Sie die Fäden aufbringen dürfen.

WARNUNG: Auch bei kleinen Löchern mit Durchblick sollten Sie grundsätzlich ein Stückchen Stoff unterlegen! So wird auf jeden Fall verhindert, dass die Stelle durch Überspannung wieder aufreißt!

Schneiden Sie aus einem festen Stoff ein passendes Stückchen heraus, das etwas größer ist als das Loch selbst. Stopfen Sie es genau mittig in das Loch. Mit einem kleinen Spachtel vorsichtig die Ränder mit Klebstoff bestreichen. Achten Sie darauf, dass der Klebstoff auch unter den Rand gelangt. Zehn Minuten trocknen lassen und fest andrücken.
Nehmen Sie ein Stück Garn in der Farbe des Bezugsstoffes (am besten eignen sich dafür Polyestergarne).

ANMERKUNG: Zwirn ist absolut ungeeignet. Nehmen Sie ein feines Garn (gibt's im Handarbeitsgeschäft oder im Kaufhaus). Am besten eignen sich Polyesterfäden. Solche Garnrollen gibt es in einem Sortiment mit verschiedenen Farben. Wenn Sie ein wirres Stoffmuster haben, können Sie aus den Grundfarben schon ein fast unsichtbares Fadenbild erzeugen.

Nähen Sie von unten nach oben mit kleinen Stichen den eingelegten Stoff an den Bezugsstoff. Am Anfang und am Ende der Näharbeit müssen Sie den Faden durch Verknoten befestigen.

Tragen Sie mit dem Spachtel den Klebstoff dünn auf die Schadenstelle auf. Mindestens 20 Minuten trocknen lassen. Nochmals dünn Kleber auftragen. Mit der Pinzette die einzelnen Stofffasern in die Klebestelle einlegen.

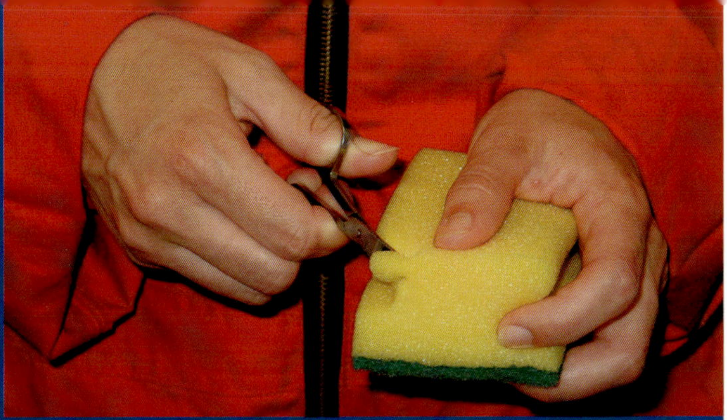

Nur einfach zustopfen gilt nicht. Der Untergrund muss bei so einem großen Loch unbedingt stabilisiert werden. Nur so ist die Reparatur dauerhaft haltbar! Ein normaler Haushaltsschwamm ist ein billiger Helfer!

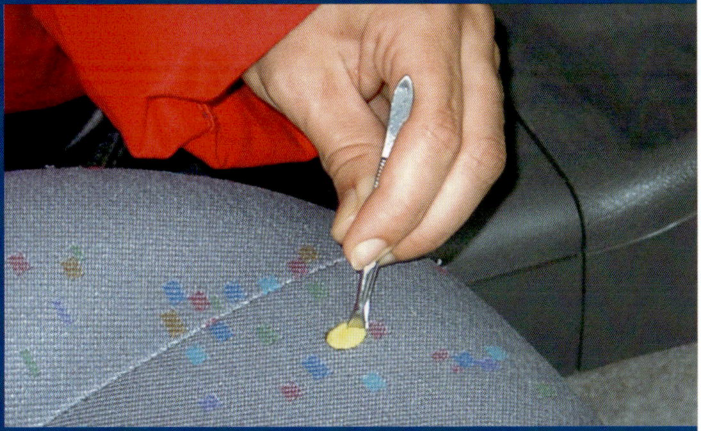

Mit einer Pinzette können Sie das einfache, aus einem Schwamm gewonnene Material, direkt in die Tiefe des Loches verbringen.

Nehmen Sie genau Maß! Für das Unterlegmaterial ist eine ausreichende Größe, die über die Schadensstelle hinausragt, unbedingt zu empfehlen! Sonst können Sie nach einiger Zeit den Flicken wieder herausziehen!

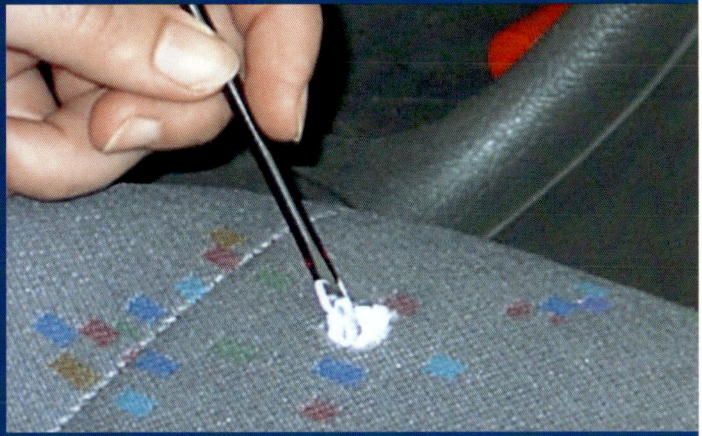

Hier ist absolute Detailarbeit gefragt.
Ist der Unterlegstoff wirklich genau platziert?
Erst dann dürfen Sie Klebstoff aufbringen.

PROFITIPP: Befördern Sie die Stofffasern auf die Klebefläche des Tesafilms. Platzieren Sie die Fusseln so, das sie ungefähr der Größe des Schadens entsprechen. Mit leichtem Druck auf die Klebestelle legen. Einige Minuten warten und abziehen. Sie können diesen Vorgang so lange wiederholen, bis das Loch vollständig ausgefüllt ist. Sind noch kleinste Unebenheiten vorhanden, können Sie diese mit Hilfe der Pinzette ausfüllen.
Mit einem spitzen Gegenstand das Muster nachbilden. Mindestens zwölf Stunden trocknen lassen.
Überprüfen Sie, ob alle Fäden optimal platziert sind. Nehmen Sie ein neues Stück Tesafilm und drücken Sie es auf die Reparaturstelle. Befinden sich nur Fussel auf der Klebeseite, ist die Reparatur erfolgreich verlaufen. Zieht dagegen der Klebstoff des Films noch etliche Fasern heraus, müssen Sie nochmals etwas nacharbeiten. Überstehende Fusseln mit der Nagelschere abschneiden.
Sprühen Sie nach vollbrachter Arbeit etwas Haarspray zum Fixieren auf die reparierte Stelle. Nicht ausbürsten oder verschmieren, nur trocknen lassen.

PROFITIPP: Eine andere, auch sehr kostengünstige und einfache Lösung ist das Stoffmuster. Wir haben es bereits unter dem Abschnitt Teppichreparatur erwähnt. Fragen Sie doch einfach Ihren freundlichen Autohändler. Jedes Autohaus besitzt so eine umfangreiche Kollektion, die nach einer bestimmten Zeit erneuert wird. Meistens ist die Stoffsammlung auch mehrmals vorhanden, so dass Sie vielleicht dort ein Stückchen abbekommen.

Große Löcher

Ist der Durchmesser eines Loches größer als 1 Zentimeter, können wir Ihnen nur raten, diesen mit dem Originalstoff auszufüllen. Der Arbeitsablauf gestaltet sich genauso, wie beschrieben. Einzige Ausnahme ist die Verwendung des Fasermaterials.

Arbeitsmittel

Eine Nagelschere, ein Stück Tesafilm

So wird's gemacht

Vorbereitung der Schadenstelle wie unter Löcher stopfen beschrieben.
Schneiden Sie mit der Nagelschere ein passendes Stückchen Stoff aus einer unsichtbaren Stelle heraus. Gibt die Stelle nicht genug Material her, können Sie das benötigte Flickmaterial auch aus mehreren Stoffflächen zusammenstellen. Achten Sie unbedingt auf den Faden- und Musterverlauf. Legen Sie die Stoffstückchen auf Tesafilm zusammen. Die Stoffoberfläche des einzubringenden Materials muss auf der Klebeseite platziert werden. Wenn Sie den Tesastreifen umdrehen, können Sie genau sehen, wie das Stoffmuster angelegt ist. Liegt alles in der richtigen Richtung, drücken Sie den Tesastreifen in die vorbereitete Klebestelle. Fest andrücken und das Tesa vorsichtig vom Stoff abziehen.

Löcher und Risse an Tür- und Seitenverkleidungen

Hier kommt es darauf an, wo sich die Beschädigung befindet. Liegt diese unglücklicher Weise genau in einer überspannten Vertiefung, ist unbedingt eine kleine Unterpolsterung nötig. Die Stoffbezüge an den Verkleidungen unterliegen oft einer stärkeren Spannung. Solche Verletzungen sind nur mit viel Geduld und Vorsicht zu behandeln. Wie bei den Sitzbezügen muss auch hier fast immer ein Stückchen Stoff unterlegt werden. Oberflächenbeschädigungen, die wirklich nur die Stofffläche betreffen, lassen sich durch das Auffüllen mit ein wenig Stofffasern beseitigen.
Ist die Beschädigung größer, hat sich das komplette Ausschnei-

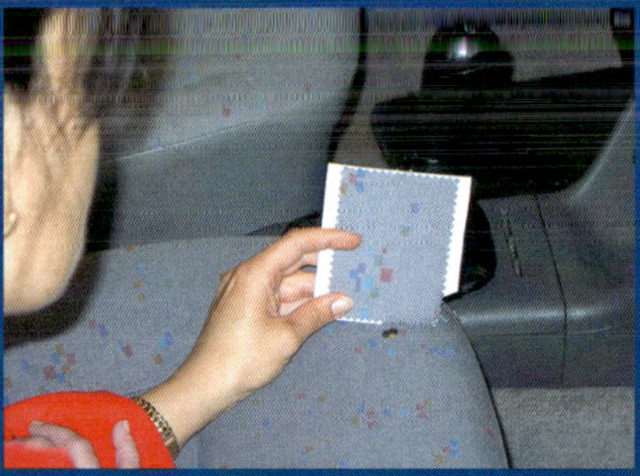

Die allerbeste Garantie für eine unsichtbare Schadensstelle ist ein Stoffmuster! Wo Sie solch ein tolles Stoffmuster erhalten? Natürlich bei Ihrem freundlichen Autohändler!

Achten Sie beim Ausschneiden auf Muster und Fadenverlauf. Sonst kann jeder Ihre Künste direkt sehen.

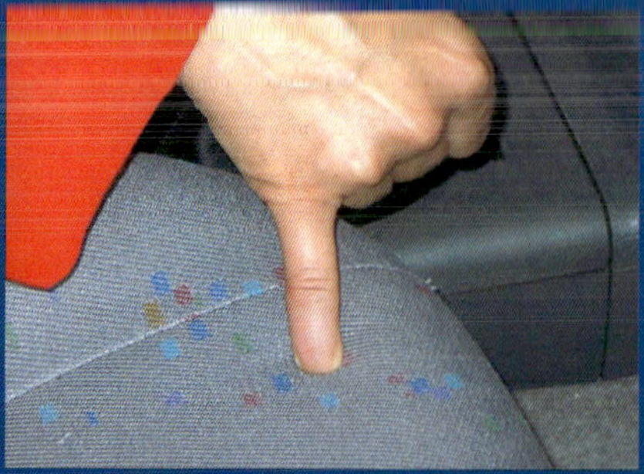

So weit geht das Loch in die Tiefe. Ohne Aufpolstern geht es hier leider nicht!

Schon fast angepasst! Wichtig: Beide Flächen müssen ausreichend mit Kleber bestrichen werden, um die Haftung sicher zu stellen.

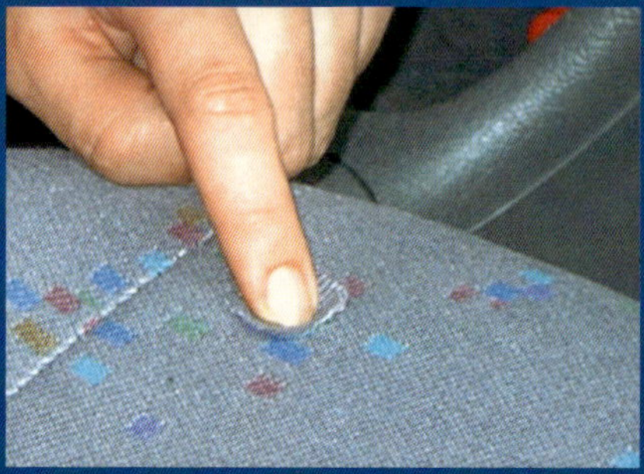

Das war das Loch! Nun ist es zu! Jetzt müssen Sie nur noch den Kleber einige Stunden trocknen lassen und bei Bedarf die Ränder vorsichtig abschneiden und evtl. vernähen.

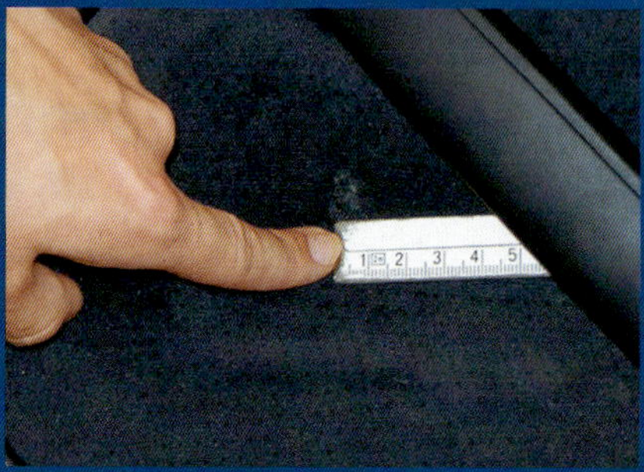

Hier haben wir den Schaden sogar nachgemessen! An solch unzugänglichen Flächen ist ein Messinstrument eine nützliche Hilfe!

Das gleiche Verfahren wie schon beim Sitz: Erst zustopfen und dann die Stoffoberfläche bearbeiten!

Bei solch einer fummeligen Arbeit geht es ohne die Pinzette nicht! Durch die erhebliche Stoffspannung muss das Unterlegmaterial sehr gewissenhaft eingebracht werden.

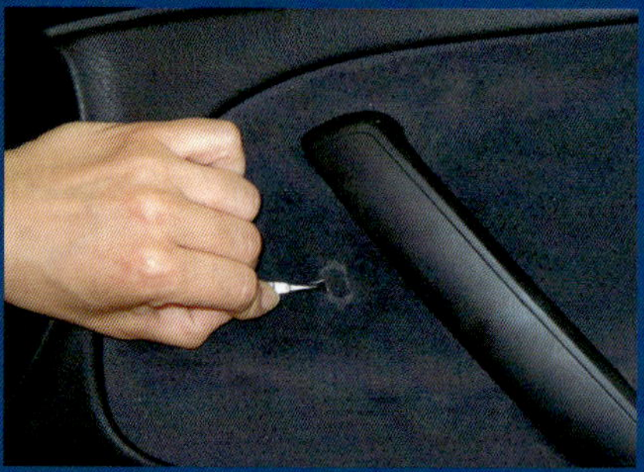

Hier haben wir ein Stück Stoff aus der Kopfstütze geraubt. Die Ränder sind noch deutlich sichtbar. Ohne ein wenig Reparaturmaterial für Stoffe wird das Loch nicht wieder unsichtbar.

Mit einem Stück Tesafilm wurden hier die feinen Stofffusseln auf die Reparaturstelle gebracht. Mit Haarspray fixieren und nach dem völligen Austrocknen vorsichtig absaugen. Fertig!

Polyboy Textil Imprägnierer
Ein überaus kostengünstiges Mittel, frisch aufgewertete Stoffbezüge wieder dauerhaft vor Schmutz und Feuchtigkeit zu schützen.

den der Schadstelle bewährt. Besonders an leicht gemusterten sowie an vertikalen Flächen ist dieses Verfahren die beste Lösung.
Die Reparatur erfolgt genauso wie bei Sitzbezügen, mit einer Einschränkung: Sie müssen eine kleine Einlage unter den Reparaturstoff befördern.

Arbeitsmittel
Watte, einen spitzes Stäbchen, Stoffkleber, ein Stück festen Stoff, Nadel und Faden

So wird's gemacht
Zupfen Sie sich aus der Watte ein Stück ab. Formen Sie es so, dass es etwas größer ist, als die Schadenstelle selbst. Schneiden Sie sich ein Stückchen Stoff in der gleichen Größe zurecht. Mit etwas Klebstoff an die Unterseite des Stoffstückchens heften. Mindestens zwei Stunden trocknen lassen.
Das präparierte Stoffstück mit der Watteseite nach unten in die Schadensstelle stopfen. Jetzt können Sie wie unter Löcher und Risse stopfen beschrieben weiterarbeiten.
Befindet sich nur eine Rissstelle an der Seitenverkleidung, vernähen Sie diese sauber von unten heraus mit ein paar feinen Stichen. Anschließend können Sie wie beschrieben die nötigen Stofffasern zum Verschönern einsetzen.

ATG Teppich und Polster Reparaturset
Für die Farbabstimmung an Verkleidungsstoffen lässt sich das Set prima nutzen. Achten Sie aber unbedingt darauf, dass die zusammengemischten Stoffteilchen auch wirklich farblich passgenau sind!

Reparaturen von Armaturenbrett und Kunststoffverkleidungen

Löcher und Risse am Armaturenbrett und an Kunststoffverkleidungen sind fast immer ein noch größeres Ärgernis als zum Beispiel im Stoff oder Teppich. Besondere „Hingucker" sind Bohrlöcher von Handyhalterungen u.ä. So ein Schaden mindert nicht nur den Gesamteindruck, sondern auch den Wert des Fahrzeugs ganz erheblich. Heute sind Reparatursets eine gute und kostengünstigere Alternative, bevor Sie sich ein neues Armaturenbrett oder eine Türverkleidung gönnen.

Löcher im Armaturenbrett und an allen Hartkunststoffverkleidungen beseitigen
Prüfen Sie als Erstes genau, wie groß das Loch ist. Bei kleinsten Löchern reicht das Verschließen der Löcher mit etwas Watte. Größere Löcher müssen mit einer speziellen Reparaturknetmasse (Reparaturkit) geschlossen werden. So lässt sich verhindern, dass die Vertiefung irgendwann wieder zum Vorschein kommt. Entfernen Sie auch unbedingt alle Reste von eventuell verwendetem Cockpitspray. Reste auf der Oberfläche machen die Haftung der Kunststofffarbe unmöglich!

Arbeitsmittel
Fleckenwasser oder Reinigungsalkohol, ein Tuch, ein kleiner spitzer Spachtel, eine scharfe Klinge, Watte, etwas Reparaturknetmasse (Reparaturkit), Schleifpapier 600er bis 2000er Körnung, ein weicher, sauberer Pinsel, Kunststofffarbe, ein Kunststoffspachtel, für größere Löcher ein normales Bügeleisen ohne Dampf

So wird's gemacht
Mit einer scharfen Klinge (Glasschaber oder Teppichmesser) alle Unebenheiten um das Loch herum sauber abkratzen. Keine Gewalt anwenden!

SICHERHEITSTIPP: Tragen Sie bei der Arbeit mit der Klinge unbedingt Handschuhe!

Löcher und Kratzer haben diese Kunststofffläche verunstaltet! Das ist eine absolute Wertminderung. Mit einfachen Mitteln lässt sich auch dieser Innenbereich wieder schön machen.

Je nach fühlbarer Unebenheit zuerst mit 600er Schleifpapier, dann mit 1000er Papier die Lochränder und die direkte Umgebung sauber glatt schleifen. Zum Schluss mit 2000er Schleifpapier glätten (ringsum etwa einen halben Zentimeter).

WARNUNG: Schneiden Sie das Schleifpapier in handgroße Stücke. So wird die intakte Umgebung nicht unnötig aufgeraut.

Mit dem Pinsel alles sorgfältig von Kunststoffstaubresten befreien. Mit Fleckenwasser oder Reinigungsalkohol abwischen. Trocknen lassen und nachpinseln. Nur ohne Staubreste haftet die Kunststofffarbe optimal und blättert nicht ab.

Für kleine Löcher:
Nehmen Sie sich ein Stückchen Watte, das sie zu einer Kugel drehen und mit einem spitzen Gegenstand (Pinzette) in das Loch stopfen, so dass sie genau plan anliegt.
Kunststofffarbe anmischen, je genauer, desto besser. Vergleichen Sie den Farbton in etwa fünf Zentimetern Abstand neben der Reparaturstelle. Stimmt er überein, können Sie die Farbe vorsichtig in das Loch tupfen. Zuerst nur eine dünne Schicht, die Sie etwa 30 Minuten trocknen lassen. Nochmals eine dünne Schicht auftupfen und erneut zehn Minuten warten. So lange wiederholen, bis die Fläche eben ist. Mit der Nadelspitze vorsichtig feine Linien in die Kunststofffarbe zeichnen und der Umgebung angleichen. Mindestens zwei Stunden trocknen lassen. Etwas Kunststofffarbe auf einen weichen, feinen Schwamm geben. Ohne Druck die Schadenstelle und die unmittelbare Umgebung mit der Farbe leicht angleichen.

Für größere Löcher:
Nehmen Sie ein entsprechend großes Stück in der Hand weich geknetete Reparaturknetmasse und stopfen Sie sie in das Loch. Glätten Sie mit einem Kunststoffspachtel und lassen Sie alles 30 Minuten trocknen.
Ist die Fläche wirklich glatt, tragen Sie die Kunststofffarbe auf. Unebenheiten schleifen Sie zunächst mit 1000er, danach mit 2000er Schleifpapier glatt. Bearbeiten Sie die Stelle sehr vorsichtig! Staubreste unbedingt mit einem Pinsel entfernen!

WARNUNG: Schleifen Sie nur den direkten Schadensbereich ab. Umliegende Flächen dürfen möglichst nicht berührt werden. Bei einigen Materialien kann dies zu starken Unregelmäßigkeiten und zu einer unvollkommenen Anpassung mit der Struktur führen!

Mischen Sie sich die benötigte Kunststofffarbe (Reparaturmasse) an. Niemals direkt neben der Schadenstelle anpassen. Mit dem Plastikspachtel die erste Schicht sehr dünn aufbringen. Fünf Minuten warten und glatt ausfüllen. Legen Sie das Strukturpapier mit der Seite nach oben, die nicht strukturiert ist. Markieren Sie

Mit Fingerspitzengefühl und Geduld erst mal alle überstehenden Kunststoffmaterialien abtragen. Die Klinge des Glasschabers sollte sehr scharf sein! Am besten nur einen neuen Glasschaber verwenden.

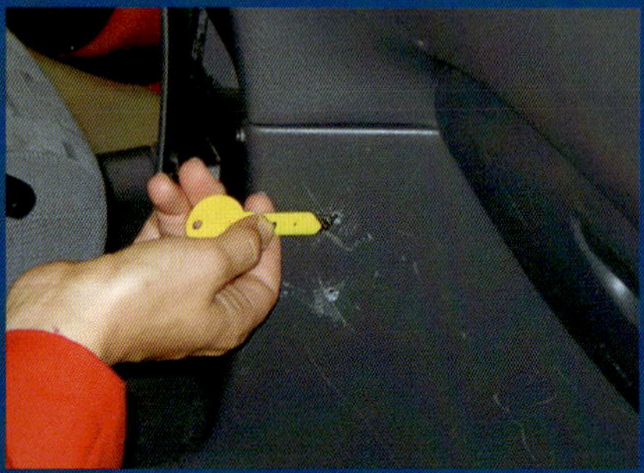

Ein kleine scharfe Klinge hilft auch noch die kleinsten Überreste des beschädigten Kunststoffmaterials zu beseitigen!

Glattschmirgeln ist Pflicht. Zuerst kann hier mit einem etwas gröberen Schleifpapier gearbeitet werden.

Mit sehr feinem Schleifpapier, möglichst 2000er Körnung, wird die beschädigte Stelle fein säuberlich geglättet.

Jetzt muss das Loch geschlossen werden. Dafür eignet sich das Knetgummi aus dem Kunststoffreparaturset! Ist das Loch zu tief, legen Sie vorher einfach ein Stückchen Watte darunter.

Mit dem Griff der Pinzette wird das eingebrachte Reparaturmaterial schön gleichmäßig und plan mit der Umgebung angeglichen. Bei Bedarf nochmals mit feinem Schleifpapier nachbearbeiten.

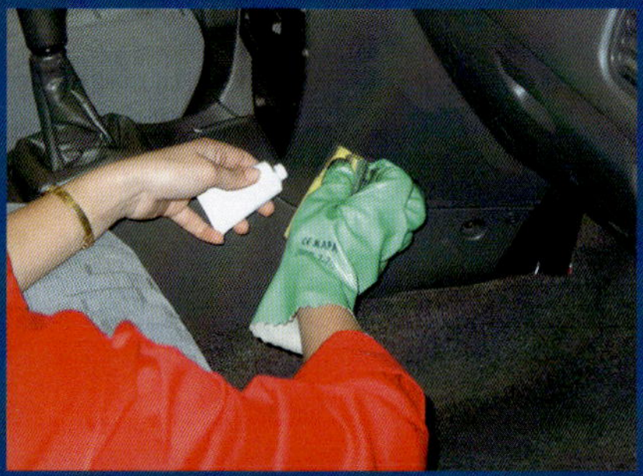

Die Farbe für alle Fälle! Schon wieder hilft uns dieses über Jahre bewährte Wunderzeug! Wir haben hier die Originalfarbe Anthrazit gewählt.

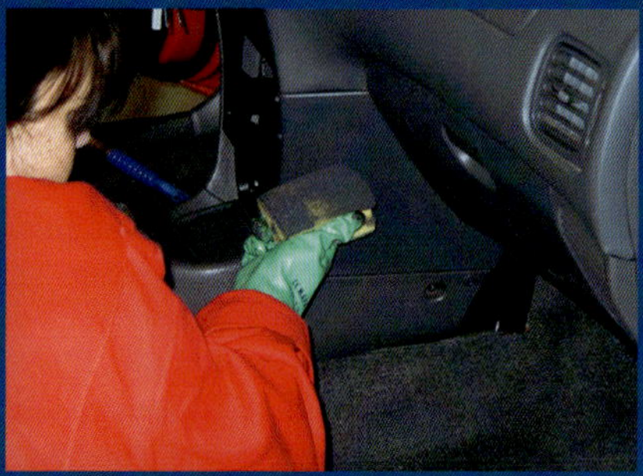

Es passt perfekt! Warum das Rad neu erfinden? Unser altes Mittelchen hat mal wieder gezeigt, was es kann. Der Schaden ist verschwunden!

Für besseren Halt! Eine bisschen Wärme kann nicht schaden! Achtung! Halten Sie niemals die heiße Luft zu nah an den Kunststoff, sonst war die Arbeit umsonst!

Nicht besonders groß, aber ärgerlich! Diese kleine Ratsche kann den Gesamteindruck tagtäglich trüben.

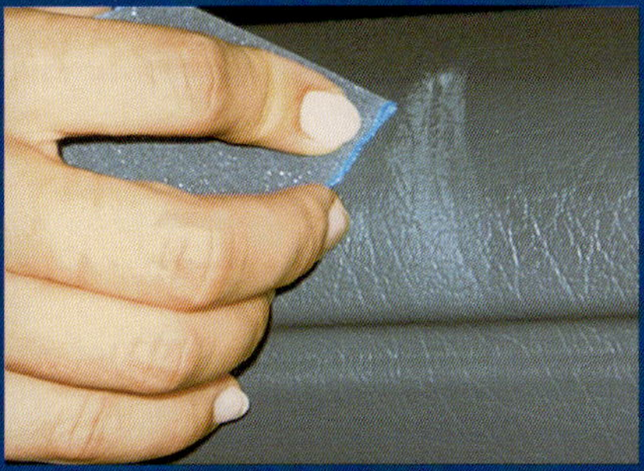

Schleifen muss sein! Gleichen Sie hier die Fläche mit verschiedenen Schleifpapierkörnungen solange an, bis Sie eine wirklich glatte Schadensstelle geschaffen haben!

Und immer wieder die Reinigung. Kunststoff ist besonders anfällig gegen Fett- und Schweißablagerungen. Schon die kleinsten Hautpartikel können die Haftung des Materials erheblich einschränken!

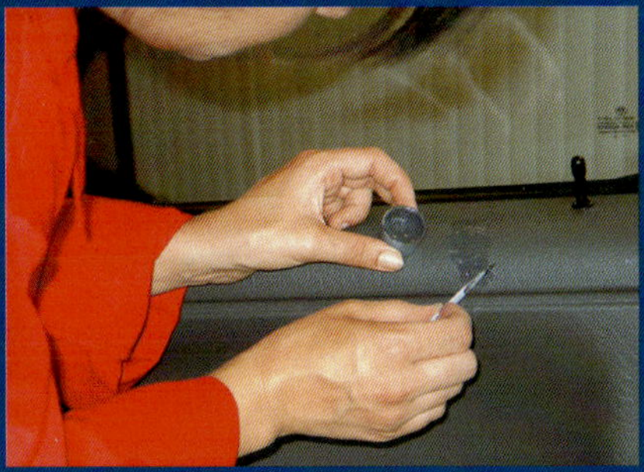

Jetzt wird es ernst! Nur die hundertprozentige Farbanpassung der Reparaturmasse garantiert eine unsichtbare Kunststoffreparatur! Bei Standardfarben ist das kein Problem. Hier dauerte die Farbfindung 1 Stunde!

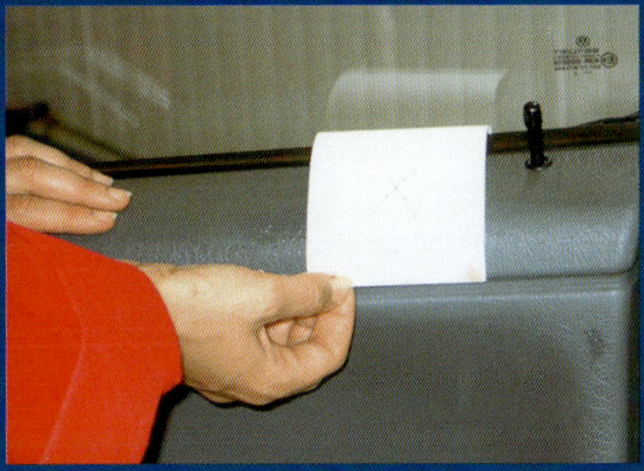

Und nun das Strukturpapier auflegen und markieren! Ohne diese Angleichung an die Umgebung wird die Stelle niemals unsichtbar! Notfalls können Sie auch mit einer feinen Stopfnadel nachhelfen!

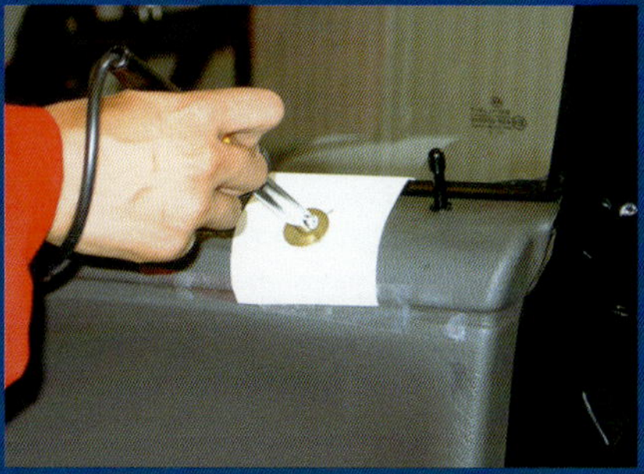

Eine einfache Lösung! Der Hitzestift mit Stromanschluss! Wer öfter solche Reparaturen macht oder gerne bastelt, kann damit einen wertvollen Helfer einsetzen. Er erspart das Bügeleisen und arbeitet punktgenau!

Das ganz normale Haushaltsbügeleisen tut es auch! Aber nur bei großen Flächen zu empfehlen. Für kleine Flächen ist ein kleiner Hitzetransferstift sinnvoll.

Noch ein bisschen Farbe und fertig ist die Kunststofffläche! Zur Sicherheit und Festigkeit trocknen wir die Fläche nochmals mit dem Heißluftgebläse aus einem ausreichenden Abstand!

Dafür brauchen Sie ein gutes Auge! Mehrere Farbtöne waren nötig, um den richtigen Farbton zu treffen!

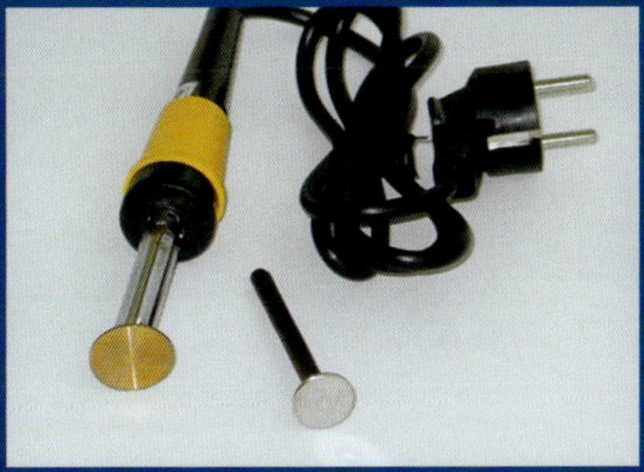

Wer die Wahl hat, hat die Qual! Überlegen Sie genau, welches Gerät auch wirklich im Verhältnis zum Anschaffungspreis gerechtfertigt ist. Für eine einmalige und kleine Reparatur reicht der Hitzetransferstift aus dem Reparaturset!

Cartec Dash-Fresh
Nach jeder Kunststoffreparatur im Innenraum ist diese Kunststoffpflege die beste Ergänzung. Die behandelte Oberfläche erhält ein gleichmäßiges Aussehen.

das Papier mit einem Kreuz oder einem X. Achten Sie darauf, dass die Markierung mit dem Strukturverlauf der Umgebung ungefähr übereinstimmt. Läuft die Musterung in eine andere Richtung, ist die Stelle später wieder leicht sichtbar.

P **PROFITIPP:** Liegen zwei Löcher nebeneinander, können Sie diese beide mit dem Strukturpapier belegen. Wichtig: Das Papier muss die Löcher an allen Seiten deutlich überdecken und an den Strukturverlauf der Umgebung angepasst werden.

Legen Sie das Papier genau mit der Markierung über die Schadensstelle. Drücken Sie es auf die Schadensstelle. Nicht mehr bewegen. Notfalls hilft ein aufgebrachter Klebestreifen!

WARNUNG: Verwenden Sie niemals ein Dampfbügeleisen. Durch den heißen Dampfaustritt entstehen Schäden an Mensch und Material.

Nehmen Sie ein Bügeleisen und erhitzen Sie es auf höchster Stufe. Mit der Spitze des Bügeleisens langsam über die markierte Stelle etwa 35-45 Sekunden kreisen. Wenn Sie das Reparaturkit nutzen möchten, können Sie auch den Hitzetransferstift nehmen.

WARNUNG: Berühren Sie niemals die umliegenden Flächen! Das Bügeleisen nur auf dem Strukturpapier anwenden!

Das Strukturpapier etwa 30 Minuten abkühlen lassen und vorsichtig abnehmen. Prüfen Sie vor dem Abziehen durch vorsichtiges Abtasten, ob das Material auch wirklich erkaltet ist.
Sind Sie mit dem Ergebnis nicht zufrieden, können Sie den Vorgang wiederholen und ggf. mit einer Nadelspitze nacharbeiten.

Risse an Kunststoffverkleidungen beseitigen
In diese Kategorie gehören ganz besonders Tür- und Seitenverkleidungen. Hier finden sich in der Regel auch immer wieder Beschädigungen, die durch spitze Fingernägel in unmittelbarer Nähe der Türgriffe auftreten. Eine genaue Beschreibung der Reparaturtechnik haben wir bereits in dem Kapitel Leder, Abschnitt Kunstleder, behandelt.

Befindet sich der Riss in einer überspannten Mulde, müssen Sie darauf achten, dass eine Überspannung auf jeden Fall verhindert wird. Wie schon bei der Stoffreparatur muss auch hier eine sogenannt Stütze unterlegt werden. Das können Sie mit etwas Watte oder aber mit einem winzigen Stück weichem Schwamm bewältigen. Risse in einem bespannten Muldenbereich lassen sich meist etwas schwieriger behandeln als solche auf vertikalen oder horizontalen Flächen. Bei größeren Rissen dürfen Sie niemals versuchen, das Kunststoffmaterial zusammenzuziehen. Mit der Zeit reißt die Fläche erneut auf und die Reparatur war umsonst. Bei sehr großen Beschädigungen ist der Besuch eines Fachbetriebs die sicherste Alternative.

ATG Armaturenbrett Reparaturset
Löcher, Kratzer und Oberflächenverletzungen verschwinden für immer! Alles, was Sie dafür benötigen, finden Sie in dieser Reparaturpackung.

CAR-PT COLOR Kunststoff-Farbe
Diese spezielle Kunststofffarbe lässt sich auf allen Kunststoffen einsetzen. Erhältlich sind Schwarz, Weiß und Anthrazit, andere Farben können beim Hersteller per RAL-Nummer bestellt werden. Alternativ eignet sich auch der **Kunststoff-Färber der Fa. ATG**.

Polyboy Staubmeister Auto
Mit einem Wisch ist alles weg. Die Tücher haben eine hervorragende Pflegewirkung, entfernen Schmutz, Staub und fettige Fingerspuren. Auch kleine Fettflecken auf Stoffen lassen damit beseitigen.

Stockmeier Chemie Scheibenreiniger
Zur Vorbehandlung von Kunststofffarbaufträgen, Beseitigung von Schleifstaubresten auf Kunststoffen und die Entfernung von Insektenresten.

ATG Schwammstick
Ecken, Kanten und tiefliegende Rillen lassen sich mit dem Schwammstick exakt bearbeiten. Auch für kleinste Farbaufträge eine große Hilfe.

Spezialreparaturen für Lack und Leder

Airbrushtechnik

Sicherlich haben Sie schon einmal davon gehört oder gehören sogar zu denjenigen, die selbst eine solche Technik für kleine Mal-Kunstwerke nutzen. Solche Sprühtechnik ermöglicht jedem Hobbylackierer, egal für welche Zwecke, einen gezielten und perfekten Farbauftrag. Im Modellbau wird diese kleine Wunderwaffe zum Lackieren von Autos, Flugzeugen und vielem mehr genutzt. Kleinstspritzpistolen erfreuen sich schon seit Jahrzehnten bei Grafik, Illustration und Fotoretusche großer Beliebtheit und sind dort nicht mehr wegzudenken. Mit solchen Pistolen lassen sich dünnflüssige Farben sehr fein und vor allem punktgenau versprühen. Weich fließende Übergänge und zarte Farbverläufe bereiten mit Airbrushtechnik keine Probleme.
Schon in den 70er-Jahren wurden im größeren Stil in den USA Lackierungen mit bildhafter Darstellung (Custom-Painting) veredelt. Dort begann man, diese Pistolen mit stark verdünnten Autolacken zu befüllen und sprühte Bilder und Grafiken auf Motorradtanks, Motorhauben oder schmückte so die gesamte Lackierung eines Vans. Auch Trucks erhielten damit ein Ehrfurcht einflößendes Design. Dadurch wurden erstmalig Hunderte von Sprühpistolen an Hobbylackierer verkauft, die ihre Fahrzeuge damit kunstvoll bemalten und der schnöden Einheitslackierung eine besondere und vor allen Dingen eigene Note verpassten, vom Wappen bis zum Monster.
Mit anderen Worten: Ein Supergerät, mit dem Künstler seit Jahrzehnten fotorealistische Bilder erstellen.
Vor einigen Jahren schwappte auch diese Welle aus den USA zu uns herüber, um z.B. Fahrzeuglacke damit zu verschönern. Letztendlich führte das auch dazu, Lackdefekte damit kunstvoll, unsichtbar und vor allem preisgünstig zu kaschieren. Ein Lackstift oder eine Spraydose sind keinesfalls mit dieser Feintechnik zu vergleichen. Ein ganz erheblicher Pluspunkt ist die einfache Handhabung. Jeder, der mit einem Pinsel umgehen kann, ist auch in der Lage, seine hässlichen und wertmindernden Kratzer auf Lack und Leder für immer verschwinden zu lassen. Die Technik ist relativ einfach, vorausgesetzt, der Anwender befolgt akribisch die Grundregeln.
Wir möchten mit diesem Kapitel unseren Lesern einen Einblick verschaffen und sie motivieren, Kratzer, Schrammen und Abschabungen selbst zu reparieren. Vielleicht entwickelt sich daraus ja auch so manches schlummernde Künstlertalent.

Die Airbrush-Pistole

Grundsätzlich können die angebotenen Airbrush-Pistolen (Luftpinsel) in zwei Kategorien eingeteilt werden. Die einen sind mit einer Gummidichtung versehen und eignen sich nicht für lösemittelhaltige Farben und Verdünnungsflüssigkeiten. Die anderen dagegen verfügen über eine Teflondichtung, die auf jeden Fall lösemittelbeständig ist. Für die Reparatur von Fahrzeuglackierungen wird selbstverständlich die teflonbestückte Ausführung verwendet.

Aufregend anders! Die kunstvolle Bemalung lässt jeden LKW zur Augenweide aufsteigen!

Beeindruckend! Dieses schöne Motiv ist etwas für Künstler und erfordert schon einige Übungsstunden.

Von der Liebe zum Detail! Auch teure Chopper werden mit einer Airbrushbemalung erst so richtig schön!

Die Düsenstärke für Lackreparaturzwecke beträgt 0,4 mm bis maximal 0,8 mm. Feinere Düsen verstopfen sehr schnell und sind daher nicht geeignet. So lässt sich mit einem Abstand zur Lackoberfläche von drei bis höchstens fünf Zentimetern punktgenau der Lack ausbessern. Wenn Sie Glück haben, gibt es in Ihrem Umfeld einen Verwandten oder Bekannten, der über solch ein Gerät verfügt. Für eine Erstausstattung müssen Sie mit einer Investition von etwa 70 bis 150 Euro rechnen. Je nachdem, für welchen Schadensumfang die Airbrush-Pistole eingesetzt werden soll, stellt sich die Überlegung, etwas mehr Geld auszugeben und sich damit für weitere Lackschäden zu rüsten. In so genannten Starterkits finden Sie alle Grundutensilien, die für eine kleine Lackreparatur ausreichend sind.

Zubehör für eine glanzvolle Lack- oder Lederreparatur
Nur mit einer Wunderpistole allein ist es nicht getan. Wie immer müssen Sie auch hier wieder mal das so genannte Kleingedruckte lesen! Als wichtigstes Zubehör benötigen Sie Druckluft! Am einfachsten und preiswertesten bekommen Sie sie aus einem Autoreifen. Sie können beispielsweise Ihren Reservereifen für die Airbrushlackierung zweckentfremden. Im Zubehörhandel gibt es Adapter für Reifenventile, mit dem Sie billig an die begehrte Luft kommen.

P **PROFITIPP:** Besorgen Sie sich einen intakten Reifen mit Felge vom Schrott.

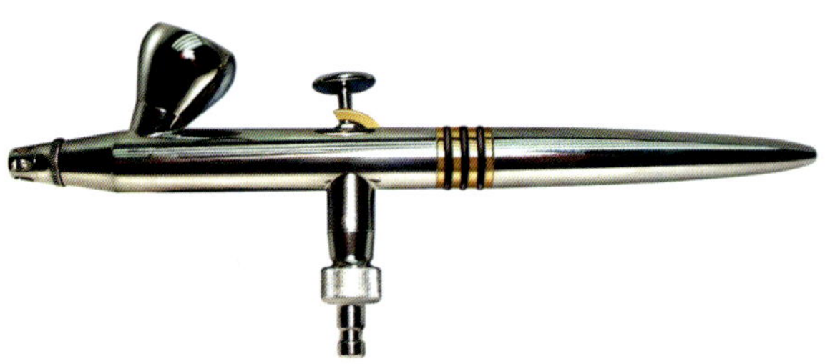

Das wichtigste Utensil ist eine gute Airbrushpistole!

Zwei andere Varianten sind Druckluftdosen und natürlich Kompressoren. Druckluftdosen bekommen Sie in jedem Modellbastelshop. Der Kompressor ist für den Einmalgebrauch oder gelegentliche Lackretuschierarbeiten allein zu teuer. Wer aber ohnehin einen hat oder zu kaufen beabsichtigt, weil er mehr an seinem Auto machen möchte und den Kompressor für Druckluftschrauber, zum Sandstrahlen, Schleifen und Unterbodenschutz aufspritzen braucht, ist fein heraus. Kompressoren sind eine zwar recht teure, aber einmalige Anschaffung und vielseitig einsetzbar. Natürlich auch für Airbrush. Der Luftdruck bei verdünnten Lacken sollte zwischen einem und zwei bar betragen.
Ein weiteres Utensil ist der Druckluftschlauch. Der Schlauch wird mit der Pistole und dem luftgebenden Element (Autoreifen, Druckluftdose, Kompressor) fest verbunden. Nur so kann der Farbaustritt aus dem Luftpinsel überhaupt zustande kommen. Vor jeder Anwendung müssen Sie die feste Verbindung überprüfen. Tritt auch nur an irgendeiner Stelle Luft aus, ist ein optimales Spritzergebnis nicht zu erreichen. Auch geknickte Druckluftschläuche verhindern den gewünschten Farbaustritt.

Die Grundausstattung für Airbrushreparaturen auf einen Blick, bestehend aus Farbgläsern, Airbrushpistolen, Luft aus der Dose und diversen Zubehörteilen.

Eine günstige Luftquelle: die geborgte Druckluft!
Mit einem Reifenadapter können Sie sich Luft holen!

Die etwas kostspieligere Variante: die Lufterzeugung mit einem Kompressor. Wer viel sprühen möchte, für den ist die Anschaffung mit Sicherheit eine lohnende Anschaffung.

Ein Dose Luft! Natürlich handelt es sich hier nicht um gewöhnliche Luft, sondern um Druckluft! Für eine Airbrushlackierung dringend notwendig. Allerdings geht der Dose auch schneller die Luft aus als dem Autoreifen!

Natürlich brauchen Sie auch Behälter für die Farbe. Mehrere Farbgläser ermöglichen den leichteren Umgang. Wenn Sie eine Grundierung, Basislack und Klarlack lackieren müssen, sind auf jeden Fall mehrere Gläschen nötig. Für den normalen Gebrauch reichen 2 Farbgläser. Die Gläser müssen selbstverständlich mit einem Adapterstück mit der Pistole verbunden werden können.

Sonax Schleifpaste
Entfernt leichte bis mäßige Kratzer, reinigt und glättet den Lack tiefgründig. Bestens geeignet für die Arbeit mit einer Poliermaschine bei niedriger Drehzahl. Lässt sich auch im Nassverfahren verarbeiten.

Sonax Schleifblüten
In jeder Lackiererei ein unverzichtbares Arbeitsmittel für die Lackreparatur.
Ein bisschen Übung ist allerdings nötig. Zuviel Muskelkraft kann aus kleinen Lackdefekten große Schäden machen.

Sonax Flugrostentferner
Flugrost kann den gesamten Lack zerstören. Erst bei Feuchtigkeit fressen sich die Metallpartikel regelrecht in den Lack. Eine möglichst sofortige Beseitigung kann Schlimmes verhindern. Wichtig: Immer mit viel Wasser nachwaschen! Anschließend mit einem Poliermittel nachbehandeln.

Stockmeier Chemie Fleckenentferner
Als Alternative zu einem Silikonentferner. Fleckenentferner beseitigt nicht nur Verunreinigung auf Lacken, Polster usw., sondern eignet sich auch zur Vorbehandlung von Lack- und Lederfarbkorrekturen.

Farbe

Für die Airbrushreparatur an Fahrzeuglackierungen werden ausschließlich lösemittelhaltige Lacke und Farben auf Acrylbasis verwendet. Für alle Wasserbasislacke oder auch für die pulverbeschichteten Lackierungen spielt das keine Rolle. Wichtig sind die Mischung und die Handhabung. Wir haben Sie in unserem Kapitel über Lackbeschaffenheiten (siehe von der Rohkarosse bis zur Hochglanzlackierung) detailliert informiert, mit welchen Lackqualitäten Sie es zu tun haben. Im Zweifel können Sie auch in einem Lackierbetrieb oder im Autohaus nachfragen.
Im Lackierfachbetrieb wird man Ihnen den genau passenden Farbton anmischen und gegen ein paar Euro überlassen. Dort bekommen Sie auch den benötigten Klarlack.

WARNUNG: Auf keinen Fall sollten Sie versuchen, die gewünschte Farbe selbst anzumischen. So genau kann kein Auge sehen, um die Auswahl aus mehreren zehntausend Farbtönen zu treffen. Autolack wird mit Präzisionswaagen aus Komponenten zusammengestellt, die sich teilweise im Milligrammbereich bewegen.

Für die Arbeit mit der Airbrush-Pistole werden die Farben und alle Lackmaterialien mit Verdünnung versetzt. Einige Farben erfordern einige Tropfen mehr an Verdünnerflüssigkeit. Nur so lässt sie sich durch die feinen Düsen (0,4 bis 0,8 mm) bestmöglich versprühen. Jede Abweichung bedeutet ein schlechteres Sprühbild.

ANMERKUNG: Die Lacke in den Tupfstiften sind 1-Komponenten-Lacke und werden nur verdünnt. Lacke, die Sie sich bei einem Lackierfachbetrieb beschafft haben, sind Profilacke. Metallic-Lacke sind auf 1-Komponenten-Basis aufgebaut, während Klarlacke und Unilacke aus 2-Komponenten-Materialien bestehen. Dafür benötigen Sie den passenden Härter und natürlich die richtige Verdünnung. Wenden Sie sich auch hierfür an den Lackierfachbetrieb.

Sauberkeit von Lackoberflächen und Spritzpistolen

Schon ein kleiner, winziger Fussel kann die Arbeit zunichtemachen! Das betrifft ganz besonders die feine Airbrush-Pistole. Hat sich ein Fussel oder sonstiger Schmutzpartikel vor die Düse gesetzt, ist es mit dem gleichmäßigen Austritt der Farbmittel vorbei. Tropfen, Kleckse und andere Sprühbilder werden zum Ärgernis. Ein weiteres Problem ist die Lackoberfläche selbst. Nur wenn Sie vor der Feinlackierung die Problemstelle und deren Umgebung perfekt reinigen, wird auch der Farbauftrag für immer unsichtbar. Fettige, wachsige oder mit allen möglichen Dingen verschmutze Lackoberflächen hinterlassen niemals eine dauerhafte und unsichtbare Farbhaftung. Auch der Gesamteindruck spielt eine ganz wesentliche Rolle. Haben Sie zum Beispiel einen total verwaschenen Lack, müssen Sie nach einer Lackierung die gesamte Lackfläche an die hochglänzende, neu lackierte Fläche angleichen. Nur so lässt sich vermeiden, dass irgendjemand Ihre Lackierkünste entdeckt. Siehe Kapitel Dauerglanz und optimalen Lackschutz oder auch Lackbeschädigungen.

WARNUNG: Befinden sich auf der Lackoberfläche größere Verschmutzungen, Verwitterungserscheinungen oder Ähnliches, müssen Sie diese Arbeiten vor einer Behandlung mit der Airbrush-Technik durchführen! Eine nachträgliche Beseitigung kann für die frisch lackierte Fläche fatale Folgen haben.

PROFITIPP: Erst polieren, dann lackieren! Wenn Sie darauf achten, silikonfreie Produkte zu verwenden, können Sie die gesamte Lackierung Ihres Fahrzeugs vor dem Auftrag der Farbe bearbeiten!

Reinigen von Sprühpistole und Behälter

Vor und nach jeder Anwendung sollten Sie unbedingt eine Reinigung der Sprühutensilien durchführen. Das verhindert ungewollte Fussel oder Staubeinschlüsse und Sprühprobleme.

Arbeitsmittel

Verdünnung, ein hochkantiger Behälter

So wird's gemacht

Geben Sie etwas Verdünnung in den Farbbehälter. Den Behälter fest mit der Pistole verschrauben und durchschütteln. Die Sprühpistole mit der Spritze in den hochkantigen Behälter halten und den Sprühstrahlregler vorsichtig bewegen. Flüssigkeit vollständig aussprühen, bis alle Rückstände ausgetreten sind.

SICHERHEITSTIPP: Tragen Sie für diese Arbeit eine Schutzbrille und einen Atemschutz! Sprühen Sie niemals in Richtung eines anderen Menschen!

Übung macht den Meister!

Bevor Sie sich ungeübt ans Werk machen, testen Sie vorher Ihr Lackiertalent. Nehmen Sie dazu ein Stück Pappe. Bestücken Sie das Farbglas mit einer Acrylfarbe, die der Wagenfarbe etwa gleichkommt. Diese können Sie günstig im Modellbauladen erwerben. Sprühen Sie mit der Pistole in unterschiedlichen Abständen und mit gleichmäßigen Hin- und Her-Bewegungen über die Pappe. Halten Sie auch den Sprühstrahl schräg oder gerade. Schnell werden Sie merken, wie sich die Airbrush-Pistole verhält.

Der richtige Umgang und mögliche Fehlerquellen

Auf die Haltung kommt es an! Sprühen Sie immer gerade! Das heißt: Egal wo Sie lackieren möchten, der Sprühstrahl muss im rechten Winkel auf die zu lackierende Fläche auftreffen. Bewegen Sie die Airbrush-Pistole ständig hin und her! Halten Sie den Sprühstrahl auch nur Bruchteile von Sekunden auf eine Stelle, haben Sie sofort eine Unregelmäßigkeit im Sprühbild erzeugt, was sich hinterher als dunkler Fleck von der Umgebung abzeich-

Auf den Winkel kommt es an! Wie man hier sehen kann, wird nur ein Hauch Farbe aufgetragen!

Schicht für Schicht lässt sich die Farbe mit der Airbrush-pistole gezielt verteilen.

net. In der Mitte ist der Sprühstrahl am stärksten und läuft an den Seiten auseinander.
Ist das Spritzbild trocken oder staubig, müssen Sie einige Tropfen Verdünnung dazugeben. Für ein perfektes Spritzbild muss alles glatt sein und darf weder grießig sein noch verlaufen.

WARNUNG: Achten Sie auch unbedingt darauf, dass Sie immer genügend Farbe im Topf haben! Der Gedanke: „Das müsste noch reichen!" kann unangenehme Auswirkungen auf die Qualität des Lackauftrags haben. Im schlimmsten Fall müssten Sie die gesamte, bereits aufgetragene Lackschicht wieder abwaschen oder abschleifen und noch einmal von vorn anfangen.

Beachten Sie auch den Luftdruck. Weder Dose noch Autoreifen geben ewig Luft her. Für die Arbeit mit dem Kompressor ist die Beobachtung des Manometers wichtig.
Missachten Sie niemals die Umgebung des Lackschadens. Auch die unmittelbar angrenzende Lackoberfläche muss gereinigt und mit 3000er Schleifpapier leicht angeschliffen werden. Nur so ist ein unsichtbarer Übergang zur Originallackierung möglich. Staubreste und Fussel haben ebenfalls nichts auf der Oberfläche zu suchen. Notfalls können Sie etwas Luft aus dem Druckluftschlauch dazu verwenden, diese Beläge einfach wegzupusten.
Der Erzfeind jeder Airbrush-Lackierung ist der Wind. Lackierversuche im Garten oder bei Durchzug im Carport sind zum Scheitern verurteilt. Der Wind oder der Luftzug verteilen die feinen Farbtröpfchen über das gesamte Fahrzeug. Nur nicht gleichmäßig und nicht glatt. Ebensolche Erfolgsvernichter sind Feuchtigkeit und Kälte. Lackieren bei Minustemperaturen gelingt definitiv nicht! Für eine erfolgreiche Spritzlackierung ist eine Raumtemperatur von 20 °C optimal.
Die relative Luftfeuchtigkeit zu messen oder zu interpretieren ist für den Laien fast unmöglich, es sei denn, Sie sind (Hobby-)Meteorologe oder haben einen netten Bekannten, der sich damit auskennt. Vermeiden Sie unbedingt starke Regentage. Nur beheiz- und belüftbare Räume lassen sich in der kalten Jahreszeit in einen zum Lackieren geeigneten Zustand versetzen.

Sonax Clay Lackpeeling (Reinigungsknetmasse) ist die Anwort auf alle aggressiven und scharfen Reiniger. Sie schont die Gesundheit, die Lackoberfläche und vernichtet schnell und bequem Verschmutzungen aller Art. Einzige Einschränkung: die Knete darf niemals auf trockenen Oberflächen verwendet werden.

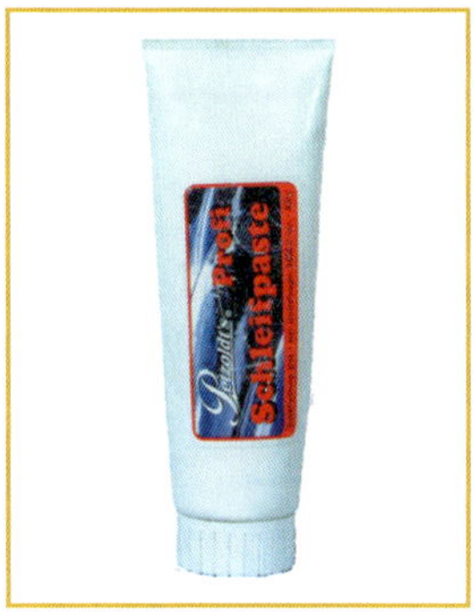

Petzoldt`s Schleifpaste
Die grobe Schleifwirkung entspricht etwa einer Körnung von 1200/1500. Dadurch können starke Lackoberflächendefekte wirksam bekämpft werden. Eine Weiterbehandlung mit feineren Polierpasten ist unbedingt erforderlich.

Die Airbrush-Lackierung

Arbeitsmittel
Verdünner, eine Airbrush-Pistole mit Zubehör, Farbe, bei Bedarf Klarlack, Druckluft, Polierpaste ohne Silikon, Silikonentferner oder Reinigungsalkohol, ein Tuch, ein weicher Schwamm, ein Haarfön, Klebeband

WARNUNG: Verwenden Sie immer die vom Hersteller vorgeschriebenen Lösemittel, um einen Lack spritzfertig einzustellen.

So wird's gemacht
Lackdefekte z.B. Steinschläge, kleine tiefe Kratzer: Vor jeder Lackreparatur das Fahrzeug gründlich waschen. Keine Wachse verwenden! Lose Lacksplitter mit einer Nadel o. Ä. vorsichtig auskratzen. Mit Silikonentferner oder Reinigungsalkohol reinigen und trocknen lassen.

Etwa einen Zentimeter rund um den Lackschaden mit 2000er Papier den Lack anschleifen. Mit dem Abklebeband alle umliegenden Flächen sorgfältig abkleben.
Airbrush-Pistole vorbereiten. Den gewünschten Lack 1:1 mit Verdünner mischen, in den Farbbehälter füllen und fest verschließen. Pistole an die Druckluft anschließen. Auf einem Stück Pappe den Sprühstrahl kurz testen. Sprühpistole im rechten Winkel in Richtung Lackdefekt ausrichten. Mit Gefühl eine Schicht Lack aus drei bis fünf Zentimetern Abstand in die Lackstelle einbringen. Achten Sie darauf, dass Sie die Pistole immer hin und her bewegen. Nehmen Sie den Fön zur Hand. Trocknen Sie den aufgebrachten Lack aus sicherer Entfernung. Lassen Sie den Lack ablüften. Wenn der Lack getrocknet ist, können Sie eine weitere Lackschicht aufbringen. Nochmals den Trocknungsvorgang wiederholen. Wiederholen Sie die Anwendung so lange, bis ein ordentlicher Übergang sichtbar ist. Nach der Lackierung muss der Lack zwei bis drei Tage durchtrocknen. Nach der Trocknungszeit dürfen Sie die lackierte Stelle beischleifen und polieren. Siehe unter Lackbeschädigungen.

ANMERKUNG: Beischleifen ist die Beseitigung von Unebenheiten und das Aufrauen der Oberfläche zur Vorbereitung nachfolgender Lackaufträge oder für eine Hochglanzpolitur lackierter Flächen.
Für Metallic-Lackierungen: Reinigen Sie die Sprühpistole sehr gründlich von der Farbe. Füllen Sie den Basislack (z.B. Tupfstift) 1:1 mit Verdünner in den Farbbehälter. Wenn der Farbauftrag gleichmäßig in der Lacknarbe aufgefüllt und getrocknet ist, können Sie nach etwa einer halben Stunde den Klarlack aufsprühen.
Zwei Teile Klarlack, einen Teil Härter und etwa die gleiche Gesamtmenge Verdünnung gründlich mischen und gleichmäßig auftragen. Den matten Außenbereich mit etwas Verdünnung verlaufend beisprühen. Danach muss der gesamte Lackauftrag zwei bis drei Tage trocknen, bevor Sie die Reparaturstelle beischleifen und polieren.

WARNUNG: Die Airbrush-Pistole muss sehr gründlich mit Verdünnung durch Ausspritzen gereinigt werden. Das gilt ganz besonders nach der Verwendung von 2-K-Autolacken.

Größere Lackdefekte
Zu dieser Schadenskategorie gehören mehrere, nebeneinander liegende, tiefere, bis auf die Grundierung durchgedrungene Lackschäden (Parkrempler). Kleinste Beulen mit Lackabplatzung können ebenfalls ausgeglichen werden. Ohne diese Defekte mit etwas Spachtelmasse zu behandeln, geht es allerdings nicht. Nur mal eben übersprühen bringt keinen sichtbaren Erfolg. Hier müssen Sie ein wenig mehr Arbeit leisten. Trauen Sie sich das nicht zu oder sind die Schäden größer als Ihr handwerkliches Geschick, können Sie mit dieser Arbeit eine Lackiererei beauftragen.

Arbeitsmittel
Spachtelmasse, ein Kunststoffspachtel zum Auftragen, Grundierung, Schleifpapier mit 800er bis 1000er Körnung, Silikonentferner oder Reinigungsalkohol, Abklebeband und Abdeckpapier (Zeitung), ein weicher Pinsel (Kosmetikpinsel eignen sich am besten!), eine Infrarot-Lampe, destilliertes Wasser, saubere, fusselfreie Leinentücher, ein neuer Schwamm, ein Schleifblock für das Schleifpapier

WARNUNG: Prüfen Sie vor der Lackarbeit, ob die Lackierung evtl. schon einmal nachlackiert wurde! Nachträglich aufgebrachte Farbschichten können durch den neuen Lackauftrag wellig werden. Das liegt an den Lösemitteln, die durchaus in der Lage sind, solche Lackschichten anzulösen. Nehmen Sie etwas Verdünner und wischen Sie damit die zu behandelnde Fläche ab. Schnell werden Sie merken, ob sich Farbe ablöst oder nicht!

Dieser Profi **Moosgummi-Schleifklotz** ist eine wirkliche Erleichterung bei jeglicher Schleifarbeit. Dadurch wird ein gezieltes Abschleifen defekter Lackoberflächen ermöglicht, ohne unnötige Riefen im Lack zu verursachen.

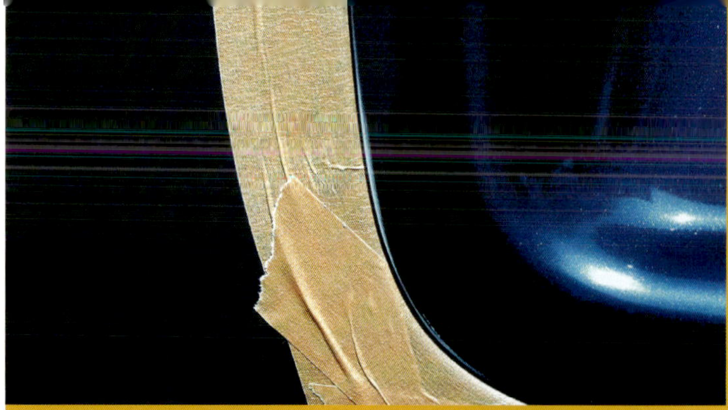

Gut abgeklebt! Rund um die Schadenstelle muss hier das Abklebeband sorgfältig angelegt werden, damit wirklich nur der Lackdefekt farblich verschönert wird. Vor dem Farbauftrag ist jedoch eine gründliche Reinigung nötig. Alle Schmutz-, Wachs- und Fettreste müssen gründlich beseitigt werden, sonst haftet die Farbe nicht!

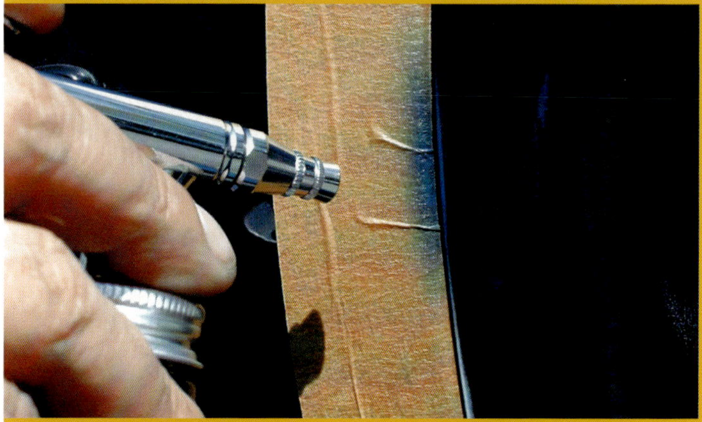

Mit kleinen Schritten zum Erfolg! Ist die Farbe zu dickflüssig, dürfen Sie ein paar Tropfen Verdünner dazugeben!

Das Ergebnis: Bevor Sie die lackierte Stelle an die Umgebung angleichen, warten Sie 2 - 3 Tage, denn dann ist der Lack wirklich ausgehärtet!

Für tiefer gehende Lackdefekte benötigen Sie etwas Spachtelmasse, damit Sie nach der Lackierung keine unerwarteten Dellen vorfinden! Die Spachtelmassen gibt es in Baumärkten oder im Autoteilehandel.

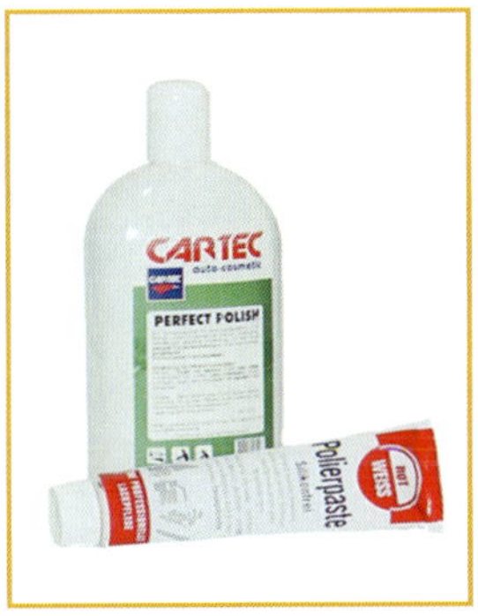

Cartec Perfekt Polish und ROT WEISS Polierpaste
Glanzerlebnis mit Garantie! Sparsam in der Anwendung! Das erfolgreichste Team für die optimale Lackbearbeitung. Seit Jahren im Profibereich geschätzt!

So wird's gemacht
Waschen Sie das Fahrzeug vor der Behandlung gründlich, aber ohne jeglichen Wachszusatz.
Die Raum- oder Umgebungstemperatur darf niemals unter 15 °C liegen! Das kann die optimale Trocknung der Spachtelmassen erheblich behindern!

PROFITIPP: Für eine unsichtbare Lackreparatur können wir Ihnen nur empfehlen, die gesamte Lackierung des Fahrzeugs vor der Defektbeseitigung zu polieren, bzw. alle Lackverschmutzungen zu beseitigen. Siehe unter Lackverschmutzungen oder Dauerglanz und optimalen Lackschutz.

Silikonentferner oder Reinigungsalkohol auf ein Tuch geben und die Schadstelle sowie die gesamte unmittelbare Umgebung etwa zehn Zentimeter nach allen Seiten gründlich abwischen.

WARNUNG: Reinigen Sie die Fläche wirklich super gründlich. Es dürfen keine Wachs-, Fett,- oder Schmierreste zurückbleiben. Auch Fingerabdrücke mit Schweiß sind ein garantiertes Hindernis für die Haftbarkeit der Reparaturmaterialien!

Die gesamte, gereinigte Fläche mit 800er bis 1000er Schleifpapier sauber mattieren. Alle Staubreste mit einem perfekt sauberen Pinsel wegnehmen und die Fläche nochmals mit dem Silikonentferner abwischen und gründlich trocknen lassen. Die fertig angemischte Spachtelmasse mit einem sehr feinen Kunststoffspachtel zügig in die Schadensstelle einbringen. Die Masse sorgsam glatt ziehen. Betreiben Sie das Glätten so lange, bis wirklich eine ebene Fläche entstanden ist.
Mit der Infrarot-Lampe die bearbeitete Fläche etwa eine halbe Stunde trocknen lassen. Mit dem 120er bis 240er Schleifpapier die Spachtelmasse trocken anschleifen und nochmals mit 800er bis 1000er Schleifpapier perfekt ausglätten. Denken Sie auch an die Randzone. Richten Sie den Schleifvorgang so ein, dass Sie einen Randbereich von etwa drei bis fünf Zentimetern mit einbeziehen. Bei tieferen Kratzern müssen Sie bei Bedarf mehrmals mit der Spachtelmasse arbeiten. Denken Sie daran, jede Unebenheit ist nach dem Lackauftrag deutlich sichtbar. Auch Staubkörnchen und andere Partikel verträgt die zu lackierende Fläche nicht.
Nach dem Abschleifen muss der gesamte Bereich gründlich mit Reinigungsalkohol abgewaschen werden. Mit einem neuen, weichen Tuch die Fläche sorgfältig trocken reiben. Fläche nochmals mit der Infrarot-Lampe etwa dreißig Minuten trocknen.
Die behandelte Fläche mit einem feuchten Ledertuch von Schmutzpartikeln befreien und mit einem weichen Pinsel nochmals entstauben.
Grundierung auf die gespachtelte Fläche aufsprühen und trocknen lassen. Die umliegenden Lackflächen mit einem Mindestabstand von etwa zehn Zentimetern mit Zeitungspapier und Abklebeband abdecken. Nach etwa einer Stunde muss die Grundierung mit 800er Nassschleifpapier sorgfältig glatt geschliffen und getrocknet werden.

WARNUNG: Achten Sie auf absolute Windstille. Jeder noch so kleine Windzug vertreibt die Farbe in alle Himmelsrichtungen. Zur Sicherheit können Sie den Rest des Fahrzeugs mit einem alten Bettlaken abdecken. Versichern Sie sich nochmals, dass die zu lackierende Fläche wirklich absolut staubfrei ist.

Auftragen der Farbe:
Nehmen Sie die vorbereitete Airbrush-Pistole. Sprühen Sie die Farbe mit gleichmäßigen Hin- und Herbewegungen im rechten Winkel und einem Abstand von drei bis fünf Zentimetern über die bearbeitete Fläche. Nach dem ersten Farbauftrag können Sie die Schicht mit dem Haarfön trocknen. Nochmals eine Schicht Farbe aufsprühen. Verfahren Sie so lange, bis Sie eine zufriedenstellende Lackschicht geschaffen haben. Lassen Sie den Farbauftrag etwa eine halbe Stunde trocknen. Jetzt dürfen Sie bei Metallic- und anderen Mehrschichtlackierungen den Klarlack auftragen. Zehn Minuten trocknen lassen. Abdeck- und Abklebeutensilien vorsichtig entfernen. Nochmals zwei Stunden trocknen lassen. Nur bei Struktur- oder anderen Lackfehlern und Staubeinschlüssen nach etwa einem bis zwei Tagen leicht mit 2000er bis 3000er Papier schleifen und aufpolieren.

PROFITIPP: Fehlerhaften, schattigen Lackauftrag trocknen lassen, mit 2000er Schleifpapier leicht anschleifen und mit dünnen, gleichmäßigen Sprühgängen beilackieren. Nur eine fehlerfreie Basislackschicht mit Klarlack übersprühen.

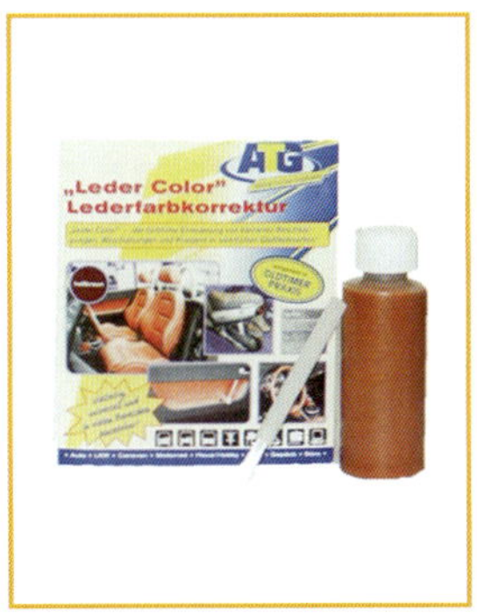

ATG Leder Color Lederfarbkorrektur
Für Schwamm, Pinsel und Airbrushpistole. Von der kleinsten Schönheitskur bis zum neuen Design. Die Lederfarbkorrektur ist lichtecht, abriebfest und wasserbeständig. Die Farbpalette ist unendlich. Alle Farben lassen sich auch untereinander mischen und verdünnen.

Lederreparatur mit der Airbrush-Pistole

Leder sieht nur dann wirklich schön aus, wenn es sich in einwandfreiem Zustand befindet.
Gemeint sind nicht die Alterungsnarben oder Ledermaserungen, sondern tiefe Abschürfungen der oberen Lederfläche. Dadurch wirkt das Leder schmuddelig und ungepflegt. Nur der einfache Farbauftrag mit dem dementsprechenden Färbemittel reicht natürlich nicht aus. Wenn die Abschürfungen das Naturleder freilegen, muss es wieder mit Lederfarbe abgedeckt werden. Mit etwas Geduld und Fingerspitzengefühl können Sie auch hier Abhilfe schaffen. Allerdings kann mit einer solchen Anwendung kein eingerissenes Leder repariert werden. In solchen Fällen hilft nur ein Lederprofi. Das kostet zwar ein paar Euro, ist aber wesentlich sicherer und effektiver. Kleinere Farbangleichungen können Sie dagegen ohne Probleme selber machen.
Die Airbrush-Technik eignet sich nur für stärkere Abschabungen, die sich in kleinen Sektionen sehr gut gezielt beseitigen lassen.

Wenn Sie nur ein paar kleine Unebenheiten ausgleichen möchten, können Sie das wie unter „Färben von Glattlederarten" beschrieben ausführen.

WARNUNG: Diese Farbreparaturen sind nicht für Raulederarten geeignet! Dafür wenden Sie sich bitte an einen Lederfachbetrieb.

Abgeschürfte Lederfarbe findet sich fast immer nur auf stark belasteten Bereichen. Ganz besonders davon betroffen sind der Fahrersitz oder alle seitlichen Flächen an den Sitzflächen und Lehnen.
Diese extrem belasteten und überdehnten Teilbereiche verlieren meist zuerst die pigmentierte Farbschicht.
Damit Sie den richtigen Farbton treffen, besorgen Sie sich spezielle Lederfarbe. Diese erhalten Sie bei einem Lederprofi oder im Autozubehörhandel. Mischen Sie die Farbe z.B. mit weiß, wenn der Ton zu dunkel erscheint oder mit schwarz, wenn er zu hell sein sollte.
Wenn Sie den Farbton nicht genau treffen, können Sie diesen mit anderen Farben dementsprechend anmischen.

WARNUNG: Lederfarben müssen wie Autolacke stark verdünnt werden, um sich mit der Airbrush-Pistole versprühen zu lassen.

Lederfarben sind in der Regel lösemittelhaltig. Lesen Sie auf der Farbpackung genau nach, mit welchen Lösemitteln Sie es zu tun haben. Handelt es sich um Aceton, müssen Sie die Farbe auch damit verdünnen. Wurde Isopropyl-Alkohol verwendet, gilt das Gleiche.
Für die Lederfärbung gelten die gleichen Regeln, wie für die Lackierung am Autolack! (Siehe Airbrush-Technik.)

Arbeitsmittel
Reinigungsalkohol oder Fleckenwasser, ein weiches Tuch, Lederfarbe im Farbton der Originalbezüge, eine Airbrush-Pistole mit Zubehör, 800er Schleifpapier, etwas sehr feine Stahlwolle (unverseift), ein Haarfön, Abdeckpapier und Abklebeband

Das beste Beispiel für eine Airbrushverschönerung sind solche derben Abschabungen, die sich nur durch einen Farbauftrag wieder aus der Welt schaffen lassen.

Wer hier pfuscht, bekommt später garantiert die Quittung! Reinigen Sie die Schadenstelle und deren Umgebung wirklich sorgfältig!

Der Erfolg nach getaner Arbeit! Eine neuwertige Lederoberfläche! Nach einer Mindesttrocknungszeit von 12 Stunden können Sie dem Leder eine hochwertige Pflege gönnen!

Mit dem Luftpinsel, der Airbrushpistole, ist ein gezielter Farbauftrag ein leichtes Spiel! Wichtig: Immer nur dünne Schichten aufbringen!

PROFITIPP: Reinigen Sie immer vor der Verschönerungsaktion die gesamten Lederbezüge im Fahrzeug. So verhindern Sie mit Sicherheit unerwünschte Farbunterschiede. Auch eine nachhaltige Lederpflege ist für solch eine aufwendige Farbrestauration eine Pflicht! Siehe unter Lederreinigung und Pflege.

So wird's gemacht

Sitze aus dem Fahrzeug ausbauen – Farbnebelgefahr!
Vor jeder Färbeaktion müssen die Flächen sorgsam gereinigt werden. Keine Lederpflege auftragen!
Die Lederflächen trocknen lassen, am besten über Nacht. Den beschädigten Bereich und das direkte Umfeld gründlich mit Reinigungsalkohol oder Fleckenwasser abreiben. Das verwendete Tuch immer wieder wenden, um gelöstes Öl und alle Wachse aufzunehmen. Bei Bedarf nehmen Sie ein neues Tuch. So wird verhindert, dass die Beläge sich erneut im Leder verewigen können.

PROFITIPP: Besorgen Sie sich ein Ledermuster von einem Lederfachbetrieb. Bei einem Sattlereibetrieb können Sie sog. Verschnittabfälle oft kostenlos bekommen.
Ein solches Ledermuster eignet sich sehr gut, um die Farbtongenauigkeit zu prüfen. Den gewählten Farbton in mehreren dünnen Schichten auf das Muster sprühen. Das Ganze mit einem Haarfön trocknen (der Farbton ändert sich beim Auftrocknen). Halten Sie das besprühte Ledermuster an die Originalausstattung.

WARNUNG: Vergleichen Sie das Farbmuster nie mit der Farbe an der Schadensstelle, sondern immer etwa zehn Zentimeter davon entfernt!
Beginnen Sie mit dem Farbauftrag an der betroffenen Lederfläche erst, wenn der Farbton mit der Lederausstattung identisch ist.

Mit der verdünnten Lederfarbe ganz dünne Schichten aufsprühen. Ablüften und trocknen lassen. Zwischen den einzelnen Farbaufträgen immer etwa 20 Minuten warten. Durch die Farbauftragsstärke lässt sich auch der Glanzgrad steuern. Durch einen nassen Lackauftrag erhalten Sie eine glänzende Oberfläche. Ein dünner, trockener Farbauftrag ergibt einen Seidenglanz. Möchten Sie eine ganz matte Fläche produzieren, müssen Sie mit dem Sprühnebel so dünn und geizig wie möglich umgehen.

Nach der Farbverschönerungsaktion sollten Sie der Lederoberfläche mindestens zwölf Stunden Ruhe gönnen.

Trockenen Farbnebel im Randbereich mit 600er Papier leicht beischleifen und einen lasierenden Sprühgang zum Egalisieren auftragen und wieder trocknen lassen. Das erreichen Sie, wenn Sie den Dosierhebel der Sprühpistole nur ganz wenig bewegen.

PROFITIPP: Mit 3000er Schleifpapier kann die Lederfarbe anschließend geglättet und mattiert werden.

Ist die Farbe nach der Mindesttrocknungszeit durchgetrocknet und eingezogen, können Sie eine silikonfreie Lederpflege auftragen. Siehe Lederpflege für Glattleder.

Tropfen und Fehlsprühungen können Sie mit etwas Nitroverdünnung abtupfen. Bei Bedarf kann eine hauchdünne Schicht Farbe nachgesprüht werden.

Derby Leather Soap
Für tiefliegende Verschmutzungen in Lederbezügen, ganz besonders in Älteren muss die Lederreinigung sehr sorgfältig und intensiv durchgeführt werden. Ein wirksames Produkt erleichtert die Arbeit ungemein.

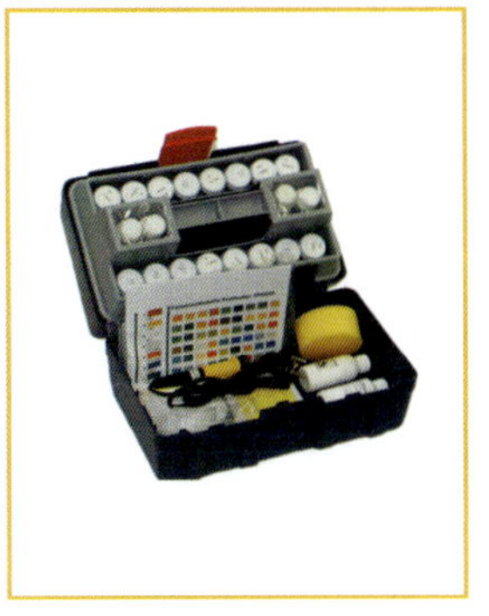

ATG Profisysteme
Armaturenbrett-, Leder-, Vinyl & Kunststoffoberflächen Reparatur. Für eifrige Bastler kann die Anschaffung eines Profisystems durchaus hilfreich sein. Die Kosten dafür liegen allerdings etwas höher.

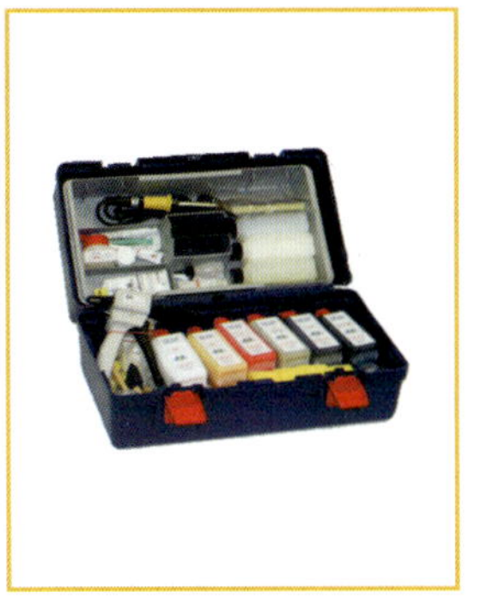

ATG Profisysteme
Lederinstandsetzung, Farbkorrektur und Pflege
Speziell für aufwendige und umfangreiche Arbeiten ist die Anschaffung eines Profisystems durchaus überlegenswert.

CAR-PT CLEAR
Spezial-Reiniger – Entfetter

Wenn trotz Vorsicht die Farbe nicht haftet, kann mit etwas Entfetter die Stelle nochmals abgerieben werden. Vor dem weiteren Farbauftrag trocknen lassen und mit etwas Scheibenreiniger neutralisieren.

effax LederCombi eignet sich ganz besonders für alle nachgefärbten und ausgebesserten Lederflächen. Es fettet und verträgt sich hervorragend mit der Lederfarbe. Eine Lederpflege darf erst nach einer Mindesttrocknungszeit von 12 Stunden dünn aufgebracht werden.

Felgen lackieren und reparieren

Eine spiegelblanke Lackierung, blitzblanke Scheiben und ein sauberer Innenraum sind das schönste Aushängeschild eines gepflegten Autos. Es erzeugt bei vielen Fahrzeugbesitzern jede Menge Stolz. Aber trotzdem gibt es noch kleine Störfaktoren, die dieses positive Erscheinungsbild trüben können – die Felgen. Egal, ob es sich dabei um ganz normale Stahlfelgen oder um Leichtmetallfelgen handelt. Sind Radkappen auf den Felgen montiert, können verrostete Felgenränder und sichtbare Rostansätze hinter den Radkappen den schönen Eindruck empfindlich mindern. Mit einfachen, jahrzehntelang praktizierten Verfahren können Sie solche kleinen Schönheitsmakel beseitigen.

Stahlfelgen lackieren, silber und schwarz

Arbeitsmittel
Felgenreiniger, Schleifpapier Körnung 180 - 400, Entfetter oder Fleckenwasser, Drahtbürste fein und grob, Ventilabdeckstöpsel oder Ähnliches (Schlauchstück), Felgenspritzring oder Felgenspritzschablone, Felgenfarbe silber

Für schwarze Felgen: Felgenfarbe schwarz matt oder glänzend.

So wird`s gemacht
Felgen mit einem handelsüblichen Reiniger sehr gründlich säubern.

Felgen sorgfältig nachspülen und sehr gut trocknen lassen.

WARNUNG: Die Felgen müssen absolut von allen Bremsabriebresten und jeglichem Schmutz befreit werden! Sonst haftet der Farbauftrag nicht zufrieden stellend.

Vorbereitung:
Bei geringem Rostansatz: Mit einer feinen Drahtbürste die Felgenoberfläche entrosten.
Rostabtrag und anfallende Farb- und Schmutzpartikel mit einem sauberen Tuch entfernen.

Schrammen lassen sich mit Schleifpapier entfernen.

PROFITIPP: Sollten sich bei leicht angerosteten Felgenoberflächen einige stärker verrostete Stellen befinden, können diese mit einer groben Drahtbürste entrostet werden.

Mit 180er Schmirgelpapier die Oberfläche angleichen und glätten. Mit 240er - 400er Schmirgelpapier die gesamte Felgenoberfläche gründlich glatt schleifen. Schleifstaub mit einem Staubsauger und einem sauberen Tuch sehr gründlich entfernen.

PROFITIPP: Testen Sie unbedingt, ob noch Schleifstaub auf der Felge vorhanden ist. Mit der sauberen Hand über die Fläche streichen. Sind noch Staubreste sichtbar, können diese auch mit einem Pinsel und dem Staubsauger entfernt werden.

Bei stark verrosteten Stahlfelgen
Die Entrostung unbedingt mit der groben Drahtbürste durchführen. Anschließend mit der feinen Drahtbürste nachbehandeln und wie unter Vorbereitung beschrieben weiter verfahren.

WARNUNG: Vermeiden Sie unbedingt den Kontakt mit der Reifenfläche. Das Reifengummi könnte beschädigt werden!

PROFITIPP: Für einen noch besseren Farbauftrag kann eine Vorlackierung mit Haftgrund von Vorteil sein. Das gilt besonders dann, wenn die Stahlfelgen ohne Radkappen gefahren werden sollen. Auch ein Klarlackauftrag kann die Felge noch mehr verschönern.

ANMERKUNG: In all den Jahren habe ich tausende von Felgen lackiert. Die meisten Felgen wurden ohne zusätzlichen Auftrag von Haftgrund mit Farbe belegt. Auch auf einen Klarlacküberzug wurde weitgehend verzichtet. Es gab keinerlei Einschränkungen in der Haltbarkeit und auch nicht in der Strapazierfähigkeit. Vorraussetzung ist allerdings eine hochqualitative Felgenfarbe!

Vorbehandlung für den Farbauftrag
Etwas Entfetter oder Fleckenwasser auf ein fusselfreies Tuch geben. Die entrostete und entstaubte Felgenoberfläche gründlich abwischen. Trocknen lassen.

PROFITIPP: Legen Sie die Farbdose in warmes Wasser. So lässt sich die Farbe noch besser auftragen.

Farbauftrag
Ventilabdeckstöpsel auf das Ventil stecken. Überprüfen, ob der Stöpsel korrekt angebracht ist.
Felgenspritzring mit der einen Hand am oberen Rad der Felgen einklemmen. Festhalten – mit der anderen Hand den Spritzring um die Felgen ziehen, bis der Ring festen Halt hat. An der ersten Ansatzstelle das andere Ende fest andrücken. Der Felgenspritzring hält bei richtiger Anwendung von allein.

Das Ventil mit einem passenden Stück Schlauch oder Ähnliches abdecken.

PROFITIPP: Benutzen Sie zum Abdecken des Ventils die Kartusche einer Silikontube. Wenn Sie keine Kartusche zur Hand haben, können Sie diese im Baumarkt für ein paar Cent erwerben.

Zu einem perfekt gepflegten Fahrzeug gehören auch saubere und schadfreie Felgen. Mit einer einfachen Methode lassen sich Stahlfelgen lackieren.

Die Entrostung ist besonders wichtig. Eine feine Messingbürste erledigt die Entrostung auf einfache Weise. Für stärkeren Rostbefall kann eine grobe Messingbürste und Haftgrund Abhilfe schaffen.

Nach dem Entrosten mit der Messingbürste muss auf jeden Fall ein Feinschliff stattfinden. Das erfordert etwas Geduld. Die Felge muss anschließend gründlich vom Schleifstaub befreit werden. Sonst haftet die Farbe nicht.

Zuerst das eine Ende des Felgenrings an den Felgenrand anlegen, etwas andrücken und festhalten.

Mit der anderen Hand den Ring um den Felgenrand ziehen bis der Ring genau auf die Größe der Felge passt.

Ohne Ventilabdeckung geht gar nichts. Übersprühte Ventile hinterlassen einen unprofessionellen Eindruck. Als Alternative kann auch ein passendes Schlauchstück helfen.

Der Sprühstrahl muss immer gleichmäßig austreten. Ein Abstand von ca. 10-20 cm sorgt für einen gleichmäßigen Farbauftrag. Unbeabsichtigte Läufer können mit einem Tuch abgetupft werden. Nochmals dünn übersprühen.

Sprühstrahl am inneren Felgenrand entlang führen. Dadurch werden auch die Felgenränder sauber eingesprüht.

Nach dem Lackieren bleibt der Felgenring und der Abdeckstöpsel solange auf der Felge bis die Farbe getrocknet ist.

Jetzt bekommen die Reifen noch etwas Pflegemittel. Mit einem speziellen Reifenschwamm macht sich die Arbeit leichter.

So sieht die Felge wieder schön aus. Kleine Farbdefekte können nachträglich mit einem kleinen Pinsel überarbeitet werden.

Nach einer Trockenzeit kann die Radkappe wieder aufgesetzt werden. Ein Fön kann die Trocknungszeit verkürzen. Besonders ratsam in der kalten Jahreszeit.

Eine Alternative ist ein passendes Stück von einem Schlauch.
Farbdose kräftig durchschütteln, bis die Kugel sich gleichmäßig bewegt.
Ein Stück Pappe auf den Boden legen. Aus der Sprühdose einen kurzen Strahl aufsprühen. Dabei wird die Sprühstärke und der Sprühnebel der Dose sichtbar.

Den Sprühstrahl unter den inneren Rand des Felgenringes ansetzen – Sprühabstand ca. 10 cm. Gleichmäßig um den inneren Rand sprühen. Im Intervall (Drücken des Sprühkopfes und wieder loslassen) die gesamte Felgenoberfläche gleichmäßig lackieren – Sprühabstand ca. 20 cm. Kurz antrocknen lassen und nochmals in Intervallen die Felgenfläche nachsprühen.

WARNUNG: Ist der Abstand zur Felgenoberfläche zu gering, können sich Farbläufer bilden! Läufer sofort mit einem sauberen Tuch abtupfen – nicht wischen. Die betroffene Fläche nochmals sehr dünn nachlackieren.

Sollte sich nach dem Trocken des Felgenlackes Unebenheiten oder Farbläufer gebildet haben, können diese mit 240er Schmirgelpapier vorsichtig entfernt werden. Die bearbeiteten Stellen nochmals dünn übersprühen.

PROFITIPP: Um den Trocknungsprozess zu beschleunigen, können Sie mit Hilfe eines Haarföns den Farbauftrag trocknen.

Trocknungszeit nach einem Farbauftrag ca. 24 Stunden. Erst dann dürfen Radkappen aufgesetzt werden.

EXTRATIPP: In der kalten Jahreszeit kann die Felge mit einem Fön kurz vor dem Farbauftrag angewärmt werden. Das sichert einen perfekten Farbauftrag.

Sollte wider Erwarten etwas Felgensilber auf die Reifenfläche gelangt sein, kann diese mit einer lösemittelfreien Kunststofffarbe ausgeglichen werden.

WARNUNG: Benutzen Sie niemals eine lösemittelhaltige Reifenfarbe oder Ähnliches. Auch Verdünnung ist nicht erlaubt! Dies könnte dem Reifen empfindlichen Schaden zufügen!

Stahlfelgen umlackieren
Möchten Sie viel lieber schwarze Stahlfelgen unter den Radkappen haben, können Sie diese einfach und schnell mit Felgenfarbe schwarz lackieren.
Möchten Sie aus schwarzen Felgen silberne Felgen machen, dann ist eine Vorbehandlung mit Haftgrund unerlässlich.

Kleine Beschädigungen an Leichtmetallfelgen reparieren

Beschädigte Alu-Felgen sind immer ein Ärgernis. Als vor vielen Jahren die ersten Alu-Felgen auf dem Gebrauchtwagenreinigungsmarkt auftauchten, war guter Rat teuer. Es gab damals keine Möglichkeit, auf irgendein Patentrezept zurückzugreifen. Mit einfachen Methoden haben wir uns selbst geholfen. Das Entfernen von Kratzern und Schrammen ist einfacher als man denkt.

WARNUNG: Felgenrisse und Felgenbrüche oder stark eingekerbte Beschädigungen lassen sich nicht beseitigen. Aus Sicherheitsgründen sollte diese Reparatur unbedingt ein Fachbetrieb übernehmen.

Arbeitsmittel
Felgenreiniger, Fleckenentferner (oder Reinigungsbenzin), sauberes fusselfreies Tuch, Handschuhe, ein Pinsel, Staubsauger, ein kleiner Spachtel, Felgenfarbe silber, Schleifpapier Körnung 180 - 400, alternativ kann ein dementsprechender Schleifklotz eingesetzt werden, ein Alu-Felgen-Reparaturset

So wird´s gemacht
Felgen mit einem Felgenreiniger sorgfältig von allen Verschmutzungen befreien. Gereinigte Felgen trocknen lassen. Beschädigte Stellen mit groben Schleifpapier bearbeiten. Anschließend die vorgeschliffenen Stellen sehr sorgfältig mit feinerem Schleifpapier glatt schleifen. Die Fläche muss absolut glatt sein. Es dürfen beim Drüberstreichen keine Unebenheiten zu spüren sein. Schleifstaub mit Pinsel und Staubsauger sorgfältig entfernen.

Fleckenentferner auf ein Tuch geben. Die Reparaturfläche und auch die gesamte Felgenoberfläche abwischen. Trocknen lassen. Reparaturmasse nach Packungsanweisung mischen. Reparaturstelle verfüllen und aushärten lassen.

PROFITIPP: Um den Aushärtungsprozess zu beschleunigen, können Sie einen Fön benutzen.

Nach der Aushärtung des Reparaturmaterials:
Die reparierte Stellen nochmals mit 180er Schleifpapier bearbeiten. Mit feinem Schleifpapier der Körnung 240 - 400 absolut glatt schleifen. Sämtliche Schleifreste sorgfältig mit Pinsel und Staubsauger entfernen.

WARNUNG: Wenn die Reparaturstellen nicht absolut glatt geschliffen oder die Schleifreste nicht wirklich sorgfältig entfernt werden, kann dies zu sichtbaren Riefen oder Staubeinschlüssen beim Farbauftrag führen!

Farbauftrag:
Kleinere Schrammen:
Mit einem weichen, dünnen Pinsel Felgenfarbe auf die Reparaturstellen auftragen und trocknen lassen.

Größere Schrammen

Arbeitsmittel
Zusätzlich: Felgenspritzring, Ventilabdeckstöpsel

Felgenspritzring um die Felge legen und Ventilabdeckstöpsel aufsetzen – siehe Stahlfelgen lackieren.
Sprühstrahl der Farbspraydose auf ein Stück Pappe sprühen. Mit dem Farbsprühstrahl am Rand des Felgenringes (Abstand ca. 5-10 cm). zügig und gleichmäßig entlang lackieren.
Eventuelle Farbläufer sofort mit einem Tuch abtupfen. Abgetupfte Fläche nochmals mit Felgenfarbe besprühen.

PROFITIPP: Je nach Alu- bzw. Leichtmetalloberfläche kann ein Überzug mit Klarlack von Vorteil sein. Besorgen Sie sich etwas Klarlack vom Lackierer. Bei großen Flächen ist eine Spraydose besser geeignet. Dazu muss allerdings die gesamte Felgenoberfläche lackiert werden.

Übersprühte Farbe von den Reifen entfernen

Wie oben bereits erwähnt, kann die versehentlich auf die Reifen gesprühte Felgenfarbe leicht wieder entfernt werden. Am besten eignet sich dafür eine lösemittelfreie Kunststofffarbe, die auch für Gummi geeignet ist. Farbe einfach mit einem weichen Schwamm auf die Fläche auftragen und trocknen lassen.

Übersprühte Felgenfarbe auf der Reifenwand muss entfernt werden. Reifenpflegemittel vertuschen diese Lackierspuren leider nicht.

Mit etwas Fleckenentferner vorsichtig abtupfen. Erst dann darf das Reifenpflegemittel aufgetragen werden.

PROFITIPP: Lassen Sie den Felgenring unbedingt auf der Felge. Beim Farbauftrag kann evtl. der lackierte Felgenrand mit der Farbe beschmiert werden.

Den Felgenring vorsichtig abnehmen. Zur Verschönerung der Reifen kann ein Reifenpfleger oder ein wirksamer Gummipfleger für Reifen aufgetragen werden.

Radkappen lackieren

Was für die Felgen gilt, ist auch für Kunststoffradkappen geeignet. Die Vorbereitung und der Lackiervorgang unterscheiden sich nicht wesentlich von den Stahlfelgen (siehe Stahlfelgen lackieren).
Für die Lackierung oder Ausbesserung sollten die Radkappen sauber und fettfrei sein. Die Radkappen einfach auf ein großes Stück Pappe legen. Mit einem Mindestabstand von 30 cm den Sprühnebel gleichmäßig aufsprühen. Auch Schrammen lassen sich auf diese Weise bearbeiten.

PROFITIPP: Bei kleinen Schrammen am Radkappenrand kann die Radkappe in eine Hand genommen werden. Sprühstrahl aus der Felgenfarbe aus ca. 20 cm Entfernung dünn aufsprühen und trocknen lassen. Bei Bedarf Vorgang wiederholen.

Sonax Felgenlack silber
Felgenlack lässt sich bei sachgemäßer Anwendung einfach und sicher verarbeiten. Beim Aufsprühen unbedingt genügend Abstand zur Felgenflächen halten. Nur dünn aufnebeln. Das verhindert Läufer. Zur besseren Verarbeitung kann die Felge mit einem Fön angewärmt werden.

Sonax Rallyelack schwarz
Mit dem Rallyelack lassen sich selbst die unansehnlichsten Winterräder wieder zum Schmuckstück machen. Auch für Anhängerkupplungen geeignet. Lastschilder nicht übersprühen.

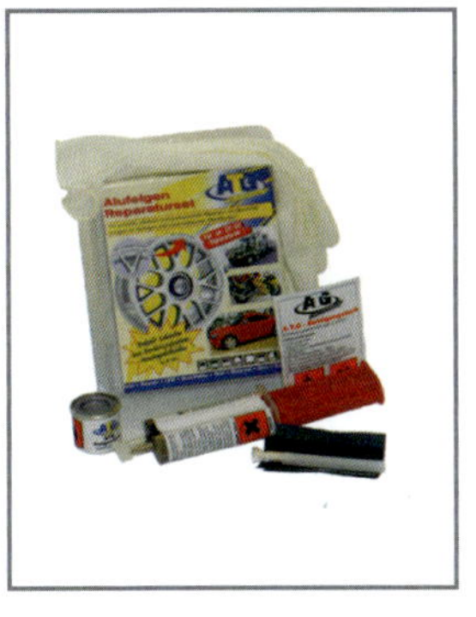

ATG Alufelgen Reparaturset
Für kleine Beschädigungen wie z.B. Schrammen und Kratzer lassen sich mit diesem Set erfolgreich beheben. Für Risse und starke Beschädigungen an der Felge ist das Reparaturset nicht geeignet.

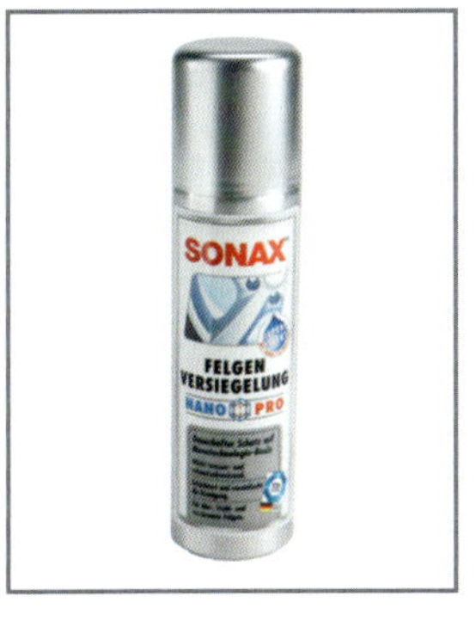

Sonax Felgenversiegelung
Moderne Produkte machen es möglich. Was für die Lackierung gilt, ist auch für Felgen gut. Nur nach einer wirklich gründlichen Reinigung auftragen. Der Vorteil: Bremsstaub kann sich nicht festsetzen.

Autopflege Spezial – Schönheitsreparaturen

Stichwortregister